Chemical Process Safety
Learning from Case Histories

화학에너지 안전공학 실무

여영구 · 이수경 공역 ROY E. SANDERS 저

서울산업대학교 에너지기술인력양성센터 ENERGY TECHNOLOGY EDUCATION CENTER

도서출판 아 진 A-JIN

Chemical Process Safety

ROY E. SANDERS

"나의 가는 길은 오직 그가 아시나니 그가 나를 단련하신 후에는
내가 정금같이 나오리라 (욥23 : 10)"

This edition of ***Chemical Process Safety*** by ***ROY E. SANDERS*** is published by arrangement with Elsevier Inc., New York, USA

Translated Edition ISBN : 9788957612255
Translated by A-jin Publishing Co.
Printed in Korea

머리말

기술서적들이 꽂혀있는 서가들을 둘러보자. 화학공정 안전의 이론과 과정에 관한 최신의 좋은 책들과 논문들이 많이 있다. 이 문헌들은 화학공정 위험분석, 훈련, 검사, 그리고 미국정부 직업안전위생관리국(OSHA)의 공정안전 운영법률을 다루는 지침서들을 찾아내기 위한 적절한 방안을 제공하여주고 있다. 그러나 Trevor A. Kletz를 비롯한 단지 소수의 사람들만이 공정안전에 대한 기초를 학습하는 기회를 제공하여 주는 여러 가지 실제 사례들을 제시하고 있다.

Trevor Kletz는 1989년 저자에게 플랜트 개선에 대한 책을 집필할 것을 권유하였다. 그 당시 우리는 함께 "화학공장 사고 – 원인과 방지에 대한 워크샵" 이라는 타이틀로 미국화학공학회의 연속교육 과정을 교육하고 있었다. 저자의 책들은 어떤 면에서 공정안전 개념들을 예시하는 명료하고 재미있는 예화들을 보여주는 Trevor Kletz의 스타일을 흉내내고 있다고 생각한다. 저자가 지닌 기록된 사례들은 화학공정 조업자, 운전 감독자, 화학공정 안전을 연구하는 대학교수, 화학공장 배관공, 그리고 유지관리 감독자들과 공유될 수 있다.

첫 번째 책은 그럭저럭 성공적이었다. 그 속편에는 화학공정안전: 사례로부터의 교훈이라는 새로운 타이틀이 붙여졌다. 제 2판은 첫 번째 책의 가장 좋은 부분들과 새로운 두 개의 장, 새로운 공장사고들, 그리고 추가적인 생생한 사진들을 풍부하게 포함하고 있다.

이번 세 번째 책에서는 상당한 개정이 이루어졌다. 제 1장의 통계들은 최신의 것들이며 질소 질식에 대한 것과 새로운 역사적 사례들이 추가되었다. 아울러 컴프레서, 호스, 그리고 펌프 등이 수반되는 사고들을 다루는 장이 완전히 새로 추가되었다. 이 책은 많은 새롭고 유용한 참고자료들과 웹 사이트들로부터 찾아볼 수 있는 많은 자료들을 제공하고 있다.

독자들은 저자의 모든 경험들이 대체비용이 20억불이고 종업원이 1500명이며 면적이 600에이커에 이르는 화학공장에 국한된 것임을 알고 있어야 한다. 유독가스, 가연성 기체, 휘발성의 가연성 액체, 연소성 액체, 그리고 부식성 물질들이 있지만 연소성 분진 및 정전기와 관련해서는 어떠한 뚜렷한 문제점들이 없었다.

이 책의 정보는 이제는 없어진 루이지애나 손실방지연합에서의 저자의 경험으로부터 취한 이야기들을 포함하여 미국화학공학회의 "화학공장 사고" 과정의 수강생들, 호수지역 산업체 회원사–맥니즈 주립대학교 공과대학의 직업안전위생관리국 지원회의, 저자의 동료, 친구, 그리고 문헌들로부터 얻었다. 저자는 사고 사례에 관한 이야기들이 사실이라고 믿지만 일부는 소문에 따른 것들로서 이를 입증하는 증거 문헌이 없다. 각 사례에 대하여 취한 집근방법과 제안들은 적절한 것으로 여겨진다. 그러나 저자, 편집자, 그리고 출판사는 특히 이 책에 포함된 어떠한 권고사항을 따름으로써 공장이나 운전이 안전하게 되거나 법률, 규칙, 혹은 규제가 준수될 것이라고 주장하는 것은 아니다.

감 사

제 3판

저자는 이번 제 3판이 실현되기까지 저자가 받은 모든 지원에 대하여 감사하게 생각한다. 저자의 가족 및 가까운 친구들 모두 저자가 이번 제 3판을 완성하기 위해 약간의 희생을 초래해야 하며 일부 활동에서 빠져야 한다는 것을 이해하여 준 것에 대하여 감사드린다.

Elsevier Science의 Christine Kloiber와 Phil Carmical에 의한 편집자의 지원이 없었다면 한 단어도 쓰여질 수 없었을 것이다. 그러나 일단 글들이 쓰여지면서 저자는 계속적으로 지침, 열심히 개발된 교정본 읽는 기술, 그리고 Selina Cascio의 솔직한 비평에 의지하였으며 이에 따라 저자의 흠투성이 문장들을 유려하며 쉽게 이해되는 생각들로 전환시킬 수 있었다. Selina는 과거 20여년에 걸쳐 저자의 거의 모든 기술적 저작들을 도와 주었으며 그녀의 지침은 실제로 긍정적인 결과를 이루어 나갔다.

이번 제 3판에서의 추가적인 내용에 대하여 미국환경보호청의 David Douglas S. Giles와 peter N, Nodal, Trevor A. Kletz 박사, Mary Kay O'Conner 공정안전센터의 Nir Keren, PPG의 Catherine Vickers, 그리고 이 책 전체에 걸쳐 인용된 수많은 다른 분들에게 감사를 드린다. 저자는 운좋게도 Manuel David로부터 훌륭한 도면을 얻을 수 있었다. Manuel은 사고의 설명을 도와주는 이해하기 쉬운 그림들을 작성하여 주었다.

펜실베니아 Monroeville의 PPG 전문가들에게 그들의 기술적이고 법률적인 검토에 대하여 고마움을 표시하지 않는다면 무책임한 일이 될 것이다. Monroeville의 지원자들 가운데에는 Jeff Solomon, David McKeough, 그리고 Maria Revetta가 포함된다.

제 2판

저자는 이 책의 제 2판을 독려하여 준 데 대하여 Butterworth-Heinemann의 Michael Forster에게 감사를 드린다. 그는 수년간 이 과제에 대하여 변함없는 지원을 보내 주었다. 그의 에너지와 지원이 없었다면 제 2판은 빛을 보지 못했을 것이다.

저자의 딸인 Laura Sanders와 그녀의 남편인 Morgan Grether의 전문적인 교정기술은 약 절반에 가까운 장들에 대하여 활력과 선명성을 부여하는 데에 도움이 되었다. 이 프로젝트는 Selina Cascio의 지침, 잘 개발된 교정기술, 그리고 솔직한 비평이 없었다면 완성될 수 없었다. 아울러 펜실베니아 Monroeville의 PPG 전문가들에게 그들의 기술적인 검토에 대하여 고마움을 표시하지 않는다면 무책임한 일이 될 것이다. Monroeville의 지원자들 가운데에는 David McKeough, Maria Revetta, 그리고 Irwin Stein이 포함된다.

제 1판에서 허용된 몇 가지 사례들을 강조하기 위한 그림과 사진들의 사용을 연장하여 준 데 내하여 화학공학자 협회의 mark Smith 박사에게 감사를 드린다.

또한 우수한 도면 작성자들인 Manuel David 및 Warren Schindler에게 감사를 드린다. 이들은 중요한 개념들을 명확히 하기 위하여 가시적인 이미지들을 추가하기 위해 몇 가지 우수한 스케치들을 제공하여 주었다. 당연히 저자는 Trevor A. Kletz 박사의 계속적인 지원에 매우 고맙고 감사함을 느낀다. 그가 바쁘다고 해서 저자를 이끌어 주지 않은 적은 없었다.

저자의 아내 Jill 및 저자와 같이 지내고 있는 두 딸 Julie와 Lisa에게 저자를 이해해 준데 대하여 고맙게 생각한다. 정규적인 직업을 가지고 있는 경우 이러한 프로젝트에는 희생이 요구된다. 저자가 이 프로젝트를 이루어 가는 약 1년 동안 몇몇 가족 행사를 피해야 했을 때 그들이 보여준 인내에 감사한다.

제 1판

저자의 도전을 도와주고 격려하여 준 데 대하여 많은 분들에게 고마움을 전하고자 한다. 화학제품 제조시설의 엔지니어로서 논문들을 쓸 기회는 저자에게는 비현실적인 것으로 여겨졌다. 1980년대 초반 다소 초보적으로 제안된 기술논문을 접수시킨 후 Bill Bradford는 초고를 작성할 것을 권유하였다. 저자의 첫 번째 기술논문은 공장의 개선에 관한 것으로서 1982년 AIChE에 제시되었다.

1983년 Trevor A. Kletz는 미국화학공학회 연속교육과정의 교육을 도와달라고 저자에게 요청하였다. 저자가 고려된 데 대하여 저자는 충격을 받았으며 매우 고무되었다. 이것은 손실방지 분야에 있어서 살아있는 전설로부터 배울 수 있는 절호의 기회였다. 그 이후로 이 과정은 교육적이었으며 이를 즐길 수 있었다; 그는 저자의 선생님이었고 코치였으며 친구였다.

저자는 Trevor Kletz가 2일 과정의 "화학공장 사고 – 원인과 방지에 대한 워크샵" 을 교육하는 것을 도와주었다. 우리는 6년 동안 이 과정을 주기적으로 교육하였으며 후에 Trevor Kletz는 저자에게 플랜트 개선에 대한 책을 집필할 것을 권유하였다. 이전에 Butterworth에 있었던 Jayne Holder는 저자의 모든 관심사항과 질문에 지극히 협조적이었다.

시작하기 전에 저자는 도움을 찾았으며 William E. Cleary, Jack M. Jarnagin, Selina C. Cascio, 그리고 Trevor A. Kletz가 이 프로젝트를 지원하려고 나서주었다. 다음에 어려운 부분에 도달했을 때 Trevor Kletz와 Jayne Holder는 다시 시작하라고 저자에게 용기를 불어넣어 주었다.

기술적이고 문법적인 비평에 대하여 Bill Cleary에게 감사를 드린다. 또한 초고 작성에 있어서 문체와 구두점에 대한 끝없는 조언들을 포함한 기법들을 제공한 데 대하여 Selina Cascio에게 고마움을 표한다. Jack Jarnagin의 그림에 대한 도움으로 이 책 전체에 걸쳐 명료한 예시들이 제공되었으며 계속적인 지원에 대하여 Trevor에게 감사드린다.

아울러 저자의 아내 Jill이 보여준 인내와 도움에 대하여 감사드리며 교정을 보아 준 저자의 딸 Laura 및 제 8장을 도와 준 Warren H. Woolfolk에게 고마움을 느끼고 있다. 이 책의 수준을 높이기 위하여 많은 사진들의 사용을 허락해 준 (영국 화학공학회의) Bernard Hancock의 너그러움에 감사드린다. 또한 저자의 고용주로서 지원을 보내준 데 대하여 PPG의 경영층에게 감사드린다. 마지막으로 사고 및 사진들을 제공해 주었으며 상황에 따라 익명으로 남기를 원하는 분들에게 감사드린다.

목 차

1장

관점, 관점, 관점

서 론

관점, 관점, 관점 – 화학제품 제조업체들은 흔히 잘못된 인식의 표적이다. 이 책의 시작인 이 장에서는 인간성에 대한 가치, 역사, 그리고 높은 정도의 안전성을 포함하는 미국화학 산업의 보다 정확한 표현을 살펴볼 준비가 되어 있어야 한다. 첫 번째 질은 우리를 에워싸고 있는 화학산업이 가져다주는 헤아릴 수 없는 이익, 우리 생명의 연장, 그리고 삶의 누림을 향상시켜 주는 것들에 대한 간단한 검토이다. 두 번째 절에서는 핵심적인 화학제품 제조산업의 역사를 잠깐 살펴보고 있다. 그러나 비교위험의 개념은 이 장의 주된 논제이다. 화학산업 및 관련업종의 인지된 위험들은 흔히 잘못 이해되고 있다.

화학산업에서 일하는 것은 대부분의 개인이 알고 있는 것보다는 더 안전하다. 우리는 이 산업에 종사함에 있어서의 위험을 다른 잘 이해된 업종, 공통적인 활동, 그리고 생활 형태들에서 마주치게 되는 실제의 통계적 위험들과 비교함으로써 위험에 대한 관점을 제시할 것이다. 이후의 장들은 화학산업에서의 값비싼 사고들과 그러한 사고들의 발생 및 심각성을 줄이기 위한 방안과 과정들에 초점을 맞출 것이다. 따로 떼어놓고 본다면 사고 사례들은 화학산업이 위험하다는 부정확한 시각에 쉽게 이르게 할 수 있다. 사실 화학산업은 대부분의 직종들보다 상당히 우수한 인상적인 안전기록을 지니고 있다. 이러한 수동적 사실들에는 뉴스 판매를 촉진하는 소란스러움이 결여되어 있으므로 뉴스 매체는 화학공장의 안전성에 대하여 자주 언급하지 않는다.

언론매체는 좀처럼 화학산업의 이익에 초점을 맞추지 않는다

화학제품 제조산업은 우리 생활을 풍부하게 만들어 주었다. 근대화된 세계에서 극소수의 개인들만이 화학산업이 그들 일상의 모든 부분을 어떻게 향상시켰는지를 깨닫지 못하고 있다. 화학산업이 주는 이익은 플라스틱 자명종 시계가 폴리에스테르 담요와 폴리우레탄 메드리스에서의 날콤한 잠으로부터 우리를 깨워주는 순간부터 자명해진다. 우리의 발이 나일론 카펫에 접하면 우리는 몇 걸음을 걸어 페놀 전등 스위치를 켜서 전류가 염화폴리비닐로 절연된 전선을 통하여 안전하게 흐르도록 한다. 목욕탕 욕조에서는 화학적으로 만들어진 비누를 사용하여 화학적으로 처리된 물로 세수를 한다.

부엌으로 들어가면 불화염화탄화수소 화학물질로 냉각되는 플라스틱 표면의 냉장고를 열고 화학비료로 재배된 오렌지 과수원으로부터 얻은 오렌지 쥬스를 꺼낸다. 우리들 가운데 일부는 조간신문을 집어 들고는 인쇄잉크와 종이 자체가 화학제품이라는 생각이 없이 뉴스를 훑어본다. 마찬가지로 다른 사람들은 아침뉴스를 켜고는 텔레비전이나 라디오 내부의 모든 부품들이 사실상 화학산업에서 제조된 제품들로 만들어졌다는 생각을 하지 않는다. 요약한다면 우리는 화학제품으로부터 생성된 혜택들로 둘러싸여 있다는 것을 생각하지 않으며 화학산업이 우리의 생활을 얼마나 윤택하게 하였는지 인식하지 못하고 있다.

✓미국 화학회에서 최근 배포된 문헌에 따르면 :

> 화학산업은 미국의 다른 어떠한 산업보다 더 다양하다. 그로부터의 생성물은 어디에나 존재한다. 화학물질들은 음식, 주거, 그리고 건강을 위한 가장 기본적인 욕구를 충족시켜주는 제품 및 컴퓨터, 원거리 통신 및 생명공학과 같은 첨단기술에 핵심적인 제품의 구성요소이다. 화학물질은 미국 제조업의 중추이며 의약품, 자동차, 섬유, 가구, 페인트, 종이, 전자, 농업, 건축, 용구, 그리고 서비스업과 같은 모든 산업분야에 핵심적이다. 화학제품과 공정의 사용을 완전하게 열거하는 것은 어려운 일이다...... 화학산업이 없는 세상에는 현대적인 약품, 통신, 수송, 그리고 소비재들이 결여되어 있을 것이다.[1]

화학제품 제조에 대한 산업혁명 이전의 간단한 역사

인간은 삶을 더 향상시키거나 더 수월하게 하기 위하여 언제나 여러 가지 방법들을 고안해 왔다. 넓은 의미에서 본다면 선사시대 이전의 사람들은 불을 사용하여 나무의 연소, 음식의 조리, 그리고 도자기와 벽돌의 가열과 같은 화학적 변화를 이루기 시작함으로써 화학을 적용하였다. 적어도 기원전 5000년경에는 진흙을 유용한 도구 형태로 만들고 이를 구워서 조악한 항아리, 단지, 그리고 남비와 같은 물에 저항성을 갖는 딱딱한 형태를 만들었다[2].

오늘날 사용되는 주요 산업적 화학물질로서 가장 오래된 것은 소다회이다. 소다회로 만들어졌을 구슬과 다른 유리 장식물들이 이집트 무덤들에서 발견되었으므로 그 역사는 기원전 3000~4000년으로 보인다. 고대 이집트에서는 천연 소다회가 교역물품으로 사용된 것으로 보인다[3].

오늘날 우리가 알고 있는 바에 따르면 가장 초기의 문명화된 인류도 알콜 발효의 실제적 용도를 알고 있었다. 이집트인과 수메르인들은 기원전 3000년 이전에 어떤 형태의 맥주를 만들었으며 그 방법은 훨씬 더 오래된 것으로 보인다. 역시 기원전 3000년 전에 고대 이집트에서 으깬 포도쥬스를 짠 후 단지에서 발효시킴으로써 와인이 만들어졌다. 맥주와 포도주 이외에도 고대인들은 대추야자술, 종려술, 그리고 사이다를 마셨다[4].

그리스도 시대 이전의 로마인들과 그리스인들은 우리가 알고 있는 비누가 없이 지냈던 것으로 여겨지며 오늘날 우리 가운데 일부에게는 그들의 세척방법이 세련되지 않은 것으로 보인다. 그리스인들은 오일을 사용하여 피부를 씻었으며 여기에 겨, 모래, 재, 그리고 경석과 같은 연마제들을 보충하였다. 의복과 양모 섬유들은 이를 밟아 문지르거나 알칼리, 잿물, 혹은 보다 통상적으로는 상한 오줌 형태의 암모니아와 백토를 넣고 섬유를 돌이나 나무망치로 두드려 세탁하였다. 로마의 마무리 공들은 단지를 거리에 내놓아 오줌을 모았다. 많은 사람들에게는 비위에 거슬리겠지만 상한 오줌은 로마시대로부터 항해중인 배에서 여전히 사용되던 19세기에 이르기까지 의류의 세탁에 사용되었음을 인지해야 한다[5].

900년대에는 유럽인들은 약 30세 정도까지만 살았으며 삶은 별로 보답이 없는 많은 노동의 문제였다. 식량은 부족했고 단조로웠으며 흔히 손상되거나 상하였다. 가옥들은 자연 조건으로부터 최소한의 보호만을 제공하여 주었으며 의복은 거칠고 조악하였다. 전쟁, 질병, 기근, 그리고 낮은 출생률이 지속되었다. 중세 동안에는 전 유럽인들의 20% 미만이 그들이 태어난 곳으로부터 10마일(16km) 이상 여행하는 정도였다. 이러한 황량한 시기에 뒤이어 과학이 사람들의 짐을 어떻게 감당할 수 있는가를 이해하기 시작하면서 발명들이 쏟아져 나오기 시작하였다. [6,7]

유럽에서 다양한 해초와 해변 식물의 채취와 살균으로부터 어떤 소다회 제품 형태를 제조한 것이 지금까지 기록된 가장 이른 산업 화학제품 제조의 사례 가운데 하나이다.

이러한 형태의 화학처리가 언제 시작되었는지는 아무도 모르지만 이 방법은 근대 역사 이전에 비교적 널리 보급되어 있었다. 사실 소다를 뜻하는 아라비아 이름인 *알 칼리*는 *칼리*라는 말에서 유래된 것인데 칼리는 이러한 오래된 화학적 처리활동을 위해 채취된 식물들 가운데 한 가지 형태의 이름이다. 살균된 식물로부터 얻은 제품을 뜨거운 물로 추출하여 갈색을 띤 잿물을 얻었다. 이 과정으로부터 일치적으로 탄산나트륨염(혹은 흔한 이름인 소다회)이 얻어졌는데 이는 비누와 유리의 제조에 사용되었다. 소다회는 오늘날 사용되고 있는 주요 공업용 화학제품들 가운데 단연 가장 오래된 것이다[3].

1600년대와 1700년대에서는 과학자들이 근대적인 화학산업의 기초를 닦았다. 독일, 프랑스, 그리고 영국은 처음에 육류와 다른 식품들을 보존하고 화약을 만들며 직물을 염색하고 비누를 만들기 위한 무기화학물질들을 제조하였다. 1635년 최초의 미국 화학공장이 보스턴에 세워져서 가죽의 무두질과 화약류를 위한 질산칼륨을 제조하였다[8].

산업혁명이 시작됨에 따라 화학산업이 형성되었지만 1700년의 늦은 시기에 겨우 14개의 원소들만이 발견되었다. 초기의 화학물질 제조공정 개발은 오를레앙 공의 물리학자인 Nicolas LeBlanc의 공이 크다. 그는 흔한 식탁용 소금으로부터 소다회를 만드는 방법을 고안하였다. 오를레앙 공은 1790년대에 LeBlanc 박사에게 충분한 자금을 주어서 파리에서 멀지 않은 곳에 공장을 짓도록 하였다[9]. 다른 소다 공장들이 프랑스, 영국, 스코틀란드, 오스트리아, 그리고 독일에서 생겨났다[10].

르블랑 공정은 최초의 대규모 공업적 화학공정이다. 이 공정은 대량의 기체 염화수소를 부산물로 생성하였는데 이 기체는 공기중으로 배출되어 아마도 최초의 대규모 산업적 오염으로 여겨지는 오염을 초래하였다. 후에 이 폐가스를 포집하여 이산화망간과 반응시켜 기상 염소를 만들 수 있음이 밝혀졌다. 르블랑 공정은 약 1861년경까지 사용되었으며 그 이후에는 보다 효율적인 솔베이 공정으로 대체되었다[7].

현대의 공업적 화학산업은 우리의 생활방식을 개선시킨다

1800년대에서는 알려져 있는 100가지의 원소들 가운데 약 절반이 발견되었다. 1850년 후에 콜타를 염료, 의약, 니트로글리세린 폭발물, 그리고 셀룰로이드 플라스틱등과 같은 유기 화학물질들이 개발되고 제조되었다. 두 세계대전은 탄약, 섬유, 경금속, 합성고무, 그리고 연료를 위한 새롭고 향상된 화학공정에 대한 수요를 촉발시켰다[8]. 1930년대에는 네오프렌(1930), 포리에틸렌(1933), 나일론(1937), 그리고 유리섬유(1938)

의 제조가 이루어졌는데 이는 플라스틱류가 천연물질을 대체하는 것을 보게 되는 시대의 시작을 알리는 신호였다. 이들 "플라스틱류" 는 물건들이 어떻게 고안되고 구성되며 포장되는가에 대하여 근본적인 영향을 미친다[11].

제 2차 세계대전 이후 원유정제와 화학공정산업의 팽창은 나머지 제조산업들의 팽창을 한참 앞질렀다. 유독성 및 가연성 액체와 기체들의 성질로 인하여 화학산업은 더 오래 전에 형성된 산업들과는 차별이 있었다[12]. 당연히 위험한 물질의 처리와 저장은 전통적인 산업으로부터 제기되는 위험보다 매우 큰 잠재적 재해 가능성을 제시하였다.

1950년대와 1960년대에 이르러 부식성, 독성 및 가연성 화학물질의 저장용량이 커지고 보다 고온 고압을 이용함에 따라 화학적 처리는 점점 더 정교해졌다. 선의를 가진 한 개인이 부수적인 효과들을 검토하지 않고 화학공장이나 정유공장의 설계나 운전을 신속하게 변경하는 것은 이제는 더 이상 용인될 수 없게 되었다. 상당한 공정사고들의 많은 역사적 사례들은 좁은 시각을 가진 개인이 다른 가능한 원치 않는 결과들을 조사하지 않고 특정 문제점을 해결한 예들을 뚜렷하게 보여주고 있다[13-21].

이 책은 많은 실수, 화재, 폭발, 누출, 물리적 부상, 그리고 손상된 자만심들에 초점을 맞추고 있다. 잘못된 "공장 개선" , 부적절한 유지관리, 나쁜 운전습관, 혹은 과정을 따르지 않은 것들이 뒤에 이어지는 장들에서 인용된 많은 사례들에 대한 적어도 하나의 부분적인 요인이었다. 화학산업에 생소한 사람은 이 산업이 가장 위험한 산업들 가운데 하나라고 생각될 수 있다; 실은 그 반대가 사실이다. 미국 화학산업체(그리고 대부분의 유럽 화학산업체)들은 모든 산업체들 가운데에서 가장 안전한 업체들이다. 이 사실은 대량의 가연성, 연소성, 유독성, 혹은 달리 유해한 물질들을 처리하기 위해서 고도의 통제가 요구됨을 보여준다.

화학산업에서는 일반적으로 업무가 잘 처리되기 때문에 예로서 최근의 사고들을 많이 찾아보기는 어렵다. 이 책의 많은 사례들은 20년 이전부터 일어난 것들이다; 그러나 우리가 배울 수 있는 교훈은 21세기까지에도 적절할 것이다. 탱크는 1980년대에 그랬던 것처럼 2010년에도 과압과 저압의 영향으로 손상될 수 있다. 서로 양립할 수 없는 화학물질은 어느 시대에서도 양립할 수 없는 것이며 사람들은 어느 때건 간과해 버릴 수 있다. 하나의 사례를 검토하여보기 전에 화학산업의 안전성 기록을 뽐낼 시점이다.

위험은 반드시 인식되는 그대로인 것은 아니다

실제 위험은 흔히 인지된 위험과는 다르다. 인간의 호기심, 뉴스를 팔고자 하는 욕망, 하루 24시간에 걸친 뉴스 공세, 그리고 현재의 동향으로 인하여 어떤 사람들은 위험에 대한 왜곡된 감각을 지니고 있다. 아주 흔히 사람들은 보다 덜한, 혹은 보잘것없는 위험을 두려워하며 매일 접하는 중요한 위험을 유의하지 못한다.

하버드 위험센터의 두 감독자들이 귀찮은 위험에 대한 이해, 안전하게 머무는 방법, 그리고 위험을 계속 인지하는 방법을 돕기 위한 문헌을 출간하였다(2002). 이 흥미로운 책은 사실들과 그림들로 채워져 있으며 *위험-우리를 둘러싸고 있는 이 세상에서 무엇이 정말로 안전하며 무엇이 정말로 위험한가를 결정하기 위한 실질적 지침*이라는 제목이 붙어있다[22].

✓이 책의 서론은 다음 글로 시작된다 :

> 우리는 위험한 세상에 살고 있다. 그렇지만 이 세상은 또한 지금까지 그래왔던 것보다 더 안전하다. 기대수명은 길어지고 있다. 유아 사망률은 떨어지고 있다. 단지 최근까지 대량살상자였던 질병들은 근절되었다. 건강, 의약, 환경규제, 식품안전, 그리고 노동자 보호에 있어서의 진보는 불과 수십년 전에 겪었던 주된 위험들의 상당부분을 극적으로 줄여주었다. [22]

✓서론에는 다음과 같은 강력한 문장이 이어진다 :

> 위험에 관한 논의는 종종 감정적이다. 위험은 논쟁적이다. 의견의 불일치는 흔히 깊고도 격렬하다. 이는 우리가 위험을 어떻게 인식하고 어떻게 대처하는가의 중심에는 결국 생존문제가 있음을 감안하면 놀랄 일이 아니다. 위험의 인식과 이에 대한 대처는 인간의 행동, 사고, 그리고 감정의 강력하고도 근본적인 구동원이다. [22]

다양한 저자들이 위험 및 위험의 인식에 대한 많은 고찰들을 제공하고 있다[22-29].

- 통상적인 것에 대한 두드러지고 두려운 것

John F. Ross는 그의 1995년 논문에서 대중은 두드러지고 두려운 죽음들의 가능성을 과대평가하고 통상적이지만 보다 치명적인 위험들은 과소평가한다고 설파하고 있다[23]. 이 스미소니언 논문은 개개인은 태풍에 의한 죽음의 위험은 과대평가하면서 보다 폭넓은 심장발작의 가능성은 과소평가한다고 말한다. 나아가 Ross는 일반 대중은 질병이 사고보다 15배나 많은 생명을 앗아가지만 이들 둘을 대등한 위치로 간주한다고 주장한다. 매년 약 40만명의 개인이 흡연과 관련된 죽음에 의하여 사라진다. 또 매년 4만명 정도가 미국 고속도로에서 사망하지만 비행기 한 대가 추락하여 300명이 사망한 사실이 더 오랜 시간동안 더 많은 주의를 끈다. 극적인 죽음이 앞 페이지를 장식한다; 많은 통상적인 죽음들은 단지 부고란에서만 언급될 뿐이다.

*위험-우리를 둘러싸고 있는 이 세상에서 무엇이 정말로 안전하며 무엇이 정말로 위험한가를 결정하기 위한 실질적 지침*의 저자는 서론에서 두려움의 패턴을 다음과 같이 강조하고 있다: "대부분의 사람들은 미국에서 가장 사망률이 높은 심장병과 같은 덜 무서운 방법으로 사망할 수 있는 위험보다 상어에 의하여 먹히는 것과 같은 특별히 무서운 방법으로 그들을 사망에 이르게 할 수 있는 위험들을 더 두려워한다." [22] 이 지침서의 부록은 많은 보조 자료들을 포함하고 있다. 이에 따르면 2001년 두 명의 미국인이 상어의 공격으로 사망하였으며 934,110명(1999)의 미국인이 심장병으로 사망하였다. 일반적으로 어느 사실이 뉴스매체의 주요 뉴스로 나타날 것인가?

플로리다에서의 3세 아동에 대한 비극적 이야기(1997)가 이 점을 예시하여 준다. 이 아동은 무릎깊이 정도의 물에서 수련을 따고 있었는데 11피트 길이의 악어 공격을 받아 사망하였다. 마음을 쓰리게 하는 이 소식은 텔레비전과 미국 전역에 걸친 많은 신문들에서 다루어졌다. 플로리다 게임위원회는1948년 이래 악어의 공격 기록들을 유지해 오고 있는데 이 사건은 겨우 일곱 번째에 해당된다.

많은 사랑하는 부모들은 아마 악어들이 주된 관심사인 것으로 느꼈을 것이다. 그러나 실제 위험은 최소의 감독과 얕은 물이었을 수 있다. 헤아릴 수 없는 어린이들이 부주의로 빠져 죽으며 그러한 흔히 방지 가능한 가능성에 대하여 논의되는 것은 거의 없다. 국립 안전위원회는 2000년 900명의 사람들이 가정의 수영장과 욕조에서 빠져 죽었다고 보고하였다. 이들 가운데 350명은 5세 이하의 어린이였다[24]. ABC 뉴스는 매년 50명의 어린이들이 양동이에 빠져 죽는 것으로 추정하였지만 우리는 양동이와 친근하며 이를 위험으로 여기지 않는다[25].

- 자발적인 것과 비자발적인 것

사람들은 기회가 주어지지 않는다고 느낄 때면 화를 내게 된다. 사회가 위험을 감수하도록 억압받는 것으로 느끼게 되면 위험이 아니라 억압에 대해서 노하게 된다. 이 경우 궁극적으로 위험은 심각한 위해로 간주된다. 그 구별을 예시하기 위하여 Martin Siegel[26]은 누군가를 산으로 이끌고 와서 그의 발에 보드를 잡아매고 언덕 아래로 밀어버리는 것은 용인될 수 없이 난폭한 것으로 간주될 것이라고 쓰고 있다. 그 사람을 스키 여행에 초대하면 상황은 극적으로 바뀔 수 있다.

어떤 개인들은 비교 위험을 이해하지 못한다. 그들은 모터시이클 운전의 위험(수송수단의 가장 위험한 형태 가운데 하나)과 흡연의 수명에 대한 위험을 수용할 수 있는데(자발적 행동) 이는 진지하고 심각한 행위이다. 그러나 그들은 위험 전문가에 따르면 무시할 수 있는 위험을 지니는 원자력 플랜트에 대하여 항의를 계속한다.

– 도덕적인 것과 비도덕적인 것

Trevor Kletz 교수는 살해당하는 사람들보다 훨씬 더 많은 사람들이 자동차 사고로 사망하지만 살인은 여전히 덜 용인된다는 점을 지적하고 있다. Kletz는 만일 경찰이 살인자나 아동 학대자를 체포하는 임무로부터 위험한 운전자들을 찾아나서는 임무로 전환한다면 대중은 격노할 것이라고 주장한다. 그는 나쁜 운전자를 찾아내는 것이 보다 많은 생명을 구하는 것이라 할지라도 대중은 이러한 개념을 받아들이지 않을 것이라고 주장한다[27].

– 검출 가능한 위험과 검출이 불가능한 위험

사람들이 검출할 수 없는 것에 대하여 두려움을 느끼는 것은 당연하다. 경험있는 전쟁 특파원은 Three Mile 섬의 사고에 대하여 이렇게 말한다 : "적어도 전쟁에서는 *아직* 총알에 맞지 않았다는 것을 알고 있다." 마찬가지로 드러나는 데에 수년이 걸리는 위험에 아마도 더 두려움을 가질 것이다[26].

이와 반대로 Kletz 교수는 다른 어떤 평화로운 시절의 인공구조물보다도 댐들의 붕괴에 의하여 더 많은 사람들이 사망했다고 보고하였다[28]. 그는 1979년 8월 인도에서의 댐의 붕괴로 수많은 사람들이 사망했다고 말한다. 다양한 보고서에 따라 희생자 수를 1,400명에서 25,000명 사이로 보고하고 있다. 이러한 붕괴는 두려운 보팔의 비극에서보다 더 많은 사망의 원인이 될 수 있다. Kletz는 왜 사람들이 토목공학적 재해보다 화학공학적 재해에 대하여 더 관심들이 많은지 묻고 있다. 물은 친숙한 화합물이지만 살충제나 방사성 위협물들은 제대로 이해되지 못하고 있으며 거리를 지나는 사람이 검지할 수 없기 때문일 수 있다.

– 자연적인 것과 인공적인 것

일반적으로 사회는 산업으로부터 비롯되는 인공적인 위험들보다는 태풍, 홍수, 폭풍, 천연식품, 그리고 약품과 같은 자연 재해를 더욱 쉽게 받아들인다. 밝은 일요일을 즐기는 것보다 무엇이 더 자연스러울 수 있는가? 그래도 이러한 활동은 초보자들에게 피부암이라는 심각한 위험을 수반한다. 국립 암협회는 한 번의 심각한 피부화상은 피부암의 위험을 50%만큼 증가시킬 수 있다고 계산하였다. 그러나 많은 개인들은 보호용 햇빛차단 로션을 바르는 것에 대하여 관심을 갖지 않는다. 태양은 "자연적인" 것이므로 석면(화재방지, 단열, 그리고 다른 건물자재로 이용되는 물질)에 노출되는 것과 동일한 감정을 제기하지 않는다. 석면중독의 위험은 햇빛 아래서의 워크샵에 의하여 야기되는 암과 비교할 때 미국인들에게는 중요하지 않은 위협인 것으로 알려져 있다[22].

농업용 살충제, 공기오염, 그리고 관련되는 화학물질들(종종 익숙하지 않거나 발음할 수 없는 이름들을 갖는 물질들)은 많은 사람들을 걱정하게 해 왔다. 버클리 캘리포니아 대학교의 저명하며 존경받는 분자 및 세포생물학 교수인 Bruce Ames는 인간이 만든 살충제와 공기오염에 대하여 걱정하는 것은 시간낭비라고 반박한다.

✓그는 다음과 같이 주장한다 :

> 모든 식물은 침입자와 곰팡이를 죽이기 위해 40~50 가지의 살충제를 만들어낸다. 식물들은 유독 화학물질로 채워져 있지 않으면 살아남을 수 없다. 이들은 이빨과 턱이 없으며 달아날 수도 없다. 따라서 진화를 거치면서 이들은 더 새롭고 더 지독한 살충제를 만들어 왔다. 이들은 Dow나 Mosanto보다 더 우수한 화학자들이다. [29]

Ames 박사는 또한 슈퍼마켓에 있는 거의 모든 식물제품은 천연 발암물질들을 함유하고 있음을 지적한다. 그는 대표적인 미국인의 경우 섭취된 인공적인 농업살충제의 체내 잔류량보다 약 1000배나 더 많은 천연 살충제를 먹고 있다고 추정한다. 따라서 우리가 매일 취하는 살충제의 약 99.99%는 "천연" 이며 단지 0.01%만이 사람이 만든 것이다. (참조된 문헌에서는 인체가 험악한 세상에서 살아남아 성장하도록 고안된 신비스러운 기계라는 사실에 초점을 맞추어 상세한 논의를 제공하고 있다. 이 문헌의 주요 절은 발암 화학물질이 우리의 DNA에 미치는 손상을 성공적으로 처리하는 효소의 작용을 다루고 있다.)

Bruce Ames는 미국인들이 일상에서의 모든 위험들을 인식해야 하며 그들을 지배하는 방법을 개발할 것을 제안하고 있다. 그는 작은(그리고 아마도 존재하지도 않는) 위험에 대해서는 걱정하지 않아야 하지만 암의 주요 요인들을 없애는 것을 고려해야 한다고 말한다. Ames는 위험들을 열거하고 있다 : "첫째는 물론 흡연이며 다음에는 식생활에서 과일과 채소의 결핍이다. 그리고 마지막으로 만성적인 전염병이다."

- 우리는 죽음에 이르는 것을 두려워하고 있는가?

몇 년 전에 ABC 뉴스는 "우리는 죽음에 이르는 것을 두려워하고 있는가?" 라는 제목의 특별 리포트를 방송한 바 있다. 이 방송에서 John Stossel은 담담한 말투로 위험들을 검토하면서 부적절하게 인식된 많은 위험들을 수정하고 있다. 편견과 감정적 비평의 집중공세로부터 화학산업을 보호하는 역할을 수행하는 사람들은 이 기록을 구입하는 것을 고려해 보아야 한다[25].

Stossel은 생명에 악영향을 미칠 수 있는 실제 요인들을 결정하기 위한 배경을 제공하고 있다. 그는 수많은 전문가들을 인터뷰하고는 뉴스매체가 일반적으로 기묘하고 신비로우며 호기심을 유발하는 것에 초점을 맞추고 있다고 결론짓는다 – 요약하자면 뉴스매체들의 관심은 상대적으로 작은 위험들을 향하고 있다. 이 프로그램은 학교에서의 석면, 그리고 식품에 잔류된 살충제의 잠재적인 문제들에 대하여 잘못된 관념을 수정하고 있다. 이 비디오는 위험에 대한 많은 우수한 사례들로 인하여 매우 효율적이다.

ABC 뉴스 스페셜은 여러 가지 노출을 근거로 하여 미국에 살고 있는 개인이 직면하는 상대적인 위험들을 보여주는 위험등급표를 제공하고 있다. 이 보고는 비행기 추락, 범죄, 운전, 그리고 공기오염의 위험에 노출되었을 경우 기대되는 수명단축을 날짜, 주일, 혹은 햇수로 측정하고 있다.

Stossel은 빈곤이 긴 수명에 대한 최대의 위협이 될 수 있다는 심오한 주장을 펴고 있다. 유럽, 캐나다, 그리고 미국에서의 연구에 따르면 만일 한 개인이 경제 척도의 하부 20% 내에 든다면 그의 수명은 평균 7~10년만큼 줄어들 수 있다. 사람들이 훌륭한 영양, 최고의 의료서비스, 적절한 위생, 잘 관리되는 자동차를 확보할 수 없다면 빈곤이 죽이는 것이다. 나아가 빈곤에 젖은 사람들은 일반적인 사람들보다 더 많은 알콜과 담배를 소비한다.

ABC 뉴스 전문가들은 위험관리 전문가들과 함께 3년에 걸친 연구를 토대로 위험등급표(**표** 1-1 참조)를 개발하였다. 이들 각각의 행위들은 독립변수들로 측정되며 각각은 수명에 해로운 영향을 미친다고 가정하였다.

<표 1-1 잠재적 위험들과 추정된 기대수명 단축>

비행기 여행	1 일
위해 폐기물	4 일
주택화재	18 일
살충제(극독성)	27 일
공기오염	61 일
범죄위협(살인)	113 일
운전	182 일
흡연(흡연자에 대한 영향)	5.5 년
빈곤(표준생활수준의 최하부 20%)	7~10 년

공장 피고용자의 안전성과 생활습관의 선택

화학제품 생산사 연합회(CMA)는 *위험통신, 위험통계, 그리고 위험비교: 공장 경영자를 위한 매뉴얼*이라는 제목의 57페이지짜리 문헌을 출간하였다[30]. 이것은 화학적 위험에 대한 정보를 효과적으로 설명하는 실제적인 지침서이다. 이 책은 위험 비교에 대한 명료한 사례들을 제공하고 있으며 그러한 데이터의 사용에 대한 2페이지의 경고문을 제시하고 있다. 이 책의 "경고문"은 데이터의 정확도는 보장될 수 없으며 일부 데이터는 오래된 것일 수 있다는 점을 밝히고 있다. 추가의 "경고문"은 대표적인 위험 데이터는 정보나 다른 수준의 불확실성으로 특징지어지는 위험들이 뒤범벅된 것이라고 말하고 있다. 그러나 이 책은 아주 흥미로운 비교를 보여주는 13개의 표나 도표를 제공하고 있으며 위험한 것으로 과장된 많은 요소들이 이 표들에서는 낮은 것으로 나타나 있다. **표** 1-2의 데이터는 CMA 책의 한 부분으로서 "위험 목록"으로부터 취한 것이다[31]. **표** 1-2는 48가지 원인들 가운데 16가지만을 열거하고 있다.

화학산업의 탁월한 안전기록

정보를 얻기 위해 텔레비전과 라디오에 의존하는 많은 개인들은 아마도 화학공장에서 일하는 것이 위험한 직업이라고 믿고 있을 것이다. 이러한 미신은 직업통계국에서 얻은 사실

에 의하여 드러난다: 화학공장 피고용자들은 가장 안전한 직업 가운데 하나를 누리고 있는 것이다. 연방정부는 화학산업에 대하여 부상을 더 줄이라는 압력을 가하고 있는데 1995년 전체 미국 작업장에서의 사망에 대한 두 번째 원인이 살인이라는 사실은 놀랄만하다.

1995년의 미국 직업통계국에 따르면 작업장의 사망의 16%는 살인이었다[32]. 사망의 으뜸가는 원인은 고속도로 교통사고와 관련된 것이었는데 이는 작업장의 6,210선의 사망 가운데 21%를 차지한다.

정보를 가진 개개인과 많은 회의론자들 사이에 심각한 지식의 차이가 어렴풋이 나타나고 있다. 화학공장의 존재의 위험 및 위험의 인식은 흔히 잘못 이해되고 있다.

✓인식에 대한 다음 인용구를 살펴보자(작자미상):

> 우리는 우리가 무엇인가에 의하여가 아니라
> 우리가 무엇일 것인가의 인식에 의하여 평가된다;
> 우리가 말하는 것이 아니라 우리가 어떻게 받아들여지느냐에 의하여,
> 그리고 우리가 행하는 것이 아니라 우리가 어떻게 행하게 될 것인가에 의하여
> 우리는 평가된다.

화학산업은 대표적으로 매우 높은 기준으로 유지되며 그 위험에 대하여 많은 대중이 의심어린 눈으로 보고 있다. 이는 인도와 멕시코와 같은 나라들의 공장들에서 유독가스를 배출하거나 큰 화재를 경험한 공장, 정유공장, 혹은 터미널 인근에 살고 있는 수백 명의 무고한 사람들의 희생에 대한 보고에 따른 경험에 기인한다. 이는 미국과 영국에서 훨씬 더 우수하게 운영되고 있는 미국 및 영국 화학공장들의 경험은 아니다. *Chemical Engineering* 지의 최근 논문에서 와튼 학교의 위험관리 및 결정과정 센터(필라델피아)의 선임연구원인 Isodore(Irv) Rosenthal은 과거 50여년에 걸친 사고에서 미국 공장의 울타리 밖에서 사망한 경우는 한 사람도 없었다고 주장한다[33]. Trevor Kletz는 과거 100여년에 걸친 사고에서 영국 공장의 울타리 밖에서 사망한 경우는 한 사람도 없었다고 주장한다. 그러나 운송사고에서 배출된 화학물질로 인하여 사망한 사람들은 있었다.

<표 1-2 생활습관 및 다른 요인들에 의한 추정된 기대수명 단축>

담배 흡연(남성)	2250 일
30% 초과체중	1300 일
석탄 광부	1100 일
20% 초과체중	900 일
담배 흡연(여성)	800 일
시거 흡연	330 일
위험한 직업(사고)	300 일
자동차 사고	207 일
알콜(미국 평균)	130 일
살해당함(살인)	90 일
평균 직업(사고)	74 일
익사	41 일
추락사	39 일
가장 안전한 직업(사고)	30 일
커피	6 일
다이어트 음료	2 일

누가 가장 위험한 직업을 가지고 있는가?

누가 가장 위험한 직업을 가지고 있는가를 알면 놀랄 것이다. 그들은 여러분이 먼저 생각나는 그런 노동자들은 아니다. 미국 노동통계국(BLS)은 노동자들의 안전성에 대한 흥미로운 통찰을 제공하고 있다. 참여하는 주정부 기관들과 함께 BLS에 의하여 시행된 치명적인 직업적 상해 조사는 50개 주와 수도 워싱턴에서 일어나는 치명적인 직업적 상해에 대한 포괄적이고 시의적절한 정보를 제공하고 있다. 노동통계국 안전위생 노동조건 사무소의 경제학자인 Guy Toscano는 이해하기 쉽고 생각을 요하는 논문을 제시하고 있다. 그의 승인 하에 한 부분만 인용하기로 한다[32].

위험한 직업

미국에서 무엇이 가장 위험한 직업인가? 트럭 운전수인가, 어부인가, 아니면 코끼리 조련사인가? 대중은 뉴스매체 및 위생과 안전 전문가들과 마찬가지로 이 질문을 빈번하게 해오고 있다. 이에 답하기 위하여 BLS는 치명적인 직업적 상해조사(CFOI)와 직업적 상해 및 질병의 조사(SOII)[1]에서 얻은 데이터를 이용하였다.

➤➤ 위험한 직업을 어떻게 구별할 것인가?

위험한 직업을 인식하는 방법들은 많이 있다. 이용되는 방법에 따라 다른 직업들이 가장 위험한 것으로 인지된다. 한 가지 방법은 주어진 직업이나 노동자 그룹에서 직업과 연관된 치명적 사고의 수를 헤아린다. 이로부터 고용그룹에 대한 치명적 사고의 빈도수가 산출되는데 이는 안전 및 위생 전문가들이 안전 및 위생문제의 심각성을 보여주기 위해 흔히 이용한다. 예를 들면 트럭 운전자들은 가장 많은 수의 치명적 사고수를 보였으며 1995년 직업과 관련된 모든 치명적 사고의 약 12%를 차지하였다(표 1-3 참조). 그러나 이 수치는 그 직업에서 노동자가 직면하는 위험에 의해서뿐만 아니라 그 직업에 종사하는 총 노동자들의 수에 따라서도 영향을 받는다.

두 번째 방법인 치명적 사고 비율은 직업들에 따른 서로 다른 총 수를 감안한다. 이는 주어진 기간 중에 한 그룹의 노동자에 대한 직업과 관련된 치명적 사고들의 수를 그 기간 중의 평균 노동자 수로 나누어 얻어진다[2]. 이 비율은 고용그룹 내의 치명적인 직업

---

1) 치명적인 직업적 상해에 대한 자료는 1995년 노동통계국에 의한 치명적인 직업적 상해조사(CFOI)로부터 얻은 것이다. 이 프로그램은 1992년 이래 전국에 걸친 직업적인 치명적 사고 데이터를 모은 것으로서 다양한 데이터 소스를 이용하여 치명적인 직업적 상해를 인식하고 분류하고 윤곽을 파악하고 있다. 각 작업장(직업 및 다른 노동자 특성, 사용되는 장비, 그리고 사고의 환경) 의 치명적 사고에 대한 정보는 사망증명서, 노동자의 보상기록, 그리고 연방정부 및 주정부 기관에의 보고서와 같은 기록들을 교차 참조하여 얻어진 것이다. 이 방법은 계수가 가능한 한 완전하고 정확한 것임을 확신시켜 준다. 직업적 상해 및 질병에 대한 조사(SOII)는 대부분의 개인 기업을 대표하는 약 250,000개사의 불규칙 샘플로부터 정보를 수집한다. 노동자의 특성들은 치료를 위해 수일동안 노동을 못하게 되는 상해와 질병을 지니는 노동자들에 대해서만 수집된다. CFOI와 SOII의 범위와 방법이 약간 다르므로 치명적 데이터와 비치명적 데이터의 비교에는 문제가 있다. CFOI나 SOII에 대한 추가의 정보를 위해서는 http://stats.bls.gov/osh-home.htm를 참조하거나 이메일(cfoistaff@bls.gov)을 이용한다.

2) 노동자 그룹들에 대한 치명적인 직업적 상해의 발생을 측정하는 치명적 사고율을 계산하는 데에는 한 가지 이상의 방법이 있다. 시간에 따른 비율은 표준화된 노출 길이당 치명적 사고의 위험을 측정한다; 고용기반 비율은 주어진 시간구간 동안에 고용된 자들에 대한 위험을 측정한다. 고용기반 치명적 사고율은 노출시간에 관계없이 그룹 내의 모든 노동자들에 대한 치명적 상해의 발생을 측정한다. 여기에서는 풀타임 노동자들에 대한 것보다 더 적은 부분시간 노동자들의 치명적 사고는 감안하지 않는데 이는 작업환경에서 부분시간 노동자들의 노출시간이 적기 때문이다. 시간에 따른 치명적 사고율은 노동자들 간의 서로 다른 노출지속시간을 감안하여 준다. 시간에 근거한 측정은 산업 및 직업적 비교에서 특히 유용한데 여기에서 위험에 처한 노동자들의 수는 특별한 시구간에 대하여 산업체나 직업그룹들에 따라 변할 수 있다. 노동 시간이나 고용된 사람 수 어느것도 BLS 통계에서는 잡히지 않기 때문에 이 보고서에서의 치명적 사고율은 현재인구조사(CPS)로부터의 고용 추정치를 이용하여 계산되었다. CPS 연평균 고용 추정치는 매달 12일이 속한 주 동안에 고용된 노동자들의 수에 근거하고 있다.

적 상해발생에 대한 노동자의 위험을 나타낸다. 예를 들면 트럭 운전자들에 대한 치명적 사고율은 노동자 100,000명당 26.2명의 사망자로 나타난다(표 1-3 참조). 직업들이 치명적 사고율에 따라 등급이 정해진다면 트럭 운전자들은 아홉 번째로 가장 위험한 직업이 된다.
표 1-3의 치명적 사고율은 다양한 그룹에서 같은 위험에 직면하고 있는 연간 평균 노동자 수에 대한 1995년의 직업과 관련된 총 사망자 수의 관계이다. 이 값은 노동범위를 들락거리는 사람들의 움직임, 노동주간이나 노동 년수의 길이, 혹은 복수의 직업을 유지하는 데에 따른 영향 등을 반영하지 못하고 있으므로 실험적인 것으로 간주된다.

위험을 나타내는 다른 방법은 상대적 위험도 지수이다. 이 값은 한 그룹의 노동자들에 대하여 모든 노동자들의 비율에 대한 그 노동자 그룹의 비율의 비로 계산된다 [3]. 상대적 위험도 지수는 한 그룹의 노동자들의 치명적 위험을 모든 노동자들과 비교한다. 예를 들면 표 1-3의 트럭 운전자들에 대한 상대적 위험도 지수는 5.3으로서 이는 평균 노동자들에 비해 치명적인 직업적 상해를 입을 기회가 대략 5배정도가 됨을 의미한다. 그러나 비치명적인 직업관련 상해와 질병에 대한 데이터를 조사하지 않는다면 위험한 직업에 대한 분석은 완전하지 못한 것이 된다.

표 1-4는 가장 큰 수의 비치명적인 상해 및 질병과 관련된 직업들과 치료를 위해 노동을 중단한 일 수를 보여주고 있다. 이 표에서도 트럭 운전자들이 가장 큰 수의 비치명적인 상해 및 질병을 갖는 직업의 선두를 차지하고 있다. 이 표는 또한 고용그룹의 총 노동자 수를 그 그룹에서 상해를 입은 노동자의 수와 비교한 것으로 나타낸 직업적 상해나 질병의 발생기회를 보여주고 있다. 예를 들면 트럭 운전자가 심각한 상해를 입을 기회는 15 가운데 1로서 이는 1년 동안에 매 15명의 트럭 운전자들 가운데 한 사람이 심각한 상해를 입을 것임을 의미한다. 그러나 노무자, 간호보조원, 그리고 잡역부들은 트럭 운전자보다 상해나 질병을 가질 기회가 더 높다(표 1-4 참조).
치료를 위한 중간 비노동 일수는 위험한 직업을 평가하는 데에 사용될 수 있는 또 하나의 다른 기준이다. (중간일수는 상해를 입은 사람들의 절반이 치료를 위해 평균일수 이상의 일수를 소요한 반면에 나머지 절반은 그보다 적은 일수를 소요한 경우의 평균이다.) 열거된 10개 직업에 대한 상해로부터의 치료에 소요된 중간일수는 트럭 운전자와 목수의 경우가 가장 높은데 이들 각각은 5일의 중간일수를 보이는 모든 노동자들에 비해 8일의 중간 치료일수를 보이고 있다.
도표의 상대적 위험도 지수에 근거하면 트럭 운전자는 가장 위험한 직업이 아니다. 어부가 가장 위험한 직업에 속한다. 어부는 치명적인 노동 사고로 사망할 기회가 트럭 운전자에 비해 4배정도가 된다(각각 21.3 및 5.3).
이러한 분석방법을 사용하면 코끼리 조련사와 같은 보다 위험한 직업을 찾아낼 수 있는데 코

3) 미국 노동성의 미국 노동력에 대한 보고서, 1994, pp.95-138.

끼리 조련사의 경우 어떤 해에는 두 건의 치명적 사고가 있었다. 미국에서 알려진 600명 정도의 코끼리 조련사들을 기준으로 하면 이는 100,000명의 노동자당 333명의 치명적 사고율이 되며 상대적 위험도는 대표적인 노동자보다 68배만큼 더 크다. 명백히 이 분석에서 코끼리 조련사는 어떤 해의 경우 그 빈도수가 낮거나 없더라고 치명적인 노동상해의 위험도가 가장 높다. 이 보기의 목적은 위험한 직업을 구분하기 위하여 빈도수, 치명적 사고율, 그리고 상대적 위험도 지수를 바라보는 중요성을 예시하기 위함이다.

빈도수 위험도 기법과 상해 기회로 인식된 직업들은 방지 노력을 목표로 이용될 수 있으며 가장 높은 위험에 처한 노동자들의 치명적 사고 및 상해의 수와 비율을 줄여줄 수 있다.

<표 1-3 1995년 가장 많은 수의 치명적 사고, 비율, 상대적 위험, 그리고 우선적 요인들을 갖는 Guy A. Toscano에 따른 직업요람>

직업	치명적 사고수	고용수 (천명)	치명적 사고율	상대적 위험도지수	주된 치명적 사고(%)
총 계	6,210	126,248	4.9	1.0	
트럭 운전자	749	2,861	26.2	5.3	고속도로충돌(68)
농장	579	2,282	25.3	5.1	자동차관련(50)
건설노동자	309	780	39.5	8.1	자동차관련(28); 추락(27)
자산판매감독자	212	4,480	4.7	1.0	살인(63)
비건설 노동자	212	1,337	15.8	3.2	자동차관련(36)
경찰,탐정 및 감독자	174	1,051	16.6	3.4	살인(47); 고속도로(28)
전기공	117	736	15.9	3.2	감전(59)
수금원	116	2,727	4.3	0.9	살인(92)
비행기조종사	111	114	97.4	19.9	비행기추락(98)
경비원	101	899	11.2	2.3	살인(58)
택시운전자	99	213	46.5	9.5	살인(70)
목재채취공	98	97	101.0	20.6	충격(81)
목수	96	1,255	7.6	1.6	추락(43)
토지관리인, 정원사	77	832	9.3	1.9	자동차관련(31)
용접공, 절단공	72	604	12.0	2.4	추락(22); 화재(18)
지붕공	60	205	29.3	5.9	추락(75)
어부	48	45	104.4	21.3	익사(81)
자동차정비공	47	819	5.7	1.1	고속도로(21); 살인(13)
구조금속노동자	38	59	64.4	13.1	추락(66)
전력설치/수리공	35	126	27.8	5.7	감전(60)

<표 1-4 가장 많은 수의 상해 및 질병을 갖는 Guy A. Toscano에 따른 직업요람 및 1994년 동안의 치료를 위한 비노동 일수>

직업	총 비치명적 경우수 (천)	고용수 (천명)	중간 치료일수	상해 기회	주된 비치명적 사고(%)
모든 직업	2,252.6	92,973	5	1:41	
열거된 직업들	726.5	14.636	6	1:20	과로(27)
트럭 운전자	163.8	2,438	8	1:15	과로(29)
비건설노동자	147.3	1,137	5	1:08	물체와의 접촉(35)
간호보조 및 잡역부	101.8	1,359	5	1:13	과로(59)
청소원 및 관리인	60.6	1,407	6	1:23	과로(27)
건설 노동자	55.7	674	6	1:12	물체와의 접촉(39)
조립공	53.0	1,167	6	1:22	물체와의 접촉(31)
목수	37.4	869	8	1:23	물체와의 접촉(38)
주식 처리인	37.2	1,121	5	1:30	과로(37)
요리사	36.3	1,838	5	1:51	물체와의 접촉(33)
수금원	35.6	2,626	6	1:74	과로(27)

➤➤ 위험한 직업의 특징

오늘날 치명적 사고율과 빈도수가 가장 높은 직업들은 옥외 직업, 혹은 노동자가 사무실이나 공장 밖에서 일하는 직업들에서 찾아볼 수 있다. 이들은 트럭 운전자, 농부, 건설 노동자, 그리고 비행기 조종사들을 포함한다. 대부분의 이들 노동자들은 한 가지 공통점을 갖는다: 이들은 고속도로 운전, 비행기 운항, 허드레 농사일, 혹은 건설 공사장에서 작업하는 중에 심각한 기상조건에 의하여 영향을 받는다. 고속도로 충돌은 트럭 운전자들의 치명적 사고의 으뜸 원인이며 추락은 건설 노동자들의 사망의 으뜸 원인이고 트랙터 전복은 농부의 치명적 사고 3건 가운데 1건을 차지한다.

어떤 직업들에서 살인은 또 다른 심각한 관심사항이다. 1995년의 경우 살인은 직업과 관련된 치명적 사고의 16%를 차지하였다. 가장 위험에 직면하는 노동자들은 밤 늦게 일하거나 혼자 일하며 돈을 취급하는 노동자들이다. 택시 운전사들은 살인에 가장 영향받기 쉬우며 대표적인 노동자들보다 상대적 위험도가 10배정도 높다. 살인의 상대적 위험도가 높은 다른 직업들에는 경찰과 경비원이 포함된다.

비치명적 상해와 질병의 수가 높은 직업의 경우 과로가 으뜸가는 사고요인이다. 이러한 상해들은 몰체를 들어 올리거나 간호보조원 및 잡역부의 경우 환자를 들어 올리는 데에서 기인한다. 과로로 인한 상해는 1994년의 경우 모든 비치명적 상해의 약 1/3을 차지하였다; 이러한 상해에 대한 중간 치료일수는 5일이었다.

치명적이고 비치명적인 목록 모두에 트러 운전지와 긴설 노동자의 두 가지 직업이 올라있다. 그러나 각 직업에서의 치명적 및 비치명적 사고에 대한 으뜸 원인은 서로 다르다. 트럭 운전자의 경우 직업과 관련된 치명적 사고의 68%는 고속도로 충돌에서 기인하는 반면에 과로는 으뜸가는 비치명적 사고원인으로서 사고들의 29%를 차지한다. 건설 노동자의 경우 주된 치명적 사고원인은 추락 및 후진차량에 의한 충돌과 같은 자동차관련 사고이다. 비치명적 사고의 경우 주된 요인은 물체와의 접촉, 우선적으로는 건설 현장에서 사용되는 장비 및 도구들이다.

트럭 운전자들에 대한 치명적 및 비치명적 상해 사이의 이러한 차이는 방지를 위해 다른 성질의 노력을 암시하기 때문에 중요하다. 예를 들면 고속도로 충돌을 줄이기 위해서는 운전자의 훈련과 트럭의 유지관리가 필수적인 반면에 과로의 사고를 줄이려면 들림 장치의 적절한 사용과 함께 적절한 들림기법에 대한 교육이 이루어져야 한다. 건설 노동자들의 경우 치명적 사고의 예방 프로그램은 건물, 사다리, 발판, 그리고 다른 구조물로부터의 추락의 위험에 대한 경각심을 필요로 하지만 심각한 비치명적 상해의 경우에는 예방은 도구들의 적절한 사용에 초점이 맞추어져야 한다.

– 화학산업 직업과 비교한 상대적 위험

Toscano의 상대적 위험표(**그림** 1-1 참조)는 매우 의미심장하다. 루이지애나 남서부(어업, 목재, 쌀 농사, 그리고 정유산업 및 화학공장들은 물론 반산업 뉴스기자들과 지나치게 열성적인 변호사들이 풍부한 지역) 거리의 대표적인 남자는 이 사실들에 혼란스러워 할 것이다. 수년에 걸쳐 뉴스매체들은 보통사람들이 화학산업은 매우 위험하다고 믿도록 인도하였다. 이는 부분적으로는 전 세계에서 독자적으로 발생된 극소수의 치명적 사고들 및 이와 관련된 고통스러운 괴로움으로 인하여 더 강요되었다.

뉴스 매체들의 강요는 화학공장들의 위험에 있어서의 오해에 은밀히 기여하고 있다. 이들은 선택된 뉴스영역을 제공한다. 루이지애나 남서부에서 새우, 굴, 청게, 청어, 그리고 식용 생선을 잡다가 사망하는 불운한 사람들이 많다는 것은 의심의 여지가 없다. 그들의 사망은 머리뉴스가 되지 않는다. 어떤 뉴스기자도 힘든 노동자의 생명을 앗아간 바닷물이나 보트의 사진을 찍지는 않는다. 혹은 사망한 목재 절단공의 경우 아무도 죽은 자를 친 나무의 사진이나 비극적 사고와 관련된 톱날의 사진을 찍지는 않는다. 이 사고들은 대개 신문의 뒷면에 나타나거나 노동자의 이름, 나이, 친지, 그리고 개인 정보만이 부고란에 인쇄될 뿐이다.

그러나 만일 화학공장에 작은 화재가 발생하거나 작은 누출이 일어나서 두세명의 개인이 약간의 상해를 입거나 병원에 실려 갔을 경우 통상 심도 있는 뉴스매체의 기사가 뒤따른다. 흔히 텔레비전 기자가 정문 앞에 도착하여 회사 로고를 배경으로 보도한다. 인쇄 매체의 경우에는 전면의 머리뉴스가 될 것이다.

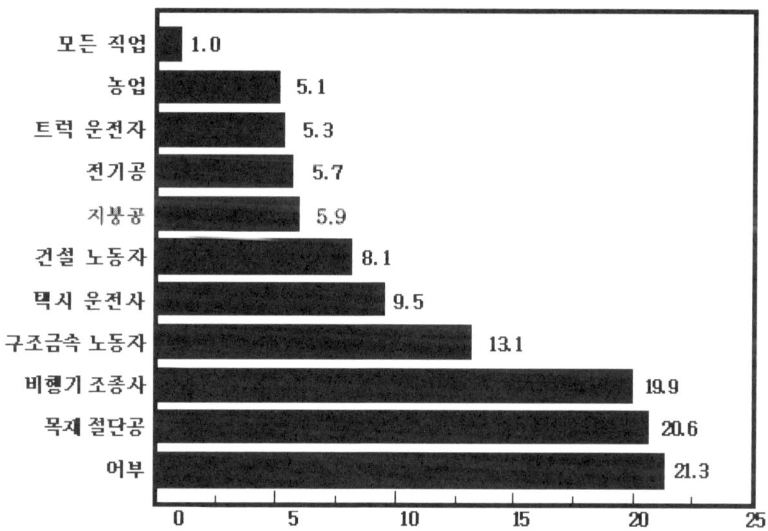

<그림 1-1 1995년 가장 많은 수의 치명적인 직업적 상해에 대한 Guy A. Toscano의 상대적 위험도 지수>

화학산업은 보다 높은 안전성 기준을 유지하고 있다. 이 산업체에 종사하는 우리들은 사고가 없는 작업환경이라는 목표에 도달하기 위해 책임감이라는 짐을 받아들이고 더욱 열심히 노력해야 한다.

미국의 화학공장에서 일하는 것은 얼마나 위험한가?

Toscano는 그의 "위험한 직업" 논문에서 몇 가지의 산업체 상대적 위험도를 위에 언급한 직업들과 비교하는 1995년의 상대적인 위험 치명성 통계 일부를 제공하고 있다. 이 수치들은 1995년에 특정된 것으로서 주된 상해들이 아닌 치명적 사고들을 포함하고 있다. 대표적인 어느 하루 동안 미국에서 약 17명의 노동자들이 작업 중에 사망하였다. 직업과 관련된 치명적 사고들이 특정 산업표준분류(SIC 코드)에 대하여 상대적으로 빈번하지 않다는 것은 감사한 일이지만 어떤 산업체에서의 큰 사고는 여러 해에 걸쳐 정보를 왜곡시킬 수 있다.

트럭 운전에 관한 통계는 그 직업이 상대적으로 위험하다는 것을 보여준다. 그러나 만일 트럭운전이 산업으로 간주된다면 그 산업의 종사자들에는 운전자(위험한 직업)뿐만 아니라 서무직, 판매, 배분, 수리, 그리고 위험 노출도가 상당히 낮은 다른 지원 그룹들도 포함되기 때문에 위험 수치는 희석될 것이다.

위와 같은 부인에 대하여 Toscano는 다음 자료를 제공하고 있다: 화학 및 유관제품 분류(SIC 코드 28)는 (1995년) 보고된 1,289,000 명의 종사자들 가운데에서 38건의 사망을 경험하였다. 이의 상대적 위험도는 0.6으로서 평균 직업의 상대적 위험도(1.0)보다 낮다. 정유 분류(SIC 코드 291)에 대한 1995년 통계는 보고된 151,000 명의 종사자들 가운데 13 건의 치명적 사고를 포함하고 있다. 이의 상대적 위험도는 1.8이다.

이들 상대적 위험도 수치들을 트럭 및 보관창고 분류(SIC 42)의 4.1 및 상대적으로 안전한 금융, 보험 및 부동산 그룹의 0.4와 대조하여 보자(**표 1-5** 참조).

<표 1-5 Toscano의 상대적 위험도 지수를 이용한 작업장에서의 치명적 사고의 상대적 위험 빈도(1995년)>

어부	21.3
목재 절단공	20.6
택시 운전수	9.5
트럭 및 창고업	4.1
정유	1.8
평균 직업	1.0
화학 및 관련제품산업	0.6
금융, 보험 및 부동산	0.4

- 화학공장에서의 조업의 상대적 위험에 대한 2001년도 보정데이터

상대적 위험도 치명성 통계에 대한 Toscano의 방법을 가장 최근의 노동통계국 데이터(2001)에 적용하였다. 어부, 목재 절단공, 그리고 비행기 조종사들은 1995년 가장 위험한 직업들이며 2001년의 경우 가장 치명적인 직업들임을 주목하자. 이 데이터는 아울러 화학공장에서의 사고에 따른 사망률(2001)이 식료품 가게에서의 경우보다 더 낮음을 보여주고 있다[34].

<표 1-6 작업장에서의 치명적 사고의 상대적 위험빈도(2001년)[4]>

상대적 위험지수를 사용	
어부	35.1
목재 절단공	29.7
비행기 조종사	14.9
쓰레기 수집인	12.9
지붕공	8.4
택시 운전수	8.2
농장	6.5
보호서비스(소방관, 경찰보호, 기타)	2.7
"평균 직업"	1.0
식료품점 고용인	0.91
화학 및 관련제품산업	0.81
금융, 보험 및 부동산	0.23

영국의 화학공장에서 일하는 것은 얼마나 위험한가?

영국은 수십 년 동안에 걸쳐 서로 다른 직업들과 관련된 위험 통계를 출판하였다. Frank Lees 박사의 방대한 3권짜리 걸작인 *공정산업에서의 손실방지*는 의심할 여지없이 실제적이고 통계적인 공정안전 참조문헌의 우수한 원천이다. 가치 있는 사실들이 수록된 3,962 페이지의 책 속에서 Lees 박사는 치명적인 사고율(FAR)을 제시하였다[35].

FAR는 혼란스럽고 작은 부분들의 사용을 피하기 위해 개발되었다. FAR는 1년에

4) 이 데이터는 9월 11일의 테러공격에 의한 2,866명의 사망자들은 배제한 것이다. 출처: 뉴욕시, 워싱턴 및 연방정부기관의 협조에 따른 미 노동통계국 자료로서 치명적 직업상해 조사에 보고됨(2001).

50주 동안 한 주일에 40시간 일하는 피고용자로서 50년의 경력 동안에 1,000 명의 피고용자 그룹으로부터 기대되는 산업적 상해에 따른 사망자 수이다(혹은 100,000,000 작업시간당 기대되는 사망자 수)이다. FAR 데이터는 10^8시간의 노출에 따른 사망 확률이나 치명적 사고율이며 영국 보건안전 위원회에 의하여 집계된다. 보건안전 위원회는 미국의 노동직업안전위생국에 비견할 만한 많은 책임들을 갖는다. 어업, 건설, 그리고 농업이 화학 산업보다 상당히 더 높은 치명적 사고빈도를 갖는다는 점에서 영국 통계는 미국 통계와 다소 유사한 것으로 나타난다.

<표 1-7 영국의 서로 다른 산업 및 직업에서의 치명적 사고율(FAR)(1987~1990)>

산업, 혹은 활동	치명적 사고율
해상 오일 및 가스	62
심해어업	42
건설	5
농업	3.7
화학 및 관련제품산업	1.2
모든 제조산업	1.2
직물제조	0.05

영국의 다양한 활동들에 대한 치명적 위험 데이터

영국의 어떤 화학산업분야 논자들은 1970년대 초기에 호칭된 바와 같은 "치명적 사고율" (FAR)의 개념을 이용하여 고용자들에 대한 위험을 논의하기 시작하였다. 1960년대와 1970년대의 위험들을 설명하는 문헌들이 널리 출판되어 있다.

1992년 Edmund Hambly 박사는 "재해의 방지" 라는 논문에서 영국에서의 보다 최신의 치명적 사고율 정보를 제공하였다[36]. Hambly 박사는 "1965년 런던의 전염병" (FAR는 15,000)에서부터 "런던 지역에서의 테러 폭탄" 에 의한 치명적 사고(FAR은 0.01)와 같은 다양한 위험들을 포함하는 27가지의 개별적인 활동들을 다루었다. **표** 1-8은 6가지 다른 활동들에 대한 그의 위험도 수치들을 보여주고 있다. 나아가 저자는 마지막 두 위험도 자료에 대하여 Frank Lees의 수치들을 비교하였다.

<표 1-8 영국의 다양한 활동들의 사망위험>

치명적 사고 빈도비율[5]	
자동차 여행	30
사고에 의한 평균남자(30~40세)	8
질병에 의한 평균남자(30~40세)	8
공장노동(평균)	4
가정에서의 사고(모든 연령)	4
가정에서의 사고(작업가능)	1
모든 제조산업[6]	1.2
화학 및 관련산업	1.2

주된 손실에 직면할 때 화학 및 정유산업은 어떻게 대처하는가?

지금의 제 1장은 화학 및 정유산업에서 고용인들의 일반적인 안전성과 낮은 위험율을 강조하고 있다. 어떤 독자들에게는 세계 정상급의 공장들이 OSHA 공정안전관리 활동들을 올바른 동기, 적절한 훈련, 그리고 충분한 자원들을 갖춘 적당한 사람들에게 맡기고 있는 것으로 보여진다. 따라서 공정안전관리 규제가 공표되고 미국 화학안전위원회가 활동을 시작하면서 주된 손실은 1992년 이래 급격하게 줄어들고 있다고 결론짓는 것은 쉬운 일이다.

공정안전 분야에서의 탁월한 노력에도 불구하고 주된 손실을 줄이기 위해 충분한 일이 이루어지고 있는가의 여부를 따지는 심각한 질문들이 있다. 하나의 출판된 저명한 출처로부터 미국 정유 업계와 미국 화학공장들에서의 자산손해 손실은 과거 십여년 동안 눈에 뜨이게 줄지 않았다고 주장하는 것을 대하는 것은 실망스러운 일이다. 2003년 2월 Marsh의 위험 컨설팅은 *1972~2001년 동안의 가장 큰 100대 손실*을 출판했는데 이에 따르면 과거 5년 동안 손실이 상당히 증가하였다. 이 문헌은 30여년에 걸친 5,400 건의 기록에 근거한 것이므로 이 연구에는 깊이가 있다. 이 보고서는 재정적 손실을 고려하고 있으며 인간의 사망과 비극은 포함하지 않고 있다[37].

5) 이 집계는 최근의 FAR을 이용하여 화학산업의 안전성의 상대적인 순서를 긴설 및 수송과 같은 다른 산업들과 비교하고 있다. 이러한 상대적인 안전성은 이 책의 나머지 부분에서 사례들을 검토할 때에 염두에 두어야 한다.

6) 참고문헌[35]로부터 인용.

✓*1972~2001년 동안의 가장 큰 100대 손실*의 첫 페이지는 다음과 같이 쓰고 있다 :

> 정유산업의 손실은 과거 수년동안 계속 증가하여 왔으며 그 원인들은 이 분야의 설비의 노후를 드러내고 있다. ($10,000,000 이상의) 대규모 손실의 상당수는 파이프 손상이나 파이프 누출에 따른 화재 및 폭발에 의한 것이었다. 파이프 손상에 의한 다수의 큰 손실은 부식이나 잘못된 재질의 사용에 의한 것이었다. [37]

그림 1-2와 1-3을 자세히 보면 공정안전 원리들은 미국에서 증가율을 억제하고 있으며 미국 외부에서의 높은 달러 손실의 감소를 유도하고 있다는 신호를 감지할 수 있다.

최근의 손실 사례는 우리의 작업이 아직 멀었음을 알려주고 있다. 이 사례들은 우리가 계속 자원을 제공해 나가야 하며 화학공정 안전을 효과적으로 실천하는 데에 우리의 에너지를 점증적으로 더 소비해야 한다는 것을 말해주고 있다.

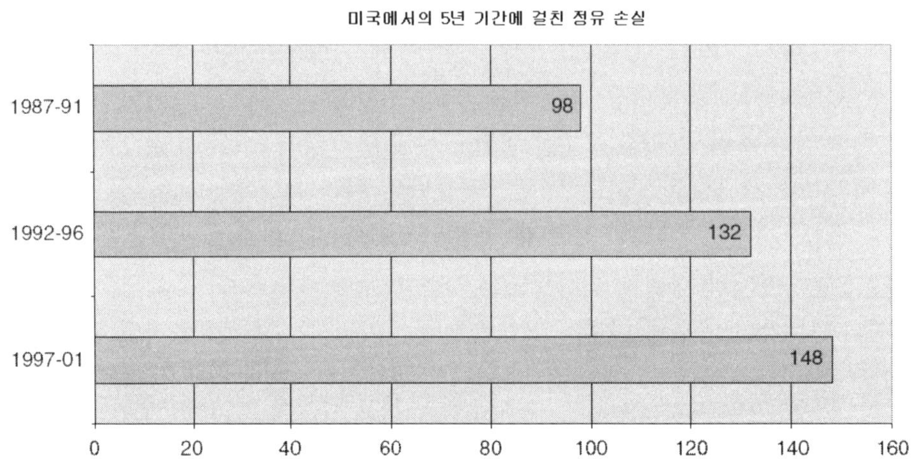

<그림 1-2 Marsh의 위험 컨설팅 업무로부터 제공받음>

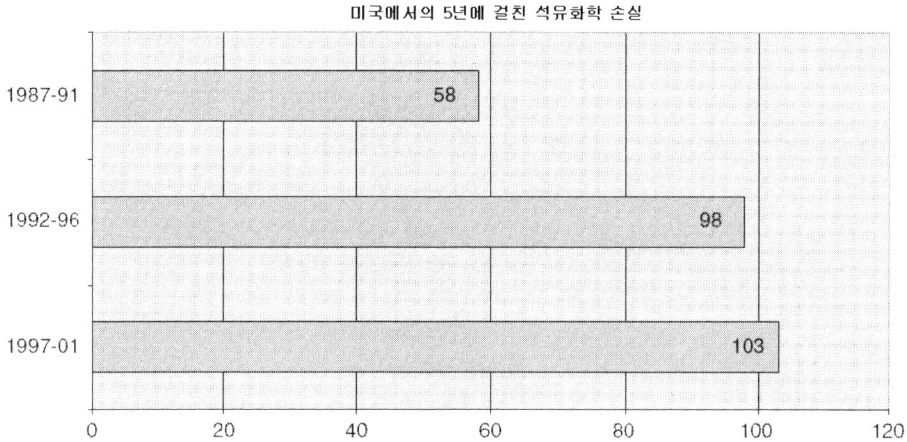

<그림 1-3 Marsh의 위험 컨설팅 업무로부터 제공받음>

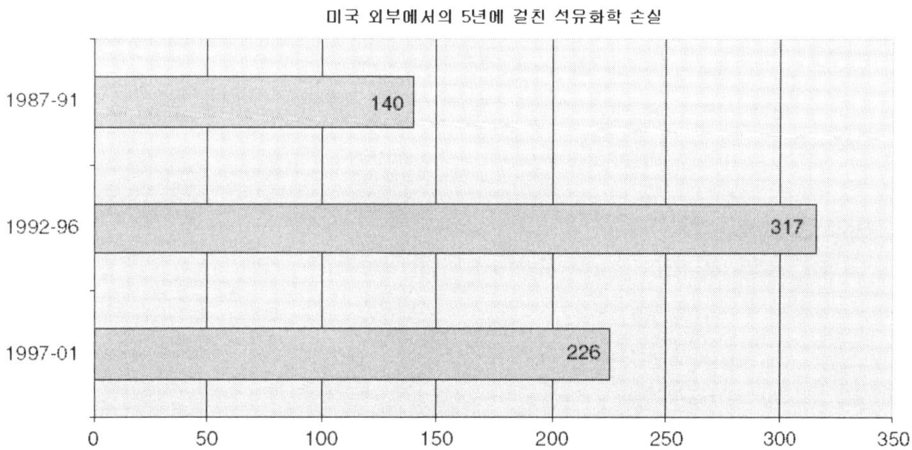

<그림 1-4 Marsh의 위험 컨설팅 업무로부터 제공받음>

<참고문헌>

1. A Technology Vision, The American Chemical Society, American Institute of Chemical Engineers, The Chemical Manufacturers Association, The Council of Chemical Research, and the Synthetic Organic Manufactures Association, available from American Chemical society, Washington, D.C., 1996, pp. 17-18.
2. Taylor, A History of Industrial Chemistry London: W. Heineman Ltd., 1957, pp. 21, 59.
3. Soda Ash, Columbia-Southern Chemical Corporation Subsidiary of Pittsburgh Plate Glass Co., 1951, pp.3-7.
4. Taylor, History of Industrial Chemistry, pp.153-55.
5. Ibid., p. 130.
6. Groner, A. et. al. The American Heritage History of American Business and Industry. New York: American Heritage publishing Co. Inc., 1972, pp. 10-21.
7. "Middle Ages," in The World Book of Encyclopedia. Chicago: World Book— Childcraft International, Inc. 1980, p. 13:432.
8. "Chemical Industry," in The World Book Encyclopedia. Chicago: World Book— Childcraft International, Inc 198, pp. 3:310-3:314.
9. Te-Pang, Hou, Manufacture of Soda with Special Reference to the Ammonia Process—A practical Treatise. New York, 1933, pp 15-17.
10. "Chemical Industry and History of Chemistry." Academic American Encyclopedia. Danbury, Conn.: Grolier Inc 1983, pp48-55.
11. Industrial Risk Insurers, The Sentinel. Hartford, Conn.: Oct-Nov. 1980, pp. 4-5.
12. The institution of Chemical Engineering, A First Guide to Loss Prevention. Rugby, pp U.K.: 1977, p.2.
13. Kletz, Trevor A., "A Three-Pronged Approach to Plant Modification," Chemical Engineering Progress, Nov. 1976: pp. 48-55.
14. Russell, W.W., "Hazard Control of Plant Process Changes," Loss Prevention, American Institute of Chemical Engineers, New York, 1976, pp. 10:80 - 10:87.
15. Booth, G., Process Changes Can Cause Accidents," Chemical Engineering Progress, Nov. 1976: pp76-78.
16. Sanders, R. E., "Plant Modification: Troubles and Treatment," Chemical Engineering Progress, New York, Feb. 1983: pp73 -77.
17. Kletz, Trevor A., Learning from Accidents in Industry, 2d ed. Oxford, U.K.: Butterworth Heinemann, 1996.
18. Kletz, Trevor A., Critical Aspects of Safety and Loss Prevention. London: Butterworth & Co., 1990, pp. 220-22.
19. Kletz, Trevor A., What Went Wrong? Case Histories of Process Plant Disasters, 3d ed., ch. 2 Houston: Gulf Publication, 1955.

20. Sanders, Roy E., "Human Factors: Case Histories of Improperly Managed Changes in Chemical Plants," Process Safety Progress 15 no. 3Fall 1996: pp. 132-39.
21. Dowell, Art M. III and Dennis C. Hendershot, "No Good Deed Goes Unpunished: Case Studies of Incidents and Potential Incidents Caused by Protective Systems," Process safety Progress16, no. 3 Fall 1997: pp150-53
22. David Ropeik & George Gray, Risk—A Practical Guide for Deciding What's Really Safe and What's Really Dangerous in the World Around You, Boston: Houghton-Mifflin Company, 2002, pp1-18.
23. Ross, John F., "Risk: Where Do Real Dangers Lie?" Smithsonian, 26. No 8, Nov. 1995, pp. 42-53.
24. National Safety Council, Injury Facts—2002 Edition, Itasca, I L, 2002, p. 135.
25. Stossel, John, "Are We scaring Ourselves to Death," ABC TV News Special, 1993. Available for $19.98 via MPI video, Orland Park, Ill. The video distributor can be reached by phoning (800) 777-2229-3 or (708)460-0555. Ask for MPI's catalog number MP-8088.
26. Siegel, Martin, "Explaining Risk to the Public," Chemical Engineering Progress, May 1989, New York, p.20.
27. Kletz, Trevor A., "Risk—Two Views: the public's and the Experts," Disaster prevention and Management 5 no. 4, 1996: pp. 41-46.
28. Kletz, Trevor A., HAZOP and HAZAN, Identifying and Assessing Process Industry Hazards, 3d, ed. Rugby, U.K.: Taylor & Francis, 1992, pp. 125-26.
29. Trefil, James "How the Body Defends Itself from the Risky Business of living, "Smithsonian 26 no. 9 Dec. 1995: pp. 42-49.
30. Covello, V. T., P. M. Sandaman, and P. Slovic, Risk Communication, Risk Statistics, an Risk Comparisons: A Manual for Plant Mangers, Chemical Manufactures Associations, Washington, D.C., 1988.
31. Cohen, B and I. Lee "A Catalog of Risks," Health physics 36, June 1979, pp. 702-22.
32. Toscano, Guy A. "Dangerous Jobs" in Fatal Workplace Injuries in 1995: A collection of Data and Analysis, Report 913, U.S. Department of Labor, Bureau of Labor Statistics April 1997, Washington, D.C., pp. 38-41. This excerpt appeared in "Compensation and Working Conditions, Summer 1997."
33. "Risk and the CPI," Chemical Engineering 102 no. 2, Feb. 1995: pp. 20-23.
34. U.S. Department of Labor, Bureau of Labor Statistics, in cooperation with state, New Your city, District of Columbia, and federal agencies, Census of Fatal Occupational Injuries, 2001.
35. Lees, Dr. Frank P., Loss Prevention in the Process Industries Hazard Identification, Assessment and Control, volume 1 2nd ed. Oxford, UK: Butterworh-Heineman, 1996, pp. 2-9.
36. Hambly, Dr. Edmund C., Preventing Disasters, Royal Institution Discourse, London. May 1992, pp. A1-A2.
37. National Safety Council, Accident Facts—1996 Edition, Itasca, Ill., 1996:p.69.
38. "Dedicated to Industrial Chemical Safety—Business Plan for the Chemical safety and Hazard Investigation Board," August 1997. An attachment to a memo provided by the Chemical Manufactures Association.

2장 훌륭한 의도

훌륭한 의도로 이루어진 개선

화학제품 제조업자로서 우리는 역동적인 산업에서 살아남기 위해 설비들을 지속적으로 개선해 나가야 한다. 적절한 변화가 없으면 우리의 영리한 경쟁자나 정부의 규제들이 우리를 이 산업으로부터 몰아낼 것이다. 설비 개선의 목적은 생산의 증가, 가지고 있지 않은 장비의 보완, 저장용량의 증대 수율의 향상, 비용의 절감, 안전성의 향상, 혹은 잠재적 오염물질의 감소 등이다. 이러한 목적들을 이루기 위한 수단은 파이프나 시설의 변경, 새로운 운전과정 및 새로운 조업조건의 변화, 조립재질의 변경은 물론 원료, 촉매, 연료에서의 공정화학적 변경이나 이송방법의 변화 등이다.

이 장에서 보인 일련의 첫 번째 개선들은 모두 "훌륭한 의도"에서 비롯된 것이다. 창조적인 아이디어와 상당한 노력에도 불구하고 이러한 개선들은 실패하였다. 이는 아무도 그 개선들의 취약점을 조사하고 이를 드러내는 데에 시간을 들이지 않았기 때문이다. 이러한 검지되지 않는 취약점들은 원치 않는 부대효과를 야기시켰던 것이다.

탱크 트럭의 비극적인 실패

1991년 후반 어떤 탱크 트럭이 부근의 공장에서 제품을 하역하는 도중에 비극적으로 붕괴되었다(**그림** 2-1 참조). 트레일러 위에 놓인 6,300갤런(24,000리터) 탱크는 설계압력이 30 psig(2.0 bar)이었는데 사고 이전에는 잘 관리되었으며 우수한 상태였던 것으로 보였나[1]. 트럭 터미널 보조 운영자는 손상된 장비가 그가 25년 동안의 트럭하역 동안에 보았던 가장 나쁜 트럭 붕괴였다고 언급하였다.

이 탱크 트럭 붕괴 사례는 미국화학공학회의 승인 하에 전재되었다. 이 사고는 *Chemical Engineering Progress* 지의 "진공의 또 다른 희생자가 되지 말라" 에 처음 소개되었다(1993) [1].

조사관들은 사고 후 약 1시간 후에 상황을 검토하기 시작하였다. 소규모의 조사팀은 트럭이 오전 9시에 도착하여 9시 15분 경에 하역준비를 마친 것을 알았다. 화학공정 조업자는 3 in(7.6cm)의 하역용 호스를 트럭과 공장의 하역 펌프에 연결하였다(**그림** 2-2 참조). 다음에 그녀는 3/4 in(1.9cm)의 질소 호스를 공급원으로부터 트레일러의 뒷바퀴 바로 앞에 있는 집합관에 연결하였다. 누군가 트럭의 질소 패딩 시스템을 개선하여 트럭의 탱크에 있는 사다리로 올라갈 필요 없이 질소호스의 연결이 가능하도록 집합관을 설치하였다. 이는 그저 0.5 in보다 작은 30 ft의 집합관이었다. 모든 가능성으로 보건대 이 장치를 만들어 조립한 사람은 트럭 운전자를 위해 더 쉽게 하려 한 것으로 추정되었다.

공장 조업자는 상 하류가 모두 공장의 질소압력 조절기로 연결된 질소 밸브를 열어서 트럭을 채우고자 하였다. 오른쪽 뒷바퀴 앞의 트럭 집합관은 기대치인 20 psig (1.36 bar)를 기록한 압력계를 포함하고 있었다. 조업자는 적절한 액체수송 밸브를 열고 하역 펌프를 기동시킨 다음 다른 잡일들을 처리하려고 현장을 떠났다. 운전자는 평상시처럼 트럭에 머물러 있었다.

이 시점에서 하역작업은 정상적인 것으로 보였다(**그림** 2-3 참조). 한시간이 못되어 트럭 운전자는 트럭의 탐색유리를 살펴보고는 제어실에 트럭이 비었다고 통고했다. 바쁜 조업자는 와서 하역 호스가 여전히 진동하고 있는 것을 보았다. 이는 그녀에게는 탱크 트럭이 아직 완전히 비워지지는 않았음을 의미하는 것이었다.

<그림 2-1 하역장소에서의 트럭과 붕괴된 탱크>

<그림 2-2 하역 호스가 연결된 붕괴된 탱크 트럭>

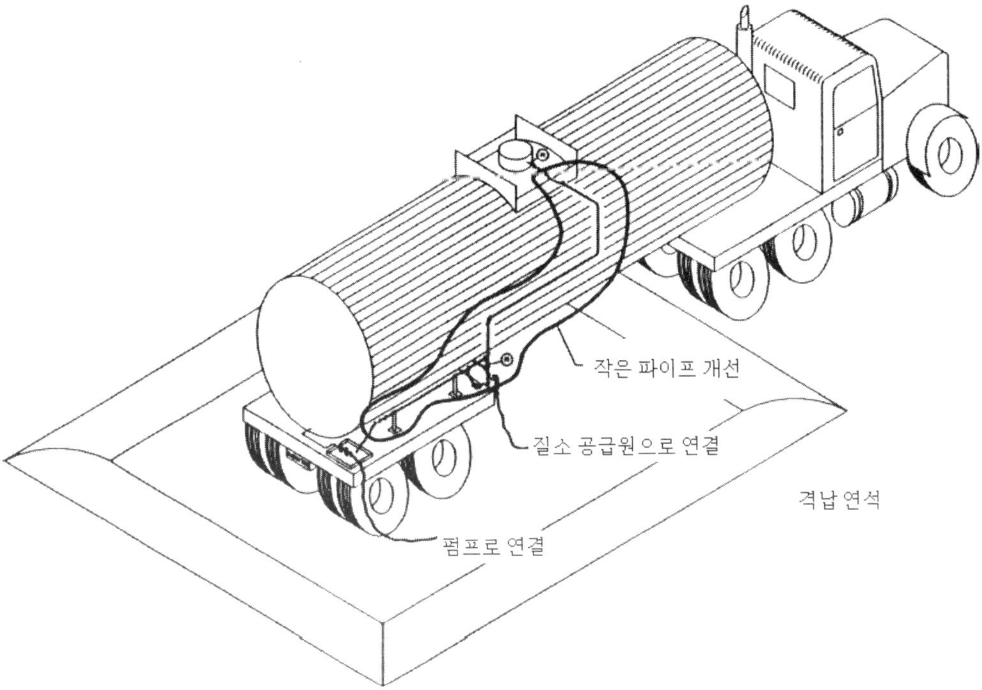

<그림 2-3 하역준비가 된 트랙터와 탱크트럭>

약 오전 10시 5분경 그 지역의 사람들은 시끄럽게 울리는 큰 잡음을 들었다고 보고했으며 많은 조업자들이 모여들어 탱크 트럭이 비극적으로 붕괴되는 것을 지켜보았다(**그림** 2-4 및 2-5 참조). 상해는 없었으며 유독물질의 누출도 없었고 원료를 받는 공장에 아무런 손상도 없었다.

엔지니어들은 탱크 트럭 집합관에 연결된 호스를 향해 질소밸브가 열렸다고 결정을 내렸다. 탱크 위에는 닫힌 밸브가 있었기 때문에 질소기체는 결코 유입되지 않았다. 트럭 운전자가 최근의 질소공급 파이프 개선부분, 즉 타원형 핸들 볼 밸브의 열림 및 닫힘 위치를 잘못 이해했던 것으로 보인다.

조사관들은 안전배출밸브와 진공차단기의 조합으로 보이는 장치를 발견하였다. 크롬으로 덮인 이 장치에 대한 정보에는 "32.5 psig에서 26,700 CFM을 가압" 및 "1 psig에서 VAC 배출 1,750" 이라고 기록되어 있었다. 그 표지판에도 불구하고 트레일러는 진공을 다룰 설비가 갖추어져 있지 않았다[1].

- 파괴된 탱크 트럭의 교훈

화학공장에 대한 어떤 조사관도 의도는 좋았던 그 집합관이 언제 설치되었는가를 알아보려 하지 않았다. 트럭은 운송회사가 소유하며 그 회사에 의하여 관리되었다. 그러나 이러한 작은 변경에 대한 하드웨어가 운전자에게 설명되지 않았던 것은 명백하다. 운전자는 그저 타원형 핸들밸브가 완전히 열리거나 닫혔는지를 결정할 줄 몰랐던 것이다. 우수한 의견교환과 (필요하다면) 훈련은 언제나 (이번과 같은 작은 변경일지라도) 변경을 수반하는 과정의 한 부분이어야 한다.

<그림 2-4 붕괴된 탱크트럭의 옆모습>

<그림 2-5 탱크 손상부분과 드러난 골격들의 근접모습>

사이펀 흡수는 약한 탱크를 손상시킨다

어떤 화학공장 집단은 일단계 냉각을 위해 인근의 강으로부터 소금기가 있는 많은 양의 물을 사용하고 있었다. 유출되는 강물에 종종 약간의 가성소다 누출이 있었으며 회사는 pH 변화에 관심이 있었다. 어떤 엔지니어에게 환경오염의 기회를 줄이기 위해 개선을 시행하도록 하는 임무가 부여되었다.

그 공정 엔지니어는 충분한 염산을 유출물로 조절시켜 흐르게 함으로써 가성소다 잔류물을 중화시킴으로써 환경적으로 좀 더 허용 가능한 식염을 형성시키는 시스템을 고안하였다. 직경이 약 8 ft(2.2 m)이고 높이가 8 ft(2.2 m)인 가벼운 유리섬유 탱크가 관련된 파이프 및 제어장치들과 함께 설치되었다. 이 개선의 목적은 유출물의 pH를 제어하기 위하여 산을 받아들이고 저장하고 계량해서 내보내는 것이었다. 상부가 닫힌 설계의 상압 탱크는 두 개의 상부 노즐을 지니고 있었다[2].

정상운전 동안에 이 용기는 공장 내의 파이프라인을 통하여 산을 받게 될 것이다. 이에는 또한 탱크트럭을 통해 산을 받아들일 수 있는 시설이 되어 있었다(**그림** 2-6 참조). 상부 노즐 가운데 하나는 충진라인이며 다른 하나는 충진조업중에 방출된 증기를 제거하기 위해 작은 배출 탈거장치로 연결되어 있었다.

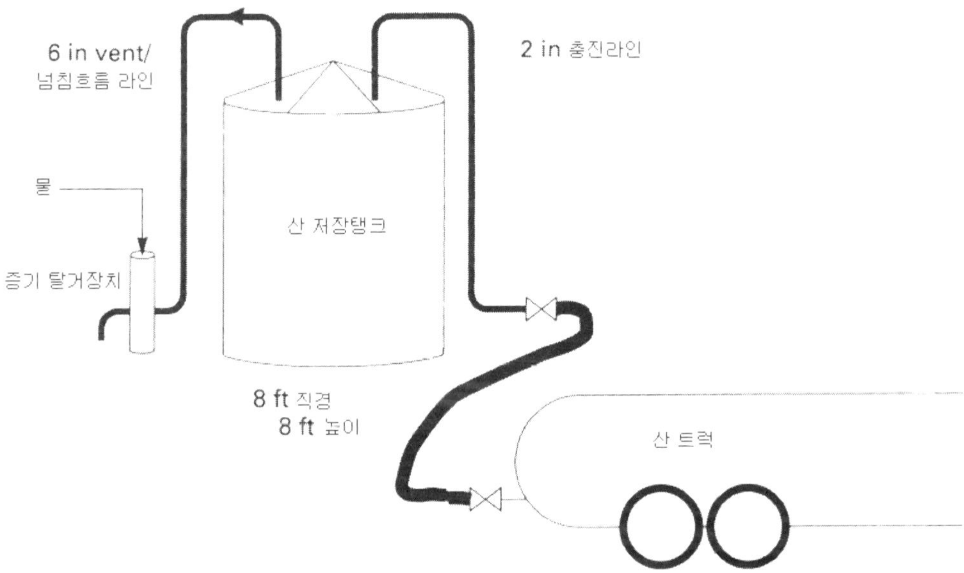

<그림 2-6 탱크트럭 손상 직전의 산의 하역>

환경을 개선하려는 의도는 훌륭하였지만 간단한 방출 시스템의 설계는 작은 과다충진으로 용기가 갑작스럽고 완전하게 파괴되어 버린 상황에 이르도록 한 인식되지 못한 잘못을 지니고 있었다. 산 탱크 프로젝트는 매우 간단한 것이어서 제안서는 접수되었고 아무도 "산 저장탱크가 탱크트럭에 의해 과다충진되면 무슨 일이 일어날까?" 와 같은 질문을 물어보지 않았다. (우리가 앞으로 알게 되듯이 많은 예측되지 못한 문제들은 아주 간단한 장치에서 발생되어서 제안서의 자세한 검토는 과거에는 불필요한 것으로 간주되었을 것이다.)

약 1년 뒤에 그 장치는 운전에 들어갔다. 탱크는 통상적인 파이프라인 대신 탱크트럭에 의하여 채워졌다. 수송 탱크트럭이 하역됨에 따라 작은 저장탱크의 산 액위는 증가하였다. 회사 대표자는 탱크의 꼭대기까지 채우기를 원하였다.

산 트럭이 하역되기 전에 산은 넘치기 시작하였고 6 in(15cm) 라인을 통하여 탈거장치 내로 흐르기 시작하였다. 놀란 트럭 운전사는 신속하게 반응하였다. 그는 재빨리 트럭의 수송밸브를 잠갔다. 예기치 않게 넘쳐흐르는 액체의 사이펀 작용으로 생긴 부분 진공은 탱크의 진공등급을 초과하였으며 저장탱크는 완전히 파괴되었다(**그림** 2-7, 2-8, 그리고 2-9 참조) [2].

<그림 2-7 손상된 산 탱크 옆에 주차된 트럭>

- 산 탱크의 교훈

저장탱크들은 많은 숙련된 운전, 엔지니어링 및 유지관리자들이 알고 있는 것보다 더 취약하다. 영국 Warwickshire의 화학공학회는 공장 내 훈련을 위한 슬라이드, 책, 그리고 강사 지침서들로 되어있는 훈련용 도구세트를 제공하고 있다. 이 도구세트의 이름은 "과다 및 과소압력 용기의 위험" 으로서 위험 워크샵 모듈01이다. 공장 내 훈련을

위해 이 도구세트를 강력히 추천한다[3]. Trevor Kletz는 이 모듈을 만들었으며 이해하기 쉬운 용어로 작성하였다. 이 도구세트는 화학공정 조업자, 화학공장 운영자, 그리고 공정기술자들에게 아주 좋다. 이 세트는 슬라이드 가운데 하나에 근거한 **표** 2-1의 정보를 포함하는 명료한 방법으로 저압 저장탱크의 강도를 설명하고 있다. **표** 2-1은 Trevor Kletz의 승인하에 전재한 것이다.

<그림 2-8 사고 직후의 산 탱크>

<그림 2-9 붕괴된 산 탱크의 근접모습>

<표 2-1 콩 깡통에 대한 탱크의 강도의 비교>

많은 상압 및 저압탱크들은 크고 강하다. 그러나 이를 믿지 말라! 조리한 콩이 들어있는 깡통을 생각하고 깡통의 겉면과 상부의 압력저항 강도를 저압저장탱크의 경우와 비교하여 보라. 조리된 콩 깡통에 1이라는 강도를 부여하였다면:

	겉면	상부뚜껑
조리된 콩의 작은 깡통	1	1
표준 40갤런 드럼(영국), 혹은 55갤런 드럼(미국)	1/2	1/3
$100m^3$ 탱크(직경 15ft, 높이 20ft)	1/4	1/11
$1000m^3$ 탱크(직경 40ft, 높이 30ft)	1/8	1/57

명백히 여러 전문분야로 이루어진 안전성 검토 위원회에서 배출/넘침 라인 조합의 잘못 제안된 사용에 대한 문제점들을 밝혔을 것이지만 이러한 형태의 붕괴는 다소 기묘한 것으로 보여진다. 저압 및 상압탱크에서의 이러한 형태의 붕괴에 대한 몇 가지 변형들이 보고된 바 있다. 회사에서 운전팀에게 저장 수요에 대하여 가능한 한 높게 탱크를 채우라고 요구해서 그들이 고수준 경보를 무시했을 때 다른 사고가 발생하였다. 탱크 액위가 넘침 위치에 도달한 후 액체는 펌프로 유입되는 것보다 더 빠르게 흘

러나오기 시작하였으며 탱크는 붕괴되었다[4].

상부가 닫혀있고 넘침라인이 있는 모든 저압탱크에는 과다충진 조업으로부터 붕괴를 방지하기 위하여 어떤 형태의 장치가 설치되어야 한다. 큰 열린 노즐, 고수위 경보 및 차폐 시스템, 진공 차단기나 별도의 배출라인들은 적절한 보호수단들이다.

다른 고려해야 할 점은 산 탱크를 상부의 투시경 노즐 위까지 채운 후에도 이송이 이루어지도록 운전자가 잘못하여 계속 그대로 두었다는 사실이다. 저압탱크 도면이나 충진탱크의 허용 가능한 범위에 대한 간단한 지침에서 최대 충진 수준(**그림** 2-10 참조)을 본 적이 없는데 이는 대부분의 저압 탱크들에는 배출 및 넘침라인들이 설치되어 있기 때문일 것이다. 어떤 사람들은 그러한 도면이 너무 초보적이라고 생각할 것이다. 그러나 많은 탱크들이 과다충진으로 손상을 입는다는 것은 사실이며 따라서 이러한 도면은 도움이 될 수 있다.

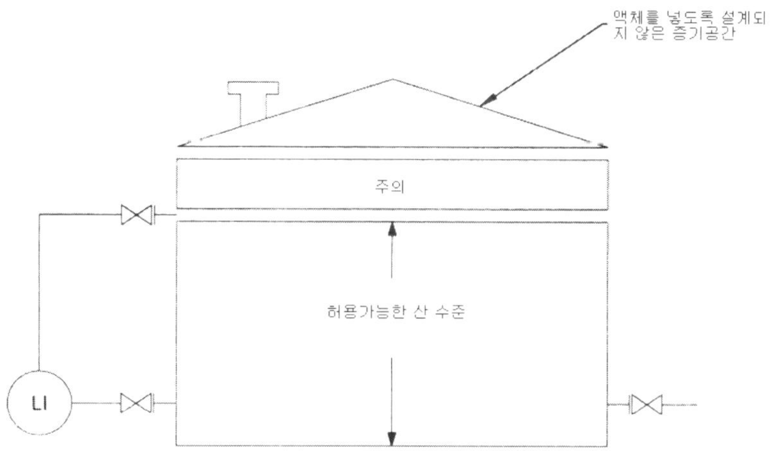

<그림 2-10 허용 가능한 운전수준을 갖는 저압저장탱크>

과다충진에 의한 탱크 지붕의 균열

다른 사고에서는 직경 100 ft(30 m)이고 높이가 40 ft(12 m) 이상인 저압탱크가 과다충진으로 인하여 뒤틀어졌으며 상부 링이 균열되었다(**그림** 2-11 및 2-12 참조).

<그림 2-11 손상된 탱크의 지붕 틈으로부터의 액체 제품의 누출>

<그림 2-12 과다충진으로 손상된 대형 탱크(직경 100 ft)>

탱크 돔은 최대 3 in 수압(0.75 kPa 게이지압력)으로 설계되었다. 그러나 부주의한 선적부 조업자는 액체가 돔 내부로 1 ft 이상(혹은 등급의 약 4배 정도) 오르도록 방치하여 지붕이 균열되고 액체가 누출되었다.

의도는 좋았던 변경이 초래한 저장탱크의 붕괴

잘 관리된 저압 용매탱크는 배출 시스템이 "개선된" 후 금속 조각으로 변해버렸다. 1993년 후반의 이러한 변경관리에서의 실수로 원상회복에 $100,000의 비용이 소요되었다. 직경이 20 ft(6.1m)이고 높이가 30 ft(9.1 m)인 용기가 파손되었을 때 다행히도 누출은 없었고 자존심만이 손상을 입었다. 사고 전에는 이 공장은 간단한 경첩이 달린 통기 배출부를 보다 정교한 누출이 거의 없는 시스템으로 교체함으로써 탱크들로부터 휘발성 유기물질의 유출을 단계적으로 줄여가고 있었다. 몇 개의 탱크들은 이미 이러한 시스템으로 전환되어 있었다[5].

용매 탱크의 붕괴에 대한 이러한 사례는 1995년 미국화학공학회의 승인하에 전재된 것이다. 이 사례는 최초로 1996년 *Process Safety Progress*지에 "인간 요소: 화학공상에서의 부적절하게 관리된 변경들에 대한 사례" 라는 제하로 실렸다[5].

공장 감독자는 이러한 환경개선 프로젝트가 간단한 변경관리(MOC) 검토를 필요로 하는 것으로 적절히 인식하였다. 이러한 비가연성 유기물 처리 시스템 프로젝트에 대하여 MOC 평가가 수행되었다. 새로 설치되었으나 아직 운전될 수 없는 배출 컴프레서 시스템에 대한 사전 시운전 훈련이 마련되었지만 모든 교대 운전자들에게 제공되지 못하였다. 그러나 훈련의 초점은 새로운 컴프레서 시스템이었다. 훈련은 새로운 과다 및 과소압력 장치들과 연관되는 밸브 및 새로 설치된 파이프들을 다루고 있지 않았다.

개선된 파이프들을 따라 내용물이 처음으로 펌프에 의해 외부로 배출되면서 지붕 및 1/4 in(0.64 cm) 두께의 수직 벽들의 상부 두 층들이 극적으로 빨려 들어갔다. 조업이 끝난 후 탱크는 채워졌고 제품이 분석되었으며 탱크로부터의 이송은 오후 5시 30분 경에 시작되었다. 탱크의 붕괴된 부분들은 다음날 아침 6시경 일출 전에 발견되었다.

20여년에 걸쳐 이 탱크는 수분 흡입을 막기 위한 질소 패드와 과압 및 진공으로부터의 보호를 위한 간단한 경첩이 달린 통기 배출부가 설치된 채로 잘 운전되어 왔다. (사고 3일 전에 설치 완료된) 개선에 따라 배출 컴프레서와 새로운 최신의 거의 누출이 없는 압력/진공 장치 및 약간의 독특한 파이프들이 설치되었다. **그림** 2-14는 임펄스 블록 밸브 No.4와 배출 탐지 밸브 No.2를 보여주고 있다.

✓조사관들은 사고의 근본 원인들이 다음과 같다는 결론에 도달하였다 :

- 개선된 탱크 배출 시스템의 적절한 운전에 대한 조업자 훈련의 결핍
- 관련되는 모든 당사자들이 적절히 훈련되었음을 확인하지 못함
- 새로운 장치를 운용하기 전에 변경관리 지침을 따르지 않음

조사팀의 발견에 따르면 지붕사고 원인은 저자에게는 인간적 요소의 상황인 것으로 보인다. 새로운 파이프 시스템은 간단해 보였지만 실제로는 혼란스러운 것이었다. 탐지 밸브(No.2)는 교차오염을 방지하기 위하여 배출 헤더에 설치되었다. 작은 블록 밸브(No.4)는 용이한 고립을 위하여 진공 안전 임펄스 라인 상에 설치되었다[5].

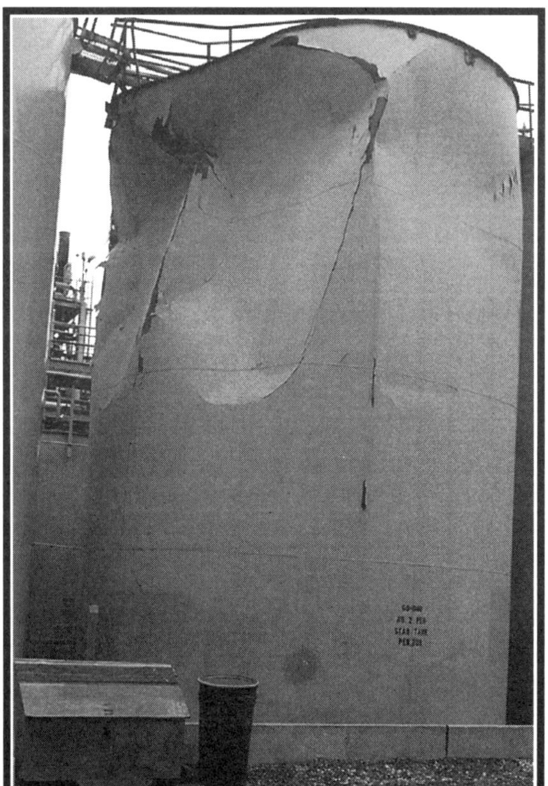

<그림 2-13 배출 시스템이 개선된 후 파손된 직경 12 ft의 탱크>

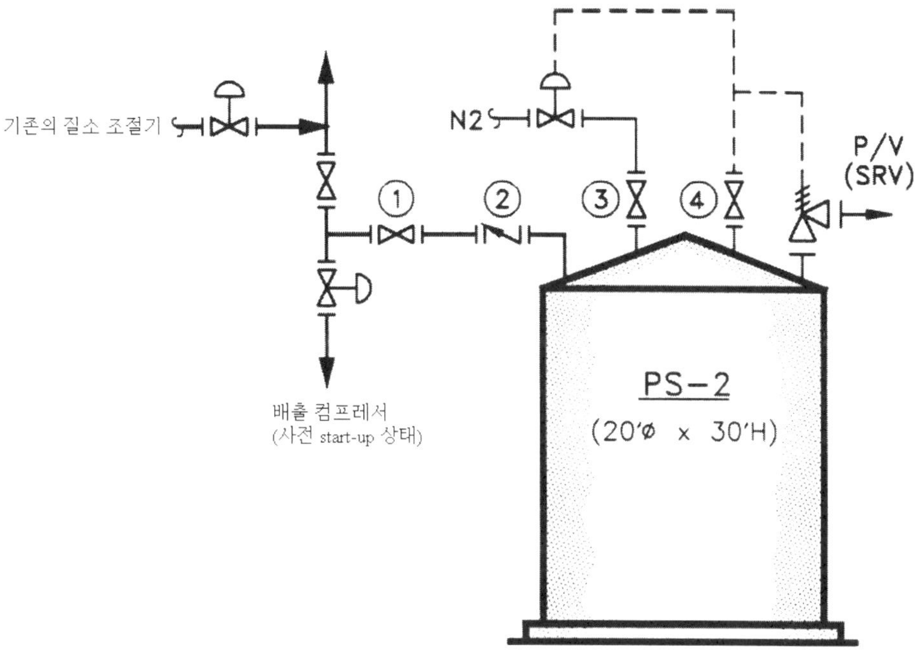

밸브 #1 = 배출 시스템으로의 고립 밸브

밸브 #2 = "통기"밸브, 혹은 탱크로부터의 배출라인 담지밸브

밸브 #3 = 질소 패드를 위한 고립 밸브

밸브 #4 = P/V 및 질소 조절기로의 임펄스 라인 고립밸브

P/V = 3 in 압력/진공 안전밸브

<그림 2-14 붕괴 이전의 개선된 배출 시스템 파이프라인을 보여주는 저장탱크 개략도>

작은 블록 밸브는 통상 탱크의 작은 튜브에서 누출이 증폭되는 경우에 대비하여 임의의 계장 임펄스 라인상에 설치된다. 이 장치에서 블록 밸브들은 일반적으로 과압이나 진공안전 장치들에서는 피한다. 만일 과압 장치를 이겨낼 수 있는 블록밸브를 피할 수 없다면 그러한 밸브는 열린 채로 잠겨지고 묶여 있으며 그러한 주된 안전성 요소의 우연적인 폐쇄를 관리상 제어하도록 규정이 마련된다.

조사팀은 몇 가지의 훈련 및 변경관리 제안들을 수립하였으며 압력/진공 배출에 연결된 임펄스 밸브(No.4)를 없애기로 결정하였다. 임펄스 밸브의 제거는 운전자들의 의도치 않은 함정이 사라졌다.

– 저장 탱크 붕괴가 주는 교훈

공장 설계자들은 인간적 요소에 의한 실패의 기회를 줄이기 위해 사용자의 입장을 감안한 파이프, 도면, 제어기법은 물론 장치 안전 시스템에 대한 명료하고 모호하지 않은 분류를 제공하도록 노력해야 한다.

다른 저압 댕크가 파손되있다. 저압 탱크의 취약성에 내한 경각심을 일깨워주는 추가의 훈련 자료들이 있는가? 반드시 있다!

보스턴 Northeastern 대학교의 Ronald J. Wiley 박사는 "탱크 사고에 대한 세미나" 라는 제하의 탁월한 35mm 슬라이드 훈련용 패키지를 만들었다. Wiley 교수는 미국화학공학회 화학공정안전센터(CCPS)의 학부교육위원회의 방침과 지침에 따라 이 교육용 강의자료를 개발하였다. "탱크 사고에 대한 세미나" 는 SACHE(안전 및 화학공학교육) 멤버들에 의하여 대학교에서 사용되기 위해 1993년 완성되었다. 가격과 운송을 알아보려면 1-800-AIChemE로 전화하거나 미국 이외지역의 경우 (212) 705-8100로 전화하고 혹은 ccps@aiche.org로 문의하면 된다.

<그림 2-15 새롭지만 시각적으로 혼란스러운 사고 후의 파이프 시스템>

Wiley 교수는 다음과 같은 말로 훈련과정을 끝맺는다: "탱크는 파손될 수 있다는 것을 명심하라. 계란 껍질은 단위 기준당 더 큰 압력과 진공을 견뎌낼 수 있다. 이러한 개념으로 탱크에 접근한다면 계란과 탱크들을 다룰 때 취해야 할 주의를 알고 있기 때문에 탱크 사고는 보다 적게 일어날 것이다. 일상적인 유지관리는 주기적인 점검은 물론 의무사항이다..."

<그림 2-16 파손된 탱크>

배수관의 변경에 따른 반응기의 폭발

유기화학 장치의 감독자는 소구경 배수관으로부터 유기물의 유출에 관심을 가지고 있었다. 그는 아무런 의심이 없이 약 30 ft(9 m)의 작은 1½ in(3.8 cm) 파이프, 한 쌍의 밸브, 그리고 바닥이 원뿔모양인 작은 탱크를 이용하면 이 열전달 유체는 회수될 수 있을 것으로 생각하였다. 목적은 잠재적인 오염과 폐수처리 비용을 줄이는 것이었다. 감독자는 아마도 **그림** 2-17의 곡선으로 싸인 부분에만 집중하고 있었을 것이다. 그러나 "단순한 냉각수 시스템" 에서의 이러한 작은 변경은 직경이 9 ft(2.7 m)이고 등급이 110 psig(760 kPa 게이지)인 가압용기의 파괴를 초래하였다. 짧은 화재가 이어졌다. 이러한 고도의 기술로 제작된 니켈도금 반응기에 대한 심각한 과압 손상으로 $500,000의 자산 손실이 초래되었다[6].

개선에는 기압 응축기로부터의 배출수 경로의 변경이 포함되어 있었다. 웅덩이를 통하여 화학물질 하수구로 배출시키는 대신 포함된 열전달 유체방울이 용액으로부터 방울져 분리되어 회수될 수 있도록 물이 깔때기로 흐르도록 경로를 변경시켰다. 오염물이 제거된 물은 화학물질 하수구로 넘쳐흐르도록 하였다(**그림** 2-17 참조).

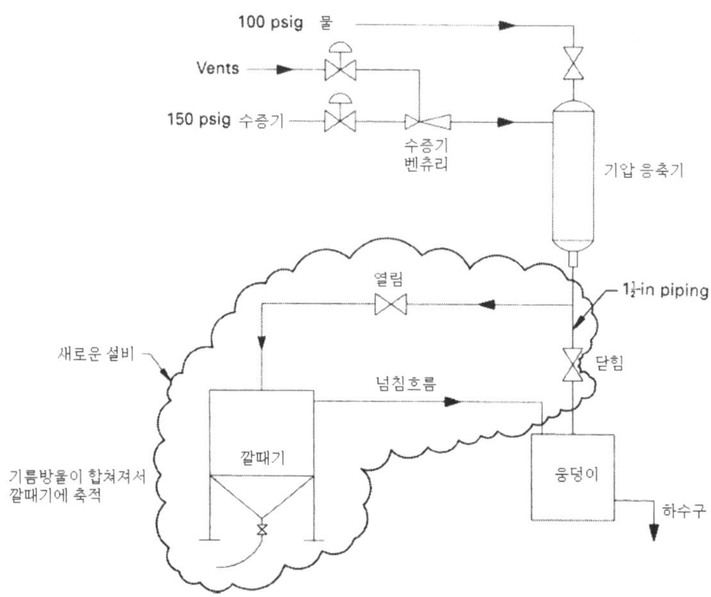

<그림 2-17 잠재적인 오염을 줄이기 위한 배수관의 개선. Jack M Jarnagin의 승인하에 전재>

5개의 병렬로 연결된 반응기 각각은 유사하게 개선되었으며 사고 없이 2년 넘게 운전되었다(**그림** 2-18 참조). 열전달 유체는 정기적으로 회수되었고 개선은 성공적인 것으로 판단되었다. 그러나 약간 싸늘한 12월 어느 날 깔때기의 보수가 필요하게 되었다. 모든 반응기들의 기압 응축기로부터의 냉각수는 깔때기가 아닌 웅덩이로 흐르도록 변경되었다.

웅덩이로 향하는 밸브가 열리고 깔때기로 향하는 밸브가 닫힌 직후 4번 반응기에 비정상적인 압력문제가 발생하기 시작하였다. 시스템 압력문제는 약 15분간 지속되었다. 감독자와 운전자가 문제를 해결하는 동안 반응기 열전달실의 안전밸브가 실제 문제를 예고하는 큰 폭음을 내며 열렸다. 두 사람은 장치로부터 떠났다. 약 20초 후 직경 9 ft(2.7 m)인 팽창 연결부의 상당부분이 터져버렸다. 초기 폭발과 그 충격은 커다란 반응기로 전이되었다.

뜨겁고 가연성인 열전달 유체의 구름이 손상된 용기로부터 분출되었다. 소방용수 시스템이 작동되었다. 폭발 후 약 10분이 지난 뒤 20분간의 연기화재가 발생되었다. 운전 및 비상대기 팀은 잘 대처하였으며 인근의 파이프들과 용기들에 분무된 열전달 오일의 연소를 신속하게 진화하였다. 두 사람이 안구 충혈을 겪었으나 다행히도 심각한 부상은 없었나[6].

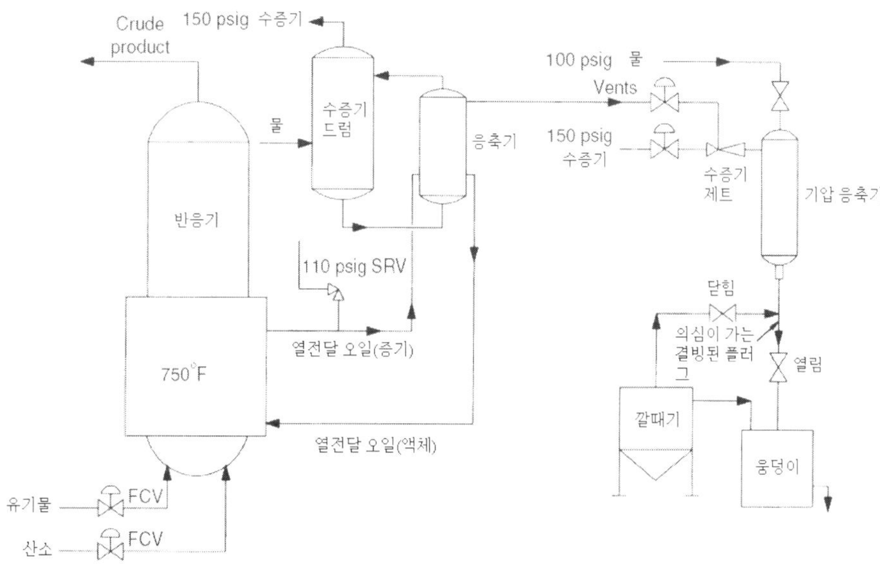

<그림 2-18 폭발 직전의 용매 반응기 시스템. Jack M Jarnagin의 승인하에 전재>

조사팀은 웅덩이로의 배출라인이 아마도 웅덩이로의 차단밸브 위에서의 열전달 유체의 결빙으로 인하여 막혔거나 부분적으로 막혔던 것으로 결론지었다. 물이나 수증기 응축수가 고온의 뜨거운 오일 시스템으로 역류되었다. 물의 폭발적인 증발은 단지 110 psig(760 kPa 게이지)까지 견디도록 설계된 시스템에 600 psig(4100 kPa 게이지) 이상의 압력을 발생시켰다.

- 수증기 폭발로부터의 교훈

공장의 사고지역에서의 조업팀은 어떤 장치, 반응물, 중간체, 촉매에서 변경이 이루어지거나 공정의 운전조건이 개선되는 경우 그 시스템은 먼저 위원회로부터 검증받도록 지침이 내려졌다. 조업팀의 생각으로는 사고부분은 단순한 폐수라인에 불과하였다. **그림** 2-18로부터 뚜렷이 알 수 있듯이 시스템이 운전되는 도중의 어느 순간에서도 배수관이 막히는 경우의 위험은 물리적 폭발에 이르게 될 것이다.

공장 경영진은 공장이 다시 가동되기 전에 완전한 검토가 이루어지도록 현명한 지침을 내렸다. 장치 조사자들은 5개 기압 응축기 각각을 조사하여 배수관 내에 칼슘이 눈에 뜨일 정도로 축적이 되어 있는지를 파악하였다. 기압 응축기 배수 파이프는 밸브를 거치지 않고 가지 연결이 없이 깔때기로 직접 연결되도록 단순화시켰다. 공장 감독자는 기압 시스템에 대한 대안으로 보다 안전한 진공엔진을 사용하여야 하는가의 여부를 결정하기 위한 기술적 검토에 들어갔다.

- 공기 시스템 개선에 따른 용기의 폭발

재능이 있는 감독자들은 종종 개선을 수행할 필요를 느끼지만 향상을 위한 열정으로 이들은 유틸리티 시스템에서의 작은 변경에 대한 위원회 검토의 경고에 대한 필요성을 살펴보지 못할 수 있다. 앞의 보기에서는 운전팀이 "폐수라인에 불과한" 부분에 가한 작은 변경이 50만달러 이상의 손실을 초래하였다.

이 사례는 50 psig(345 kPa 게이지) 유틸리티 공기 시스템에 대한 것이다. 40년된 압축공기 시스템에서 수분감축을 위해 위원회의 검토가 이루어지지 않도록 정당화시키는 것은 아마도 쉬운 일이었을 것이다. 아무도 이러한 개선이 문제를 발생시킬 줄은 몰랐다. 이제 개선하는 사람들의 좁은 시각을 알아보는 것은 쉬운 일이다.

두 개의 공기 건조기는 활성 알루미나 건조제를 함유하고 있었으며 수분이 있는 압축공기는 건조기가 재생될 필요가 있을 때까지 하나의 건조기를 통과하도록 되어 있었다.

다음에 수분이 있는 공기는 동반 건조기로 전환되고 사용된 건조기는 어떤 온도에 도달할 때까지 내부의 수증기 코일로 가열되었다. 수분은 송풍기에 의하여 "뜨거운" 건조기 외부로 빠져나갔다. 그러나 송풍기는 매우 다습한 외부로부터 공기를 빨아들이고 있었다[6] (**그림** 2-19 참조).

이러한 압축공기 시스템은 수년 동안 원치 않는 수분 함량을 갖는 공기를 공급해 왔다. 이 사고 이전의 몇 년 동안 이러한 소규모 공기 시스템은 운전되지 않고 있었다. 개선자들은 압축 건조공기를 사용하여 수분을 배출시키고 적정온도에 도달하면 "뜨거운" 장치를 냉각시키기로 결정하였다. 그들은 먼저 호스를 사용하여 건조공기 시스템으로 연결하였으며 이러한 "개선" 으로 이슬점이 보다 향상되고 건조기 주기가 좀 더 길어졌다. 일시적인 호스 시스템은 아주 유익해서 이를 파이프로 대체하였다(**그림** 2-20 참조).

어느 날 저녁 새로 훈련된 조업자가 건조기를 가열 사이클로부터 냉각 사이클로 전환시킨 후 약 5분 정도가 지나서 건조기가 폭발하였다. 직경 30 in(76 cm)의 공기 건조기 뚜껑이 갑자기 겉면으로부터 떨어져 나갔다. 공기의 폭발적인 분출로 건물 전체에 활성 알루미나 건조제가 격렬하게 방출되었다. 약 6 ft(1.8 m) × 8 ft(2.4 m) 크기의 커다란 창문틀이 건물의 벽돌벽으로부터 도로 가운데로 떨어져 나갔다. 용기가 파열되었을 때에는 운좋게도 건물 내에 아무도 없었다! 아무런 상해가 없었던 것이다(**그림** 2-21 및 2-22 참조).

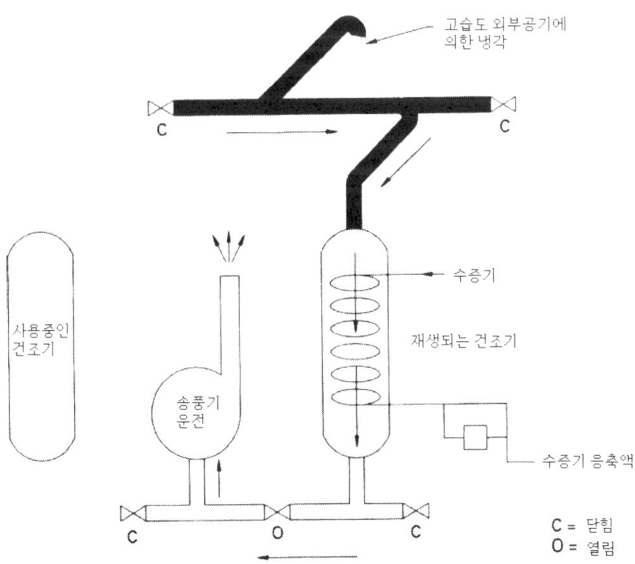

<그림 2-19 개선 이전의 공기 건조기 재생 Jack M Jarnagin의 승인하에 전재>

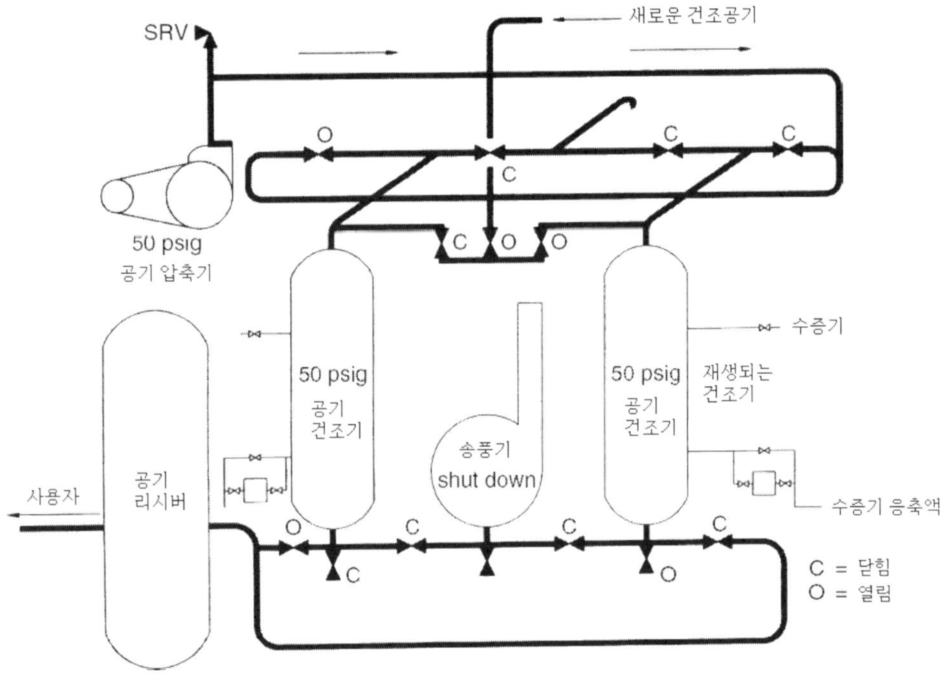

<그림 2-20 폭발 시점에서의 개선된 건조기 재생순서. Jack M Jarnagin의 승인하에 전재>

이들 창의력이 있는 사람들은 공기 건조기의 상부, 그리고 하부 파이프의 부분적으로 열린 볼 밸브를 통하여 배출시키는 방법을 설치하였다. 이들은 건조기 각각에 안전배출밸브가 따로 설치되어 있지 않았다는 사실을 알지 못했음에 틀림없다. 과압에 대한 보호는 압축기들에 대해서 취해졌다. 이 구역에 새로 온 조업자는 냉각단계 동안에 방출밸브를 충분히 열어두지 않았다.

이 화학처리 장치는 특정한 요구에 따라 세 가지의 다른 압력 50 psig(345 kPa 게이지), 100 psig(690 kPa), 그리고 250 psig(1724 kPa 게이지)에서 운전되는 세 가지의 서로 다른 공기압축기 시스템을 지니고 있었다. 요약하자면 개선자들은 그들이 250 psig(1724 kPa 게이지)의 압축공기 시스템을 50 psig로 설계된 장치를 갖는 공기 시스템과 연결시키려 한다는 것을 몰랐다. 개선의 겉으로 드러나는 성공은 그들이 만든 추가적인 위험을 망각하게 하였다.

<그림 2-21 공기 건조기 사고를 조사하는 조업자>

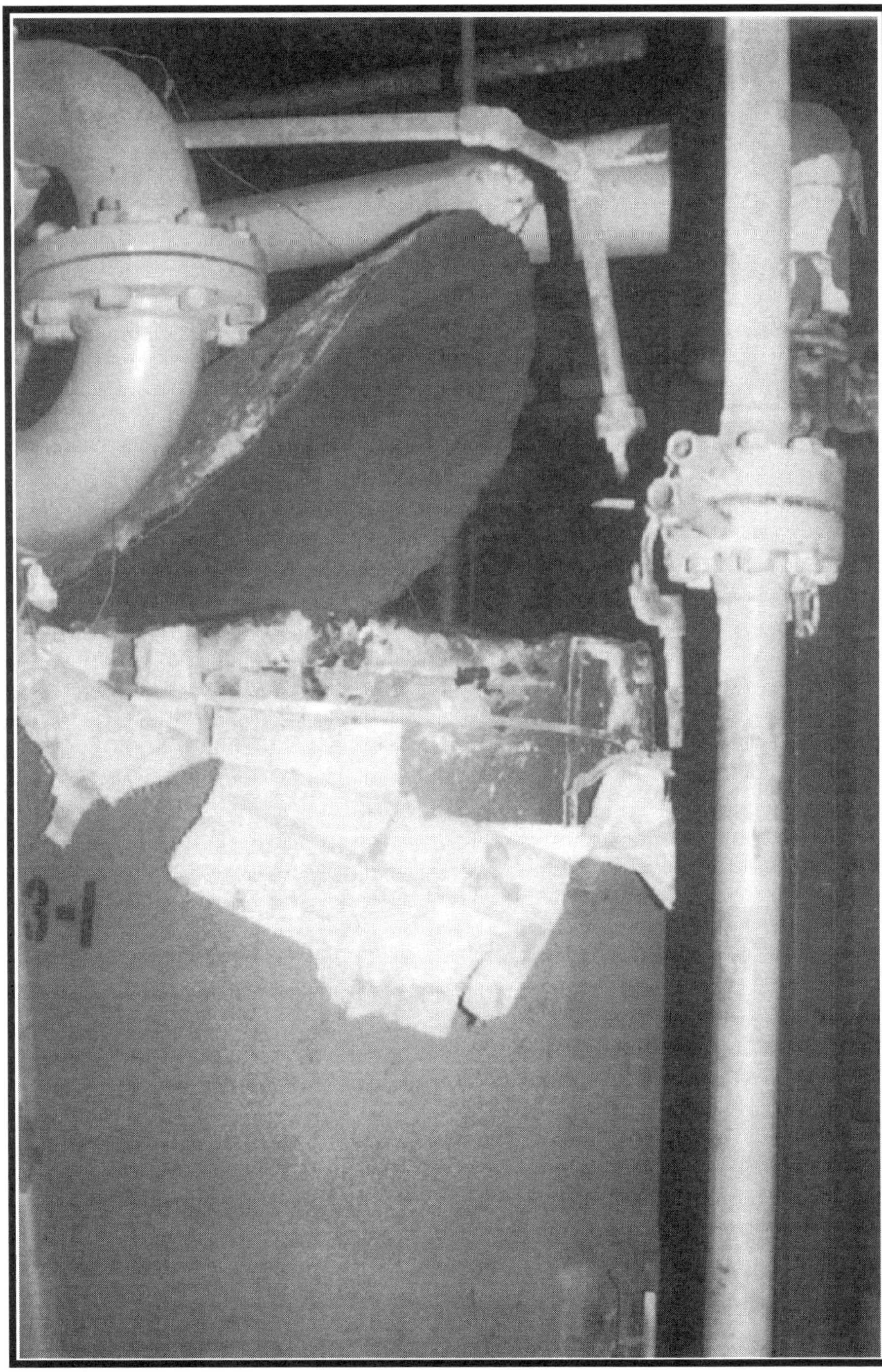

<그림 2-22 파손된 공기 건조기의 근접모습>

- 공기 시스템이 주는 교훈

이 장치는 40년이 넘은 장치로서 이전의 소유자에 의하여 구입된 것이다. 설명서는 매우 제한적이었다. 건조기들은 과압이나 고압 수증기 코일 누출의 가능성에 대한 보호가 되어있지 않았다. 이 사고 후 전체 시스템은 철거되어 폐기되었다.

새로운 공기 시스템에 의한 경제성의 향상과 안전성의 약화

다음은 거의 재앙에 이르게 할 정도로 개선된 압축공기 시스템의 다른 사례이다. 이 사고에 대한 자세한 사항은 알 수 없지만 수년 전 화학공장, 즉 다수의 왕복형 공기 압축기들과 공압계장 시스템을 갖춘 정유공장에서 현대화 작업이 결정되었다. 이 현대화 프로젝트에 따라 공기 공급 시스템이 교체되었다. 경제성을 고려하여 하나의 큰 원심공기 압축기를 설치하였으며 여분의 공기 시스템은 설치되지 않았다.

선의의 엔지니어는 이러한 단일 공기 압축기에 대한 백업 시스템으로서 공장의 질소 공급장치를 사용하기로 함으로써 원래 시스템을 개선시켰다. 새로운 압축기 시스템이 운전되기 시작하고 몇 년이 지난 뒤 조업자가 관리하는 제어실에서 제어 패널 뒤의 계장용 공기 공급 튜브가 파손되었다. 이 사고는 보수관리를 위하여 대형의 단일 공기 압축기 운전을 중단시키고 백업 질소 시스템이 계장설비 공급에 이용되는 것과 같은 시간에 발생되었다.

관계자 이외의 제한된 공간출입 허용부분으로 안전 기술자가 제어실에 들어왔을 때 재앙이 인지되었다. 그 기술자의 휴대용 산소측정 장치가 활성화되고 운전모드로 들어갔다. 산소결핍 경보가 울려서 제어실에 있던 사람들에게 매우 심각한 상태임을 경고하였다.

압축공기 공급에 대한 질소 백업장치와 연관된 다른 사고

문서화되지 않은 유사한 사고사례가 공장 내부 안전회의에서 논의되었다. 작은 밀폐된 조업자 공간에서 그 조업자의 담배에 불이 붙여진 상태가 유지되지 않았을 때 그의 주위에 의심을 품었던 한 개인에 대한 얘기가 있었다. 몇 달 전 어떤 운전자가 그 개인공간에서 소규모의 공기로 구동되는 팬이나 직접공기흐름장치를 설치함으로써 땀투성이로 만드는 열로부터 도피할 수 있는 어떤 장치를 만들었다. 공기 압축기가 운전되지 않는 동안에는 질소 공급장치가 이용되었다. 그 조업자는 상당히 낮은 산소수준에 노출되었다. 자세한 내용은 불분명하지만 산소 함량이 조사되었고 16% 이하로 떨어져 있었다고 들었다. 이 농도는 담배 흡연을 위한 최소 산소농도 이하로 간주되는 농도였다.

- 압축공기 공급에 대한 질소 백업장치와 연관된 사고의 교훈

수년에 걸쳐 압축공기 시스템에 대한 백업으로서 상황이 발생할 경우 고도로 의존할 수 있는 질소 시스템으로부터의 기체장치를 위하여 많은 방법들이 제안되었다. 그 시스템에 의존하여 주어진 상황을 안전하게 처리하기 위한 다양한 접근방법들이 효과적으로 적용되었다. 현대의 공장들에는 여러 가지 이유들로 압축공기에 의존하는 크로마토그래피나 다른 계기들을 수용하는 소규모의 건물들이 설치될 수 있다. 이런 건물들에 백업 질소가 공급되는 경우 질소의 일시적 사용을 경고하기 위하여 일련의 조사과정과 눈에 뜨이는 밝은 경고등이 조합된 시스템이 제공된다. 그러한 시스템은 매우 주의 깊게 설계되어야 하고 충분히 검토되어야 하며 그 과정들에 대한 승인을 위하여 주기적으로 검사를 받아야 한다.

압축공기 시스템의 백업을 위해 압축질소공급을 이용하는 어떤 회사는 오랜 기간에 걸쳐 이러한 과정을 유지하고 있다: 운전자는 공기공급의 실패를 감지하고 기체공급 시스템을 전환시키기 전에 그 지역에 대피 사이렌을 울린다. 이 사이렌은 모든 불필요한 사람들이 나가도록 경고를 주고 특히 압축공기에 의존하는 이러한 소규모의 특수 건물들 내에서 일하는 사람들에게 경고를 준다. 운전자는 신속하게 각각의 밀폐된 계기장치 건물들을 이동하면서 건물에 아무도 없는지를 확인한다. 다음에 운전자는 상황이 종료될 때까지 문을 잠가둔다. 나아가 각 건물에는 출입문과 인접한 벽 바깥부분에 산소 모니터가 설치되어 있다.

<그림 2-23 가연성 물질을 처리하는 화학공장에서 볼 수 있는 대표적인 가압 및 정화 분석기 건물>

<그림 2-24 가연성 물질을 처리하는 화학공장에서 볼 수 있는 대표적인 가압 및 정화 분석기에서 대할 수 있는 경고문>

질소 질식의 위험

미국 화학안전위험 조사위원회(CSB)는 지난 십년동안 발생한 질소질식 사고 건수를 파악하고 검토하였다. 2003년 6월 위원회는 그 결과를 보고하였다[7]. 미국 안전위원회의 연구는 1992년부터 2002년까지 산업체에서 질소질식으로 80명(1년에 8명 꼴)이 사망하였음을 보여주고 있다. 이 비극적 사고들은 화학공장 뿐만 아니라 식품처리 및 저장설비, 실험실, 그리고 제약설비 등의 다양한 상황에서 발생되었다. 사고의 약 절반 정도와 희생자의 60% 이상은 하청업자들이 차지하였다.

이러한 불필요한 사망에 대처하기 위하여 CSB는 위험한 질소 대기에 노출될 수 있는 작업자들을 위한 매우 유용한 훈련정보를 제공하였다. 이 정보는 세 가지의 서로 다른 형태로 해당 웹사이트로부터 내려 받을 수 있다. 이 정보는 "질소가 풍부한 대기는 살인할 수 있다!" 라는 제하의 1페이지짜리 3겹 전단으로 되어있다. 보다 진지한 강사들은 파워포인트 자료를 내려받을 수 있다[7]. 아울러 *질소질식의 위험*(No.2003-10-B, 2003년 6월)이라는 제목의 10페이지짜리 간행물도 있다.

*질소질식의 위험*은 다수의 사례들을 소개하며 훌륭한 안전 활동을 강조하고 있다. 이 간행물은 산소가 결핍된(질소가 풍부한) 대기를 감지하지 못한 것이 사례 연구에서 중요한 요소였던 점을 보여주고 있다. 많은 사고들에서는 개인이 레일 차, 방, 혹은 탱크와 같은 제한된 구역 내부나 그 주위에 위치하고 있었다. 위의 안전 간행물은 인체에 대한 산소 결핍의 영향에 대한 도표를 포함하고 있다[7].

✓그 도표로부터 몇 가지 핵심 사항들을 살펴보면 다음과 같다 :

정상적으로 우리는 산소농도가 20.9 %인 대기로 싸여있다.

산소 농도가 16.0 %에서 인체에 나타날 수 있는 가능한 증상들은 맥박과 호흡속도의 증가, 생각 및 주의력의 불균형, 그리고 조화감의 감소 등이다.

산소 함량이 14.0 %인 대기에서 가능한 증상들은 노력에 따른 비정상적인 피로, 조화감의 상실, 무딘 판단력 등이다.

산소 농도가 12.5 %일 때 인체에 나타날 수 있는 가능한 증상들은 아주 무디어진 판단력과 조화감, 항구적 심장손상과 구역질 및 구토를 야기시킬 수 있는 불균형한 호흡 등이다.

산소농도가 10 % 이하일 경우 가능한 증상들은 무력증, 의식불명, 발작, 그리고 사망이다.

✓CSB 안전 간행물은 6가지의 "질소의 안전 처리를 위한 좋은 방법" 을 다루고 있는데 다음은 이들 가운데 세 가지를 보인 것이다 :

- 높은 질소수준에 대한 경고 시스템 및 연속감지장치의 설치를 권고. 그림 2-23 및 2-24와 관련사항을 참조. CSB는 또한 추가의 안전장치를 제안하고 있다.
- 질소가 풍부한 제한된 공간 근처에서 일하는 사람들이 있는 구역에 대한 적절한 환기의 필요성에 대한 논의.
- 질소가 농후했을법한 대기 내에서의 안전구조를 위한 시스템 개발의 강조. 이 간행물은 희생자들 가운데 약 10%는 제한된 공간 내에서 상해를 입은 사람들을 구조하려고 시도한 사람들에게서 발생되었음을 밝히고 있다.

✓질소의 위험과 다른 주제들에 대한 정보를 얻으려면 미국 화학안전 및 위험 조사위원회의 웹사이트를 방문한다 :

- 웹 주소는 www.chemsafety.gov이다.
- 다음에 *CSB Reports*에서 *Safety Publications*를 선택한다.
- 다음에 *Hazards of Nitrogen Asphyxiation*을 선택한다.

냉동 에틸렌 탱크의 안전성에 대한 배려

수년 전 전국적으로 알려진 회사가 화학복합단지 내에 첫 번째의 대규모 상압 액상 에틸렌 탱크를 제작하였다. 이 탱크에는 낮은 저장온도를 유지하기 위하여 하나의 냉동장치가 설치되어 있었다. 기술자들은 에틸렌 증기압을 안전밸브 설정기준인 1.5 psig(10.4 kPa 게이지) 이하로 유지하기 위해 필요한 온도인 −155°F(−101℃)가 유지되도록 냉동장치를 설계하였다. 냉동장치에 문제가 발생할 경우에는 안전밸브를 열고 이탈되는 증기의 자동 냉동으로 탱크 내의 잔류 액체가 냉각되도록 설계하였다[8].

제작이 진행되는 동안 공정안전 검토로부터 냉동장치의 사용이 중단되는 동안에는 문제가 발생할 수 있음을 알았다. 안전밸브가 열리고 바람이 거의 없는 날에는 차가운 증기는 지면 수준으로 가라앉거나 흘러 내려올 수 있는데 이때 발화원과 접할 수 있다. 안전밸브 스택은 너무 낮아서 플레어 스택으로 이용할 수 없었으며 탱크의 구조와 주변 장치의 배치 및 세심한 기술로는 어쨌든 그 위치에서 플레어 스택의 개념이 견지될 수 없었다[8].

창의력이 있지만 경험이 없는 엔지니어가 안전밸브가 작용되는 동안 수증기를 안전밸브 배출파이프로 주입시킬 수 있음을 제안하였다. 수증기의 유량을 적절히 하여 주면 증기가 분산되고 원치 않는 가능한 화재가 일어날 기회를 줄여줄 것이다. 이 공장은 그러한 간단한 제안을 수용하였고 8 in(20.3 cm) 안전밸브 배출 파이프 내로 수증기 파이프를 설치하였다(**그림** 2-25 참조).

냉동장치가 가동되지 않은 수일 동안 에틸렌 탱크는 주위 열을 흡수하였으며 내부 압력이 증가하였다. 증기가 열려진 안전밸브를 통하여 이탈함에 따라 자동 냉각에 의해 냉각되는 백업 계획이 그대로 이루어졌다. 계획했던 바와 같이 차가운 기체를 안전하게 퍼뜨릴 것이라는 희망 속에 수증기 흐름이 스택으로 주입되었다.

그러나 약 12시간 후 작은 탱크 틈으로부터의 누출이 시작되었다. 수증기 호스는 누출부 근처로 향해져서 판매조건에 따라 탱크가 비어질 때까지 증기를 가열시키고 분산되도록 하였다. 액상 에틸렌을 저장할 수 있는 다른 탱크가 없었기 때문에 대규모의 상압 액상 에틸렌 탱크를 신속하게 비울 수 없었다.

8 in(20.3 cm) 안전밸브 배출 파이프는 고체를 얼려버렸다. 뜨거운 수증기는 −155°F (−101℃)의 에틸렌과 접촉하게 되면 아주 오랫동안 뜨거운 채로 남아있지 않는다는 것을 이해하는 것은 쉬운 일이다. 수증기는 빠르게 응축되었고 응축수는 얼어버렸다. 아무도 원래 사고 제안이 지닌 결점을 예상하지 않은 것으로 보였다.

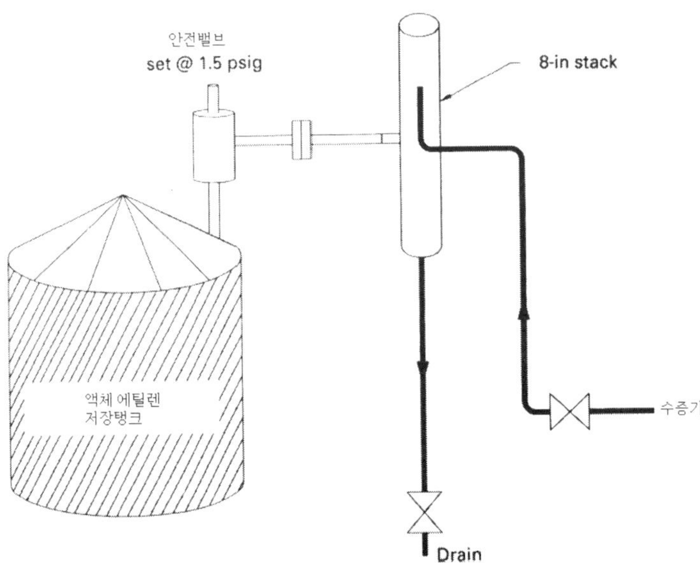

<그림 2-25 의도는 좋았던 배출부 개선. T. A. Kletz의 승인하에 전재>

- 에틸렌 탱크의 교훈

조업자들은 탱크의 압력을 읽기 위해 매 시간 그 지역을 왕래하였다. 압력계기의 최대 지시압력은 2 psig(13.8 kPa 게이지)였으며 지시압력은 최대값으로 머물러 있었으나 아무도 높은 압력이나 스택으로부터의 수증기의 결핍이 문제점을 나타내 줄 수 있다고는 인식하지 못하였다. 탱크가 균열되기 11시간 전에 조업자들은 데이터 용지에 "2.0 psig" 라고 기록하였음이 나중에 밝혀졌다. 아무도 이러한 2.0 psig라는 압력이 안전밸브 설정치보다 높은 값임을 알아차리지 못하였다.

이 사고는 공장 개선과 관련된 많은 다른 문제들과 마찬가지로 Trevor Kletz에 의하여 "몇 가지의 손실 방지 사례들" 이라는 제목으로 출판되었다[8]. 그 내용은 현재 35mm 슬라이드, 발표자 지침, 그리고 소책자들로 구성된 훈련용 세트의 일부분으로 사용 가능하다. 이 세트의 이름은 "공장개선의 위험-위험 워크숍 모듈 02" 이며 영국 Warwickshire 화학공학협회로부터 구입할 수 있다. 저자는 공장 내 훈련용으로 이 세트를 강력하게 추천한다.

의도는 좋았던 또 하나의 프로젝트: 새 탱크의 붕괴와 주변의 혼란

- 터미널 사고의 개요

미국 조오지아 사바나에 위치하며 종이 및 펄프업체에 제품을 공급하는 작은 화학 터미널이 제품 혼합을 변경하기로 했을 때 이도는 훌륭한 것이었다. 그 터미널은 모든 비가연성 화학물질의 처리용으로부터 대량의 가연성 조 설페이트 터펜틴(CST)을 저장할 수 있도록 변경시키기로 하였다. CST는 크래프트 펄프공정의 부산물로 얻어지는 불순한 터펜틴으로서 IC급 가연성 액체로 분류되어 있다.

원래의 좋았던 의도가 지역 소비자들에 대한 서비스의 향상을 위한 것이었는지, 혹은 시장 점유율을 향상시키려는 것이었는지는 알려져 있지 않다. 그러나 가연성 물질이 도입되고 3개월이 못되어 대형 탱크들 가운데 6개와 사무실이 폭발과 대형 화재로 파괴되었다. 그 사고의 결과 그 회사는 그 지역에서 더 이상 사업을 하지 못하고 있다.

위의 조오지아 사바나 터미널은 영국회사의 자회사였다. 6 에이커의 터미널은 액체 화학물질을 취급하였으며 사바나 강으로부터 1/2 마일보다 약간 멀리 떨어져 있었다. 그 터미널은 사바나의 시내 지역으로부터 약 2마일 떨어진 시 경계의 바로 북동쪽에 위치하고 있었다. 터미널과 근접하여 주거지역 개발은 물론 수많은 상업 및 산업시설들과 초등학교 하나가 있었다. 이 운송시설은 종이 및 펄프업체들에 제품을 공급하고 있었으며 제 3의 공급자들을 위한 화학저장시설을 제공하고 있었다. 이 시설은 강, 기차, 그리고 고속도로를 통하여 화학물질을 보내고 받을 수 있었다. 6개의 거대한 탱크들은 파괴되었을 당시 겨우 3년밖에 안된 것들이었다[11, 12].

- 폭발과 화재

1995년 4월 10일 일요일 자정 바로 직전에 사슬 연결부와 콘서티나형 철조망으로 울타리가 쳐진 터미널에서 화재가 발생하였다. 화재가 시작된 오후 11시 30분 경 터미널에 사람은 아무도 없었다. 몇 명의 목격자들은 화염 뒤에 폭발과 불덩이가 솟는 것을 보았다. CST를 함유하는 두 번째 및 세 번째 탱크가 폭발하고 타면서 추가의 폭발과 불덩이가 이어졌다. 화재의 강도 때문에 소방관들이 그 지역을 진입하는 데에 어려움이 있었다[11].

화재에 의한 화염과 두꺼운 검은 연기로 인하여 인근 타운하우스 개발지구의 거주자들은 대피하여야 했다. 목격자들은 유독 화학물질들이 사바나 시내지역에 이르는 것을 두려워했다. 회사의 사무실 건물은 파괴되었다. 탱크를 둘러싸고 있는 콘크리트 벽은 화재진압 도중에 무너졌다. 오염된 화재진압 물이 빠져나와 주변을 오염시켰다. 늪지대의 오염을 억제하기 위하여 소방용 물의 사용이 제한되었다.

사고 전반에 관한 것은 미국 환경보호청(EPA)의 David Chung에 의한 15 페이지짜리 보고서에 잘 기록되어 있다. David Chung의 보고서에는 "조오지아 사바나의 Powell Duffryn 터미널에서의 폭발과 화재" 라는 제목이 붙어 있다. 이 사고로부터 배울 수 있는 교훈들이 많이 있다. 이 보고서는 변경에 대한 효율적인 운영의 결핍, 탄소층에 대한 이해, 장치의 적절한 배치, 그리고 공존할 수 없는 화학물질에 대한 주의를 다루고 있다[11].

세부적인 사항들에 관심이 있다면 EPA가 발행하였으며 웹페이지에서 얻을 수 있는 74 페이지의 보고서를 참조한다. 이 보고서의 제목은 "EPA 화학물질 사고 조사보고서, Powell Duffryn 터미널, Inc, 사바나, 조오지아" EPA 550-R-98-00, EPA CEPPO 이며 http://www.epa.gov/swercepp/pubs/pdtirept.pdf[12]에서 찾아볼 수 있다.

화재는 둑으로 싸인 약 100 x 200 피트의 구역 내에 있는 탱크들에서 시작되었다. 둘러싸인 구역에는 API-650 표준에 따라 1992년 4월 제작된 6개의 탱크들이 있었다. 6개의 탱크들은 세 가지 크기로 만들어 졌으며 가장 작은 두 탱크들은 용량이 약 237,000 갤런(대략 100만 갤런의 1/4)이었다.

운전 첫 해에는 그 구역 내에 아무런 가연성 물질이 없었다. 그러나 회사는 화재 발생 수 개월 전에 방침을 변경하여 IC급 가연성 액체(CST)를 저장하기 시작하였다. 승인기관으로부터 특정 안전시스템의 설치가 요구되었다. 이러한 안전성에 대한 요구는 소유자들로부터 받아들여졌지만 몇 개의 안전 시스템들은 불완전하게 설치되었거나 사고 시점까지 설치되지 않은 상태였다.

<그림 2-26 사바나 강을 배경으로 한 완전히 개발된 화재지역. 미국 환경보호청의 David Chung의 승인하에 전재>

<그림 2-27 탱크들을 식히는 물의 분사. 미국 환경보호청의 David Chung의 승인하에 전재>

- 탱크 배출처리

태양이 탱크 온도를 증가시키면 탱크를 충진하는 동안과 낮시간 중에 CST로부터 불결한 냄새가 나는 증기가 탱크 외부로 빠져 나왔다. 나쁜 냄새가 나는 탱크 증기는 일상적인 것이 되었다. 회사 직원은 이러한 증기들을 활성탄소로 채운 드럼으로 유도시킴으로써 문제를 해결하려는 계획을 세웠다[11, 12].

EPA 조사관들은 가장 그럴듯한 발화 요인은 탄소층으로부터의 자동인화를 수반하는 것으로 결론지었다. 사고 당일 오후 2시경 처음에 가연성 탱크들이 효과적으로 봉해지고 화재억제용 발포제를 채운 공간이 탱크에 설치되었다. 그날 오후 탱크의 배출구가 닫혀진 뒤 탱크 트럭이 6,200 갤런의 CST를 탱크로 운반하였다. 이는 증기 공간으로부터 적어도 6,200 갤런의 증기가 배출되었음을 의미한다. 유달리 더웠던(90°F) 4월의 그날 증기는 55 갤런 드럼 내의 활성탄소 층으로 유도되었다. 겉보기에는 드럼 내의 낮은 산소농도가 즉각적인 화재를 막아주었다.

탄소층에 대한 공정 안전지침이 논의되었고 적절히 정의되었다. 화염 제거기가 구입되어 터미널 구역에 전달되었다. 이 장치는 탱크로부터의 증기라인 상에 놓일 예정이었지만 불행히도 화염 제거기는 설치되지 않았다.

- 조화될 수 없는 화학물질 – 탄소층과 가연성 물질

증거에 따르면 가연성 물질(응축된 증기)의 활성탄소 상에서의 산화가 발화요인으로 지목되고 있다. 저녁의 냉각된 온도로 인하여 탱크 내의 증기가 수축되었음은 의심할 여지가 없다. 공기가 드럼으로 도입되었다. 탄소 상의 터펜틴이 자동 인화되었고 이로부터 발생된 화염이 탱크까지 이어졌다[11, 12].

EPA 보고서는 공기가 드럼 내부로 도입되도록 하는 시스템에서 활성탄소를 포함하는 드럼의 화재 사례를 보여주는 문헌을 다루고 있다. 그 참고문헌은 특히 대체로 덥고 맑은 날 야간의 저장탱크의 냉각으로 증기가 수축되어 외부 공기가 탄소층 내로 유입될 때의 늦은 밤에 화재들이 발생함을 언급하고 있다.

- 권고사항

EPA 보고서는 7가지의 권고사항을 제안하였는데 이들 가운데 상당수는 추가의 권고사항들로 나누어질 수 있다. 다음 목록은 반응성 화학물질을 강조한 그들의 생각들을 조합한 것이다. 권고사항 전체를 보려면 EPA의 웹사이트에서 보고서를 찾아본다.

- 환경제어, 화재안전, 혹은 재해조절 기능을 설계하거나 이 기능들이 추가되는 설비들은 이 시스템들이 공정이나 장치에 역으로 영향을 미치지 않는지를 확인하여야 한다. 이는 OSHA의 (다루지 않은 공정에 대한) 변경관리의 승인사항이다.
- 그러한 제어 시스템, 안전장치, 혹은 응급시스템들이 추가되는 곳에서는 이들이 적절히 설계되고 설치되며 충분히 운전 가능하여야 한다. 이는 OSHA의 (다루지 않은 공정에 대한) 사전 시운전 안전검토의 승인사항이다.
- 활성탄소 시스템을 이용하는 설비들은 뜨거운 위치, 폭발적 반응 등이 형성될 수 있는 잠재적 가능성을 결정하는 테스트를 거쳐야 한다. (이는 일종의 반응성 화학물질 검토이다.)
- 잠재적으로 조화될 수 없는 물질들이 적절하게 분리되어 있는지를 확인하기 위해 설비에서 공정 및 저장영역과 장치를 조사하여야 한다. 고도로 반응성이거나 조화될 수 없는 화학물질의 방출이나 유출이 동일한 용기에 모아지지 않도록 설계가 이루어져야 한다.

<그림 2-28 타버린 탱크들과 터미널. 미국 환경보호청의 승인하에 전재>

- 교훈

반응성 화학물질에 관한 주제는 상당한 관심을 끌어 모았다. 2002년 5월 30일 화학안전 및 위험조사위원회(CSB)에서 제공된 언론매체 배포문은 다음과 같이 시작된다: "반응성 화학물질 사고는 '중요한 문제' 를 제기하며 연관되는 연방 사고방지 규제들은 예비 보고서의 규명에 따르면 '심각한 갭' 을 가지고 있다..." . 이 배포문은 다음과 같이 계속된다: "CSB의 결과는 1980년 이래 발생되어 반응성 화학물질과 관련하여 108명의 희생자 수를 기록한 167건의 개별적 사고들에 대한 조사에 근거하고 있다."

반응성이 있는 것으로 간주되어야 하는 탄소층의 안전성에 대한 정보는 제조업자, 미국화학공학협회를 포함하는 다양한 소스로부터 얻을 수 있다. 그러나 인터넷으로부터 신속한 정보를 얻고자 한다면 EPA에서 개발한 *탄소흡착 탈취 시스템의 화재위험*이라는 매우 도움이 되는 화학안전 경고문을 참조할 수 있다. 웹 주소는 *http://www.epa.gov/swercepp/pubs/carb-ads.pdf* 이다.

<참고문헌>

1. Sanders, R. E. "Don't Become Another Victim of Vacuum," Chemical engineering Progress, New York, Sept, 1993: pp. 54-57.
2. Sanders, R. E. "Plant Modifications: Troubles and Treatment," Chemical Engineering Progress, New York, Feb. 1983: pp. 73-77
3. "Over- and Under-Pressuring of Vessels-Hazard Workshop," Module001(available as a training kit with 34 35mm slides, booklets, teaching guides, etc. by the institution of Chemical engineers, 165-171 Railway Terrace, Rugby CV21 3HQ, Warwickshire, england.)
4. Kletz, Trevor A., private communication, Sept. 1978.
5. Sanders, R. E. "Human Factors: Case Histories of Improperly Managed Changes in Chemical Plants," Process Safety Progress, New York, Fall 1996, pp. 150-53.
6. Sanders, R. E., D. L. Haines, J. H. Wood, "Stop Tank Abuse," Plant/Operations progress, New York, Jan 1990: pp. 61-65
7. U.S. Chemical Safety and Hazard Investigation Board, Hazards of Nitrogen Asphyxiation, Safety Bulletin No 2003-10-B, June 2003.
8. Kletz, Trevor A., "Case Histories on Loss Prevention," Chemical Engineering Progress 70, April 1994: p. 80. Also available as "Hazards of Plant Modifications-Hazard Workshop," Module002(available as a training kit with 38 35mm slides, booklets, teaching guide, etc. by the Institution of Chemical Engineers, Warwickshire, England.)
9. Dowell, A. M., III and D. C. Hendershot, "No Good Deed Goes Unpunished: Case Studies of Incidents and Potential Incidents Caused by Protective Systems,' Process Safety Progress, Fall 1997, pp. 132-139.
10. Kletz, Trevor A., Critical aspects of Safety and Loss Prevention, London: Butterworth, 1990, p. 221.
11. David Chung, "Explosion and Fire at Powell Duffryn Terminals-Savannah, GA," LPS 2000-Proceedings of the 34th annual Loss Prevention Symposium, american Institute of Chemical Engineers, Session 48, Mar. 2000.
12. U.S Environmental Protection Agency. "EPA Chemical Accident Investigation Report.Powell Duffryn Terminals, Inc, Savannah, Georgia." EPA 550-R-98-00, EPA CEPPO, May 1998. http://www.epa.gov/swercepp/pups/pdtirept.pdf.
13. U.S Chemical Hazard Investigation Board, "Investigation Report-Hydrogen Sulfide Poisoning." U.S Chemical Safety and Hazard Investigation Board Report No.2002-02-1-AL, Jan. 2003.

3장

물과 수증기: 상존하는 쌍둥이 악마

물과 수증기는 대부분의 화학공정에 거의 언제나 존재한다. 이들의 물리적인 성질들은 일반적으로 잘 알려져 있다. 공정의 위험들은 종종 물과 수증기의 악명높은 거동과 관련되어 있다. 1992년에 발효된 OSHA의 공정안전 운영법은 고도로 위험한 140여 가지의 화학물질을 처리하는 공정 및 10,000 파운드(4,540 kg)의 가연성 액체나 기체를 포함하는 공정들에 초점을 맞추고 있다. 이 화학물질들이 고도의 역학적인 온전함과 추가의 세밀함으로 처리된 후에도 물, 그리고 때로는 이와 쌍둥이 악마인 수증기를 계속 주시할 필요가 있을 것이다.

이 장에서는 화학 및 정유공장에서 물과 수증기의 위험에 대한 기본적인 사항들을 검토할 것이다. 초보자들에게는 이 장은 기본 바탕의 현실에 대하여 눈을 뜨게 해 주는 안내가 될 수 있다. 좀 더 숙련된 사람들에게는 주어진 사례들이 실망, 재화, 전문가로서의 명성, 그리고 상해 등으로 값비싼 대가를 치른 생생한 보기들을 통하여 물과 수증기의 잠재적 위험을 일깨워 주는 도구가 될 수 있다.

몇 년 전 스탠더드 오일사(인디애나)는 *정유공정 장치에서의 물의 위험*이라는 제목의 70페이지짜리 책자를 간행하였다[1]. 이 책은 정유공장 조업자들이 옆에 두고 참고할 수 있는 바이블과 같으며 위험에 대하여 이해하기 쉬운 기본 사항들을 제공하고 있다.

✓이 책은 다음과 같은 고찰로 끝맺고 있다 :

> 공정장치에서의 물의 위험은 원유정제 역사 전체를 통하여 존재해 오고 있다. 물과 뜨거운 오일의 제어되지 않은 혼합이나 압력배출 설비가 없는 통 안에 든 액체의 가열로 인하여 많은 사람들이 상해를 입거나 사망하였다. 증류기가 파열되고 용기가 폭발하였으며 열교환기가 떨어져 날아갔다... 물이 어떻게 반응하는가, 그 반응이 어느 부분에서 기대되는가, 그리고 그 반응을 어떻게 없애거나 제어하는가에 대한 지식은 운전자의 장치를 더 안전하게 하고 조업을 더 쉽게 해 줄 것이다.

BP HSE의 공유자료에 의하여 원래 스탠더드 오일에서 개발된 안전 책자가 다시 되살려지게 된 것은 반가운 일이다. 2003년 "경험의 공유" 라는 제목의 시리즈가 배포되었다[2]. "물의 위험" (제 1권)의 2003년 판은 매우 뛰어나다. 이 책은 원래 1955년에 출판되었으며 지난 50여년에 걸쳐 계속적으로 개선되어 왔다. 동반되는 책 "수증기의 위험" (제 6권)은 아주 우수하며 40여년 동안 출판되어 왔다. 각각의 책들은 주요 정유공장과 화학공장들의 울타리 안에서 본 관점에 따라 힘들게 얻은 교훈들로 가득 차 있다. 가장 최근에 나온 위의 책들에는 최신의 컬러 사진들과 생생한 컬러 도면들이 풍부하게 들어 있다[2].

약 100여년 전 정유공장이 생기기 이전에도 조악하게 설계되고 조립되어 유지되고 운전된 보일러들은 (이들을 가동한 수증기와 함께) 수천 건의 보일러 폭발을 유발시켰다. 1885년과 1895년 사이에 연간 약 200여건의 보일러 폭발이 있었으며 그 후의 10년동안 사태는 더 악화되었다: 미국에서 3,612건의 보일러 폭발이 있었다. 이는 대략 하루에 한 번 꼴이었다[3]. 사람과 관련된 통계는 더 나빴다. 보일러 폭발에 의하여 1895년과 1905년 사이에 7,600명 이상이 사망하였다(이는 하루 두 명 꼴이다). 미국 기계공학자협회(ASME)는 1915년 첫 번째의 보일러 규약을 도입하였으며 그 후 11년 동안에 다른 주요 규약들이 뒤를 이었다[3]. 기술이 향상되고 규제들이 발효됨에 따라 미국 보일러 폭발은 줄어들었으며 요즈음에는 매우 드문 것으로 간주되고 있다. 그러나 물과 수증기 문제들로부터 기인되는 장치의 손상은 여전히 주기적으로 일어나고 있다.

화학공장이나 정유공장 내에서 물과 수증기의 파괴적인 속성에 대한 기본 사항들이 논의되고 사례들을 통하여 예시될 것이다.

잘못된 수력 테스트

1996년 여름날 저녁 유연한 물의 파괴적인 힘이 고전적인 형태로 나타났다. Gulf Coast 화학공장은 일이 잘못되었던 순간에 회수탱크를 막 회복시키고 수력 테스트를 시작하고 있었다. 잘못 수행된 테스트로 인하여 수리비용에 $35,000이 추가되었다. 당황스러웠지만 아무도 상해를 입지 않았다. 이전의 3주 동안 이 탱크의 바닥을 새로 바꾸고 하부에 벽을 새로 설치하는 보수작업이 이루어졌다.

희생자가 된 API 620 탱크의 직경은 12 ft(3.66 m)이고 높이는 20 ft(6.1 m)이며 용량은 16,900 갤런(64,200 리터)이었다. 바닥이 평평하고 지붕이 돔 모양인 이 용기는 최대 허용 작업압력 등급이 12 psig(83 kPa 게이지)로 설계되었다. 환경 규제에 따라 작업의 적합도를 확실히 하기 위하여 광범위한 보수 후에 수력 테스트가 요구되었다.

테스트를 준비하는 동안 두 기능공들이 상부에 설치된 노즐에 플랜지가 붙여진 6 in(15 cm) 압력배출부를 막아버렸다. 이들은 또한 플랜지와 함께 탱크 상부에 있는 두 개의 작은 노즐들에 덮개를 씌웠다. 이 작은 노즐들에는 압력 게이지와 유틸리티 호스 커플링이 설치되어 있었다. 기능공들은 소방 호스(직경 1½ in, 길이 50 ft)를 탱크에 연결하여 소화전으로부터 탱크를 신속하고 효과적으로 채우고자 하였다. 정상적인 소방 시스템의 물 압력은 135 psig(932 kPa 게이지)였다. 다음에 그들은 상부에 있는 두 개의 1/2 in 파이프 배출구를 열어 공기가 나가도록 하였다. 그들이 소화전을 열자 강한 비같은 샤워가 시작되었다. 작업자들은 잠시 현장을 떠났다.

조금 뒤에 작업자들이 현장에 돌아왔을 때 그들은 두 개의 1/2 in 배출구로부터 물이 강하게 분출되는 것을 발견하였다. 그들은 또한 정상적으로는 수직이어야 하는 탱크가 약간 기울어진 것을 발견하였다. 하부는 바닥-벽면 접합부에서 기초 위 8 in(20.3 cm) 만큼 위쪽으로 돌출되어 있었다. 앵커 너트는 앵커 고정자를 통하여 갈라져 있었고 탱크 지붕에 부착된 작은 통로는 용접된 고정부로부터 떨어져 나가 있었다.

과거에는 공장의 이 구역에서 (보수유지 기능공들이 아닌) 화학공정 조업자들이 수력 테스트 과정의 탱크 충진단계를 처리하였다. 조업자들은 대개 소방 호스를 지붕 노즐에 주름잡아 넣고 가장 가까운 소화전으로부터 탱크를 채웠다. 이번의 경우에는 두 기능공들이 그들의 감독자에게 호스를 탱크의 플랜지된 낮은 밸브 노즐에 연결할 수 있는지 질문하였다고 보고되었다. 감독자는 충진을 위해 낮은 노즐을 사용한다면 배출을 위해 상부의 막힌 플랜지를 말아 감도록 요청한 것으로 기억하고 있다. 서로간의 의사소통에 문제가 있었던 것이 틀림없다. 기능공들이 두 개의 1/2 in 상부 배출구만을 열기로 했을 때에는 그들은 명백히 충진 조업의 동역학을 이해하지 못했다.

<그림 3-1 수력 테스트 중에 손상된 API 620 탱크>

직경이 1/2 in인 두 개의 파이프 개구부는 단지 0.46 in^2의 배출면적만을 제공하여 주었다. 이 개구부들은 공기가 축출되기에는 충분하였지만 그 뒤에 이어지는 물에 대해서는 충분하지 못한 것이었다. 손실방지 엔지니어는 50 ft의 1½ in 호스를 통하여 저압 탱크로 이어지는 135 psig 공급원으로부터의 소방수의 흐름을 계산하였다. 공기가 빠져 나가는 초기의 충진 중에는 시스템의 압력을 12 psig(83 kPa 게이지)의 최대 허용 용기압력으로 유지시키기 위해 단지 0.09 in^2의 오리피스 면적만이 필요하였다. 일단 공기가 배출되고 물이 탱크 밖으로 흐르면서 2.5 in^2의 면적이 필요하였다. 물 흐름에 대하여 소요되는 배출 면적은 제공된 개구 면적의 약 5배 정도였다.

총 원상복구 비용은 $35,000에 달하였다. 앵커 볼트와 다른 지지부를 새로 설치하는 것을 포함하는 기초부 보수에 약 $5,000이 소요되었다. 탱크를 올리고 수리하고 탱크 바닥을 새로 설치하며 파이프와 용기를 다시 연결하는 데에 추가로 $30,000이 소모되었다.

<그림 3-2 수력 테스트 중에 손상된 약간 기울어진 탱크와 건널목의 근접모습>

- 수력 테스트 사고의 교훈

이 작업구역의 기능공들은 일을 잘 하려고 했는데 이 사고가 일어났다. 작업자들에게 저압 탱크의 취약성을 어떻게 명심시킬 수 있는가? 이 구역의 유지보수 감독자는 재발 가능성을 줄이기 위해 실제적인 훈련을 원했다. 관련된 감독자는 화학공학회 위험 워크숍 모듈인 "저압 및 과압 용기의 위험" [4]에 따라 구성된 "허약한 탱크"에 관한 발표에 공장의 이 구역의 기능공 100여명을 참석시켰다. 수력 테스트에 대한 과정에도 변화가 이루어졌다.

<그림 3-3 수력 테스트 중에 탱크 하부는 부풀려진다.>

<그림 3-4 탱크 하부가 부풀려지고 앵커 너트가 앵커 사슬을 통해 당겨지다.>

시스템으로부터의 물의 배출에 따른 넘친 탑의 붕괴

어느날 밤 물의 빠른 배출로 생성된 진공으로 인하여 적절치 못하게 보호된 증류 시스템에 균열이 일어났다. 자정 쯤 어떤 사전 조업준비 단계중에 조업자들은 배출수 밸브가 증류 시스템의 운전되지 않는 두 탑을 넘치게 한 것을 알았다. 시스템으로부터 물을 펌프를 통하여 배출시키는 중에 파괴적인 진공 조건이 생성되었다. 진공으로 탈거 탑 벽의 하부 부분이 빨려 들어갔다. 그 결과 82 ft(25 m) 높이의 스테인레스 용기가 아무것도 없는 빈 구역으로 넘어졌다. 인근의 튜브 반응기들과 옆의 유사한 재흡수탑을 포함하는 값비싸고 대체가 어려우며 중요한 장치들은 비켜 넘어졌다. 아무도 다치지 않았으며 화재나 심각한 누출은 없었다.

이 사례는 미국 화학공학회의 승인에 따라 전재된 것이다. 이 사례는 처음에는 Chemical Engineering Progress(1993)에 “진공의 또 다른 희생자가 되지 말라” 라는 제목으로 소개되었다[5].

스테인레스강 탈거탑의 높이는 약 82 ft(25 m)로서 약 15 ft(4.6 m) 높이의 탑 테두리 기저를 포함하고 있었다. 탈거탑은 아래쪽으로 경사져서 상부의 직경이 5½ ft(1.7 m)인 부분과 연결되는 원뿔형 전이부분 바로 아래의 직경이 9 ft(2.7 m)인 부분에서 붕괴되었다. 이 용기는 약 5 psig(34.5 kPa 게이지)에서 운전되도록 설계되었으며 기계적인 한계는 약 25 psig(173 kPa 게이지)로 정해져 있었다.

<그림 3-5 탈거탑의 붕괴. Guido DeJesus의 승인하에 전재>

사고 순간에 운전팀은 시스템에 물을 순환시킴으로써 조업의 모사를 준비하고 있었다. 자정 바로 직후 조업자들은 물이 재흡수 장치로부터 새어나오는 것을 목격하였다. 사전 조업 엔지니어들은 물이 탈거탑과 재흡수기를 모두 넘치게 하였던 것으로 결론지었다. 후에 그들은 재순환수 밸브에서의 누출이 시스템을 물로 채운 원인이었다고 결론지었다[5].

탈거탑으로부터의 배출관은 재흡수기의 원료 공급관에 연결되도록 설계되었으며 재흡수기에는 대기 배출관이 설치되어 있었다. 재흡수기가 넘쳤을 때 탈거탑으로부터의 배출관은 정상적으로 기체로 운전되지 않고 있었기 때문에 진공배출을 수행할 수 없었다. 진공배출장치는 원래 탈거탑에는 설치되지 않았다. **그림** 3-6의 "재흡수기-탈거탑" 개략도를 살펴보자.

직원들은 재흡수기와 탈거탑 하부 펌프로부터의 3 in(7.6 cm) 흡수관에 있는 배출밸브를 열기로 하였다. 약 한 시간 뒤 재흡수기의 수위가 대략 75% 정도로 떨어졌을 때 직원들은 흡수배출 밸브를 닫았다. 그들이 원료 탈거탑 하부 펌프를 가동시켜서 물이 반응기로 유도됨에 따라 더 큰 부분진공이 생성되었다. 약 10분 후 오전 1시 15분 경 한 조업자가 탑이 천천히 기울어지기 시작해서 수직 위치로부터 넘어지는 것을 발견하였다. 탈거탑이 45도 각도로 넘어질 때까지 목격자는 그 탑이 매우 빠르게 넘어지고 있다고 보고하였다.

아무도 다치지 않았으며 화재나 뚜렷한 누출이 없었다. 이 사고 후에 그 회사는 충분한 진공으로 설계되지 않은 이 공정의 모든 용기들에 진공 차단기들을 설치하였다. 나아가 그들은 탈거탑 배출관을 다시 조정하였다. 탈거탑을 제외시키고 운전이 시작되었으며 거의 한 달 동안 운전되는 도중에 새 탑이 미국에서 긴급하게 만들어 져서 카리브 섬으로 공중운반 되었다[5].

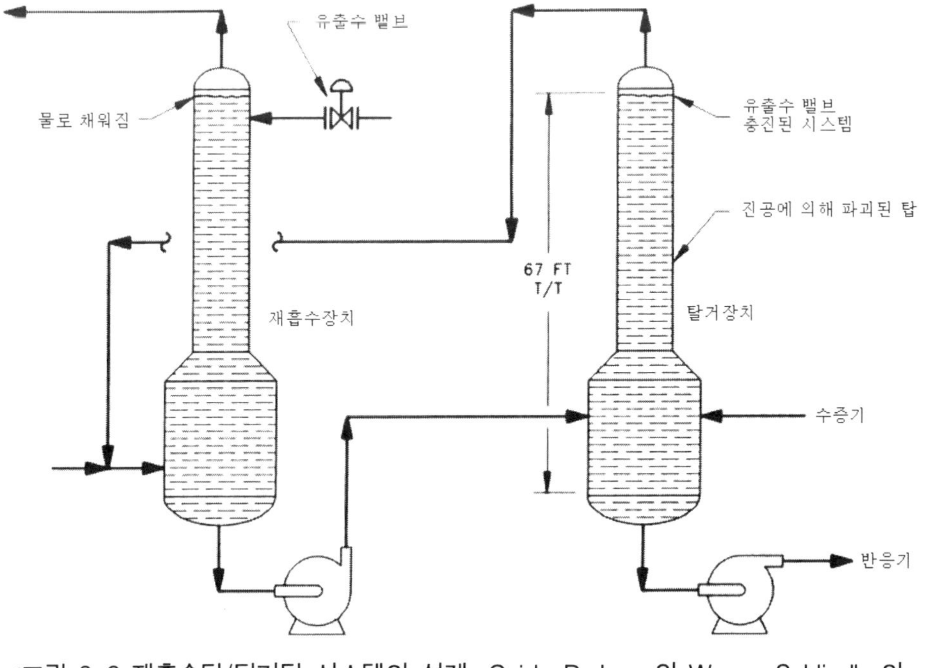

<그림 3-6 재흡수탑/탈거탑 시스템의 설계. Guido DeJesus와 Warren Schlindler의 승인하에 전재>

강한 화학물질과 반응하는 물

*물의 위험*에 대한 책자[1]는 강산과 물을 혼합할 때의 위험을 검토하고 있다. 부분적으로 이 책에 따르면 기본적인 화학실험실 수칙이 언제나 주시되어야 한다: **산을 물에 부어라 – 결코 물을 산에 붓지 말라.** 이는 정유공장이나 화학공장에서 대량의 산을 사용하는 경우에는 더 중요하다. 물이나 수용액을 강산에 첨가할 경우에는 심각한 과열이나 위험한 산의 분출이 일어날 수 있다. 어떤 강산을 물로 희석시키는 것은 산을 더 부식성 있게 만들어 준다.

조사나 수리를 위하여 용기를 세척하도록 요청받은 어떤 운전자들은 이 문제들을 이해하고 있다. 강한 황산, 염화칼슘과 같은 어떤 염, 그리고 어떤 알칼리들과 강력한 반응들이 일어날 수 있다. 보수 관리를 위해 73 % 가성소다 저장탱크를 다룰 때 수증기와 묽은 가성소다의 격렬한 분출이 일어났다. 이 사고는 약 10년 전 영국 손실방지 회보에 보고되었다[6].

이를 목격한 조업자들은 다소 혼잡한 탱크구역에서 직경이 20 ft(6 m)인 저장/탱크차 적재탱크의 바닥으로부터 소량의 가성소다가 스며나오는 것을 발견하였다. 그 탱크는 250 °F(121 ℃)에서 73 %의 가성소다를 누출시키고 있었다. 유지관리는 적절히 계획되어 있었지만 탱크를 비운 다음 세척해야 했다.

탱크를 신속하게 비우기 위하여 출하부는 다수의 레일 탱크차에 저압의 바닥이 평평하고 벽이 수직인 탱크로부터 뜨거운 73 % 가성소다를 적재하고자 하였다. 탱크차들은 주간 및 야간근무 교대 중에 적재되도록 되어 있었다. 야간근무 화학공정 조업자들에게는 세척 및 비움공정의 첫 번째 단계로서 남아있는 소다를 뜨거운(140 °F, 혹은 60 ℃) 물로 희석시키도록 하는 지침이 문서로 주어졌다. 73 % 가송소다는 이를 뜨겁게 유지하지 않거나 탱크 비움과정 중에 희석시키지 않으면 쉽게 얼어버린다.

적재부서는 조업 감독자가 기대했던 것보다 레일탱크차가 하나 적게 적재하였다. 그가 탱크 비움 지침을 기록할 당시 탱크 내에는 조업 감독자가 기대했던 것보다 더욱 많은 가성소다가 남아 있었다. 조업 감독자가 단지 적은 양만이 남아있을 것이라고 믿고 있었을 때 아마도 90톤의 73 % 가성소다가 남아 있었다.

지침에 따라 운전이 수행되었고 더운 물을 용기 내로 넣어주기 시작하였다. 더운 물을 이용하여 탱크 수위를 11 ft(3.4 m)로 높이는 데에는 약 11시간이 걸렸다. 조업자는 이른 아침 약 5시 45분 경에 지정된 양의 물을 넣어주는 작업을 완료하였다. 약

15분 후 조업자는 조업지침에 따라 압축된 공기 밸브를 열어 탱크 내에서 내용물들이 혼합되도록 하였다. 가성소다의 온도는 약 250 °F(121 ℃)(물의 비등점보다 높음)이었으며 물과 강한 가성소다 용액의 혼합은 강한 발열반응이었다.

30분 후 오전 6시 40분 경 탱크는 제트기와 같은 굉음을 내기 시작하였다. 용기는 위쪽으로 뒤틀렸고 수증기와 묽은 소다용액의 혼합물이 통로 바깥으로 세차게 불어나와 공기중으로 25 m(80 ft)까지 치솟았다. 폭발성 유출은 단지 약 30초 동안만 지속되었으며 추가로 30분 동안 격렬하지 않은 수증기 발생이 뒤따랐다[6].

격렬한 비등은 열려진 통로로부터 탱크의 지붕 위로 수 톤의 가송소다 방울을 분출시켰다. 이 방울들은 탱크의 인근지역에 비처럼 떨어졌으며 공장 내부로 바람을 통하여 이동하였다. 약한 바람이 가송소다를 부근의 공장 내 철길 박차 위로 날라주었으며 나아가 수 에이커에 달하는 공장의 주차장에 있던 사원들의 자동차들로 운반시켰다. 부식성 화학물질의 낙하는 1¼ 마일(2 km) 떨어진 곳에서도 검출되었다. 공장 응급처리대는 오염지역을 소방호스로 씻어내렸다.

30여 레일 탱크차들을 새로 도장해야 했으며 종업원들의 차 몇 대는 페인트 수리를 필요로 하였다. 레일 차들의 재도장과 다른 세척에 따른 자산손실은 $125,000(미국달러, 1985)에 달하였다. 비록 심각한 상해는 없었지만 주차장에 있던 여종업원의 머리에 가성소다 방울이 많이 내려앉아 미용실에 갈 필요가 있었다. 이 사고가 약 30분 뒤에 일어났다면 주간 근무조가 도착하고 있었을 것이며 주차장이 움직임으로 분주했을 것이므로 더 많은 상해가 있었을 가능성이 있다.

- 가성소다 탱크의 물 세척에 대한 교훈

이러한 당황스럽고 잠재적으로 위험한 사고 후에 경영진은 두 가지의 새로운 과정을 설치하였다. 가성소다 용액의 희석을 위해 정밀한 운전과정이 제시되었다. 이 과정은 물의 추가 도중에 공기 회전을 동시에 시작함으로써 한 번에 소량의 물질만이 용해열을 방출할 수 있도록 하였다.

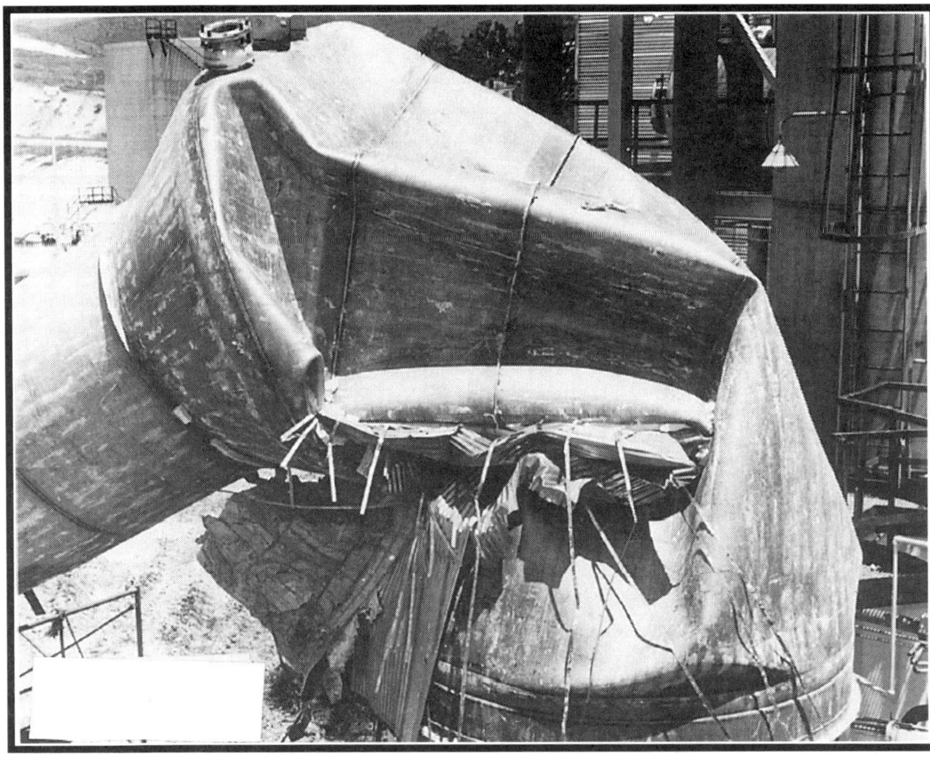

<그림 3-7 붕괴된 탈거탑의 근접모습. Guido DeJesus의 승인하에 전재>

제한된 시스템에서의 물의 가열

우리는 모두 액체의 열적 팽창을 이해할 필요가 있다. 저자는 파이프, 용기, 혹은 열교환기와 같은 완전히 액체로 가득 찬 장치의 가열에 의하여 엄청난 압력이 발생한다는 것을 종종 들었다. 그러한 상황을 피하는 과정을 독려하거나 과압 보호장치를 제공함으로써 그러한 사태가 일어나지 않도록 언제나 확인하고자 하지만 지금까지 저자는 발생할 수 있는 극한 압력을 계산해 보지는 않았다.

*정유공정 시스템에서의 물의 위험*이라는 소책자[1]는 가두어진 물은 적정온도의 대표적인 경우에서 화씨 1도의 증가에 대하여 50 psi(345 kPa)만큼 압력이 증가할 것이라고 언급하고 있다. 요약한다면 70 °F와 0 psig에서 완전히 액체로 가득 찬 파이프나 용기가 120 °F까지 가열된다면 압력이 2,500 psig까지 상승하게 될 것이다. 이 개념은 **그림** 3-8에 잘 나타나 있다.

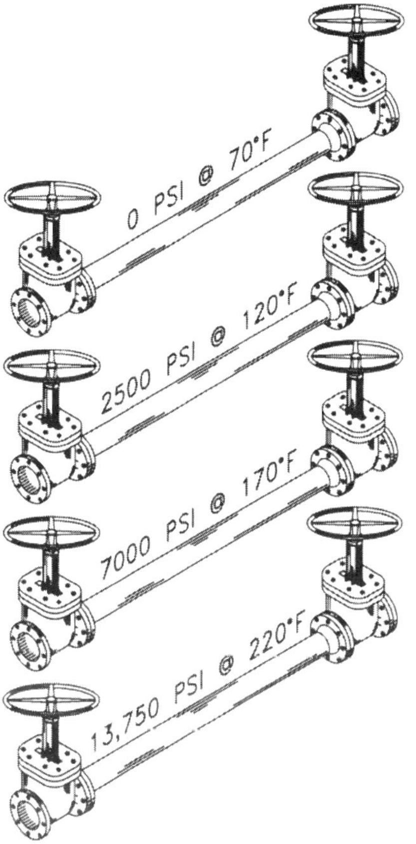

<그림 3-8 온도가 증가함에 따라 물로 가득 찬 파이프에서 믿을 수 없는 파괴적 압력이 발생. Manuel David 및 *정유공정 시스템에서의 물의 위험*의 승인 하에 전재>

가열되는 갇혀진 물이 이러한 높은 압력에 이르리라는 것은 믿기가 어렵다. 아마 실제에 있어서는 플랜지가 붙여진 연결부에서 심각한 손실을 방지하기에 충분할 정도로 유체가 흘러나올 것이다. 물과 같은 무난한 화학물질의 경우 압력배출 장치의 규격을 정하고 구성하고 설치함으로써 물의 잠재적인 과압을 줄일 수 있다. 어떤 회사들은 염소, 암모니아, 그리고 다른 가연성 물질이나 액체 형태로 처리되는 독극물과 같은 더욱 위험한 화학물질을 처리하는 경우 팽창병을 사용하여 관리상의 제어를 보조하여 준다. "팽창병" 개념에 대해서는 제 4장의 아이스크림 공장 사고의 폭발에 따른 "교훈" 을 참조한다.

수증기 응축과 작동 중에 파괴된 대형 용기

어떤 팽창해 가는 미국 정유회사는 원유 코우크 생산을 증가시키고 있었다. 이 회사의 새 공동 소유자는 거대한 용기가 파괴되었을 때 새로운 장치의 시운전에 대한 공식적인 공개발표 행사 계획을 포기해야 했다고 알려졌다. 프로젝트 엔지니어들은 세계적 규모를 갖는 4개의 코우크 드럼들을 설계하고 소텝하여 설치한 다음 사전 조업준비를 하고 있었다. 이 드럼들 가운데 하나가 물의 쌍둥이 악마인 수증기의 희생자가 되었다. 대량의 수증기가 응축되었고 설계나 조업과정에 하자가 있었으며 용기는 붕괴되었다.

이들 거대한 압력용기들은 높이가 100 ft(30 m)이고 직경이 27 ft(8.2 m)이었으며 본체는 길이가 74 ft(23 m)인 곧은 원통형이었다. 코우크 드럼들은 55 psig(380 kPa)의 내부압력에 견디도록 설계되었다. 코우크 드럼의 상부는 돔 모양이며 하부는 원뿔 모양이었다. 하부 벽의 두께는 약 0.836 in(2.1 cm)이었지만 완전한 진공에 대하여 설계되지는 않았다.

사전조업 준비팀은 50 psig(345 kPa 게이지) 까지의 수증기를 사용하여 장치를 테스트함으로써 시스템의 누출 여부를 체크하였다. 수증기 테스트에 앞서 직경 8 in(20 cm)의 파이프를 미리 설계된 24 in(61 cm) 배출부에 임시로 설치하여 수증기가 대기중으로 방출되도록 하였다. “A 유닛” 과 “B 유닛” 코우크 드럼은 대기중으로의 배출관을 공유하고 있었다. 불행히도 파이프 개선의 설계는 수증기가 응축됨에 따라 물을 포집할 수 있는 루프를 형성하였다.

사전조업 준비팀은 먼저 “B” 장치에 수증기를 도입하여 8 in 수증기 배출관을 통하여 배출시켰다. 사고는 약 4일 뒤에 일어났다. 조업자 대기실의 목격자는 억압된 폭발소리와 같은 소리를 들었으며 뒷문 밖으로 뛰어나와 화재나 연기가 나오는지를 살펴보았다. 다행히도 화재는 보이지 않았지만 붕괴된 코우크 드럼은 잘 보였다.

다른 목격자는 코우크 드럼이 중간에서 압착된 알루미늄 맥주캔처럼 쭈그러든것 같다고 말했다. 용기는 설치대 바닥으로부터 찢겨져 나가 폐기처분할 수 없을 만큼 뒤틀려버렸다.

추가로 조사한 결과 사전조업 준비원이 “B 유닛” 으로의 수증기 도입을 차단한 직후에 “A 유닛” 에 수증기가 도입된 것으로 밝혀졌다. “B 유닛” 내의 수증기는 그 장치가 냉각됨에 따라 계속 응축되었으며 추가로 2일 동안 “A 유닛” 에 계속 수증기가 도입되고 있었다. “B 코우크 드럼” 상의 압력 전환기의 범위는 0~60 psig 이었으므로 음의 압력은 나타낼 수 없었다.

증거에 따르면 “A 유닛” 으로의 수증기는 24 in(61 cm) 수직관의 27 ft(8.2 m) 부분을 채운 응축수 공급원이었다. 물 층의 높이는 “B 유닛” 의 내부 온도가 144°F이었다는 사실에 근거하고 있다.

조사팀은 배출관을 개선하여 배출관 내의 포집 가능성을 없애도록 권고하였다. 조사팀은 아울러 코우크 드럼 내에서의 저압조건이 제어실 운전자들에게 경고되도록 저압경보 장치를 구성하여 설치할 것을 권고하였다.

- 작동중에 손상된 거대용기의 교훈

물은 액체에서 기체로 변환될 때에 1570배 만큼 팽창하며 응축될 때에는 1570배로 축소된다는 독특한 능력을 지니고 있다. 이러한 극적인 축소를 가시화하려면 상압에서 수증기로 채워진 대표적인 레일 탱크차가 10이나 11 갤런의 물로 응축될 수 있다고 생각하여 보라[1]. 이 성질들은 위에서 본 바와 같이 파괴적인 진공 손상을 유발할 수 있다. 물에서 수증기로의 폭발적인 팽창은 다음 사례에서 보여 주듯이 재앙에 가까운 사고를 유발시킬 수 있다.

<그림 3-9 정유공장의 붕괴된 코우크 드럼. Kapenieks의 승인하에 전재>

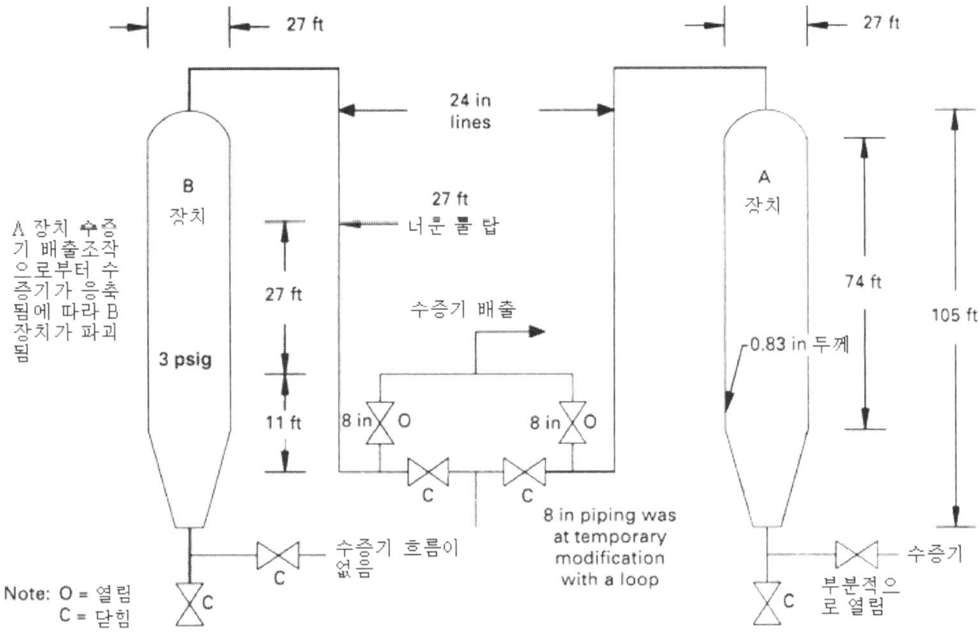

<그림 3-10 코우크 드럼 사고시의 조건>

<그림 3-11 손상된 코우크 드럼의 근접모습-알루미늄 맥주캔처럼 파손됨.
S. O. Kapenieks의 승인하에 전재>

뜨거운 오일이 물 층으로 부어졌을 때 일어난 비극

1991년 3월 3일 오후 11시경 분해 장치에서 폭발과 화재가 발생하였다. 조업자들은 7주 동안의 보수 관리 후에 세계적 규모의 유동층 촉매분해(FCC) 장치를 시운전하고 있었다. 시운전 도중에 가압 용기의 하부에 있는 배출밸브가 부적절하게 닫혀져서 물이 용기 내에 축적하게 되었다. 과열된 오일이 용기 내로 유입되어 물과 혼합되었을 때 수증기 폭발이 일어나 용기를 비극적으로 파괴시켜 버렸다. 오일이 용기로부터 분출되어 인화되었고 화재가 촉매분해 장치를 뒤덮었다. 폭발 후에 공장 조업자들은 관련된 FCC 장치와 두 개의 다른 유사한 장치들을 정유공장에서 고립시켰다. 화재는 오전 1시 30분 경에 저절로 꺼졌다[7].

Marsh 및 McLenan의 *탄화수소 화학산업에서의 대규모 자산 손실 – 30년간의 검토*는 자산 손실이 23백만 달러였으며 사고와 관련된 사업 중단에 따른 손실이 44백만 달러로 추정된다고 보고하였다.

신문기사는 어떤 운전자가 폭발 바로 직전에 "밝은 섬광" 이 그 구역을 막는 것을 보았다고 썼다. 이 기사는 아울러 "그 폭발로 South Lake Charles의 넓은 부분에 걸쳐 창문들이 덜컹거렸으며 화재로 인하여 유황공장 주위로 몇 마일에 걸쳐 하늘이 빛났다" 고 말하고 있다[8]. 이 사고에서 비극적으로 6명의 조업자들이 희생되었으며 8명이 상해를 입었다.

OSHA는 이 사고를 조사하고 1992년 5월까지는 공정안전운영(PSM) 법이 다른 산업에 적용되지 않았음에도 불구하고 이 회사에 PSM 기준들을 적용하였다. 약 820만 달러의 초기 OSHA 벌금은 안전위반에 대하여 580만 달러로 감소되었다. 회사의 뒤틀린 감정은 대변인의 다음과 같은 언급에 나타나 있었다: "우리는 여전히 신음하고 있다는 것을 이해해야 한다. 지금은 앞으로 나아갈 시기이므로 회사는 소송하기보다는 합의하기 위해 결단을 내렸다." [9]

합의에는 회사의 모든 유사 설비들에 대한 공정안전운영 프로그램의 개발과 산업안전훈련 프로그램을 위해 OSHA에 $200,000을 제공하는 것이 포함되었다. 그 당시 580만 달러의 벌금은 OSHA의 20년 역사상 가장 큰 금액이었다. 이는 또한 1990년 11월 미 의회에서 인준된 최대 공공 벌과금의 7배 증가법에 따라 계산된 최초의 주요 합의였다. OSHA는 그 정유회사에 일곱 가지의 위반사항을 열거하였다. 이 가운데 몇 가지들은 응급대응과정과 훈련에 대한 것들이며 다른 것들은 가압밸브 검사 훈련, 물리적 조건, 그리고 기록된 위험교환프로그램들이었다[9].

1991년 7월 초 지역신문들은 용기파괴구조에 대한 자세한 설명을 제시하였다. 재앙적으로 파괴된 대형의 수직 가압용기는 F-7 슬러리 드럼으로 불리워졌으며 그 기능은 무거운 오일과 촉매 분진을 분리하는 것이었다. 신문에서는 매 3년마다 한 번씩 3개의 분해장치를 주기적으로 정비 점검하는 스케쥴을 운영하고 있다고 설명하였다. 나아가 정비 도중에 촉매분해 장치는 조업이 중단되고 오일은 제거되며 모든 장치는 세척되고 점검된 다음에 운전에 적합하도록 다시 정비된다. 촉매 분해기의 정상적인 시운전 시간은 대략 48시간 정도이다[10].

몇 개의 지역신문 기사들에서는 시운전 중에 오일의 도입에 앞서 시스템에 있는 공기를 제거하기 위해 수증기가 이용되었다고 설명하였다. 시운전 초기에 장치의 온도는 수증기 일부를 물로 응축시키기에 충분할 정도로 차가웠다. 물(수증기 응축액)은 E-1 정류기로 모아진 다음 장치의 다른 부분인 F-7 드럼으로 이송된다. 정상적인 시운전 과정에 따르면 조업자는 뜨거운 오일이 도입되기 전에 F-7 드럼으로부터 물을 모두 제거해야 한다.

<그림 3-12 폭발 후 까맣게 된 다층 촉매분해 장치>

✓정유공장의 부사장은 각 종업원과 지역 신문들에게 편지를 보냈다. **한 신문은 부사장의 언급을 다음과 같이 인용하고 있다 :**

> 3월 3일 어느 시간동안 차단밸브...닫힘 위치에 있었으며 이는 물이 배출되는 것을 막았다. 오일이 반응기로 흐르기 시작함에 따라 E-1 정류기는 정상적은 운전수준으로 레벨이 높아졌다. 차단밸브가 나중에 열려서 F-7의 아래부분으로부터 흐름이 유도되었을 때...F-7 드럼의 바닥에 남아있던 물과 접촉하게 되었다...이 물은 순식간에 수증기로 전환되었다. 물의 수증기로의 거대하고 신속한 부피팽창은 F-7 드럼의 폭발적인 균열을 초래하였으며 뜨거운 오일을 유출시켜 점화되게 하였다. 드럼에는 적절히 작동되는 압력배출 밸브가 설치되어 있었지만 다른 압력배출 장치는 폭발 시점에 F-7 드럼 내에 갑자기 생성된 압력을 전혀 배출시킬 수 없었다[11].

일반인의 생각으로는 이와 같은 비극은 수년 동안의 우수한 운전성과를 지워버릴 것이다 – 여기에서는 검지되지 않은 물 위로 유도된 과열 오일 하나가 주도했다. 언론에 공개한 발언 가운데에서 부사장은 "이는 Lake Charles 정유공장에서 48년의 운전 동안에 이러한 형태로서는 최초의 사고이다." 라고 말했다[10].

– 수증기 폭발의 교훈

수증기 폭발에 대한 많은 다른 보고들은 감추어진 물 층 위로 뜨거운 오일을 무의식적으로 부은 것을 수반한다. 많은 유기 화학물질들은 액체로부터 상압의 기체로 증발되는 경우 200~300 배만큼 팽창하지만 물은 상압조건의 수증기로 될 경우 1570배만큼 팽창한다는 점에서 물은 독특하다. 이러한 팽창과 응축 성질들로 인하여 물은 수증기 보일러, 증기기관, 그리고 증기터빈에 대한 이상적인 유체이다. 그러나 동일한 성질들로 인하여 장치가 파괴되고 명성과 생명이 손상될 수 있다.

✓*정유공장 공정장치에서의 물의 위험*으로부터 **인용**하는 것으로 이 장을 끝맺는 것이 적절한 것으로 여겨진다 :

> 공정장치에서의 물의 위험은 정유의 모든 역사에 걸쳐 존재해 왔다. 물과 뜨거운 오일의 제어되지 않은 혼합이나 압력배출이 없이 통 안에 든 액체를 가열함으로써 많은 사람들이 다치거나 희생되었다. 정류기들이 균열되었고 용기들이 폭발하였으며 교환기들이 떨어져 나갔다...물이 어떻게 반응하고 어디에서 그 반응이 기대되며 이를 어떻게 없애거나 제어하는가에 대한 지식은 여러분의 장치와 직업을 보다 안전하게 해 줄 것이다[1].

<참고문헌>

1. Standard Oil Company, Hazards of Water in Refinery Process Systems, Chicago, Ill., 1960.
2. BP HSE Shared Resources, "Sharing the Experience" Booklets 2003, available from Frederic Gl, BP HSE Shared Resource B 122, Chertsey Road, Sunbury-on-Thames, TW 16 7LN, UK. E-mail gilf@bp.com.
3. Woods, Glynn E., P. E., and Roy B. Baguley, P, E., "Process Piping," Practical Guide Book Series^{TM} vol. 3, Edmonton, Canada: CASTI Publishing Inc. 1996, p. 4.
4. Institution of Chemical Engineers, Over-and Under-Pressuring of Vessels, Hazards (Workshop Module 001), Rugby, U.K. 1987 (available as a training kit with 34 35mm slides, booklets, guides, etc.).
5. Sanders, Roy E., "Don't Become Another Victim of Vacuum," Chemical Engineering Progress 89 no. 9, Sept. 1993:pp. 54-57.
6. Institution of Chemical Engineers, "Articles and Case Histories from Process Industries throughout the World," Loss Prevention Bulletin 78, Rugby, U.K., 1987: pp. 26-27.
7. Mahoney, David, Editor, Large Property Damage Losses in the Hydrocarbon-Chemical Industries-A Thirty-Year Review, 16th ed., New York: Marsh & McLennan Protection, 1995, p. 10.
8. Lake Charles American Press, Lake Charles, La., Mar. 4, 1991.
9. Ibid., Aug. 30, 1991.
10. Ibid., July 4, 1991.
11. Westlake/Moss Bluff News, Sulphur, La., July 10, 1991.

4장 정비점검을 위한 준비

정비점검을 준비할 때의 몇 가지 문제들

대표적인 세계적 규모의 산업용품 제조 화학회사에서 정비점검에 소요되는 연간 비용은 자산대체 비용의 3~6 % 정도이다. 많은 중요한 점검활동은 연속적으로 운전되는 화학공장의 조업중단을 거의 필요로 하지 않는다. 동상적으로 이루어지는 매일매일의 점검활동에는 여분의 펌프나 압축기를 분리시키고 세척한 후에 수리하는 것과 완전히 떼어놓은 여과기의 정밀점검이나 페인트 작업이 포함된다.

그러나 점검활동을 위한 다른 준비작업은 무해한 것처럼 보일지라도 장치를 손상시키거나 망가뜨릴 수 있으며 상해를 입힐 수 있다. Trevor Kletz는 종종 점검의 준비작업에 따르는 문제들을 논의해 왔다.

✓최근에 Kletz는 다음과 같이 쓰고 있다 :

> 점검은 사고의 주된 원천으로서 점점 자체라기보다는 점검을 위한 장치의 준비에 기인한다. 때로는 과정들이 부적절하며 때로는 과정들이 만족스럽긴 하지만 그대로 시행되지 않는다. 특히:
>
> - 수리할 장치가 압력과 같은 위험 요소로부터 격리되지 않을 수도 있다...
> - 대상 장치가 어떤 것인지 규명되지 않아서 엉뚱한 장치를 뜯고...
> - 장치로부터 위험한 물질이 제거되지 않고 장치가 비었음을 확인하지 않을 수 있다.
> - 점검 작업자들은 잔류 위험물들에 대하여 경고를 받지 않았거나 어떤 주의를 취해야 할지 조언받지 못했다: 혹은 그들은 조언을 받은 후에도 주의를 취하지 않았다...[1]

이 장은 점검을 위한 준비를 위해 수행된 시스템 개선의 보기들을 다루고 있다. 각각의 슬기롭지 못한 개선들은 장치의 손상을 초래하였다. 이 사고들은 격리, 보호, 세척을 위한 간단한 변경들이었으며 선택된 방법들이 문제들을 야기시켰다. 어떤 경우에서는 장치들이 설계상의 허용한계 이상의 압력이나 부분진공에 노출되었다.

문제를 "피하기" 위해 물이 채워진 드럼으로 연결된 탱크 배출관

가연성 액체를 담고 있는 높이 25 ft(8 m)의 탱크 안에 있는 직경 10 ft(3 m)의 상압탱크 뚜껑 근처에서 용접을 할 필요가 있었다. 세심한 감독자는 만일 용접 도중에 탱크로 알코올이 이송된다면 화재위험이 있을 것이라고 걱정하였다. 그 감독관은 기러기 목 모양의 상부 배출구로부터의 가연성 증기가 배출된다면 바로 인근에서 연소와 용점을 필요로 하는 정비중에는 너무 위험이 크다고 믿었다[2].

물이 이러한 알코올 증기를 쉽게 흡수할 수 있음을 안 감독자는 호스가 상부 배출구에 연결되도록 하였다. 그 호스는 증기를 "안전하게" 물 드럼으로 유도시켰다. **그림 4-1**은 중요한 요소들을 보여주고 있다. 용접작업이 진행되고 있는 중에 탱크로부터 "안전 장치가 갖추어진" 배출구를 통하여 유체가 이송되기 시작하였다. 비록 손해는 사소한 것이었지만 탱크 상부가 부분적으로 붕괴되었다.

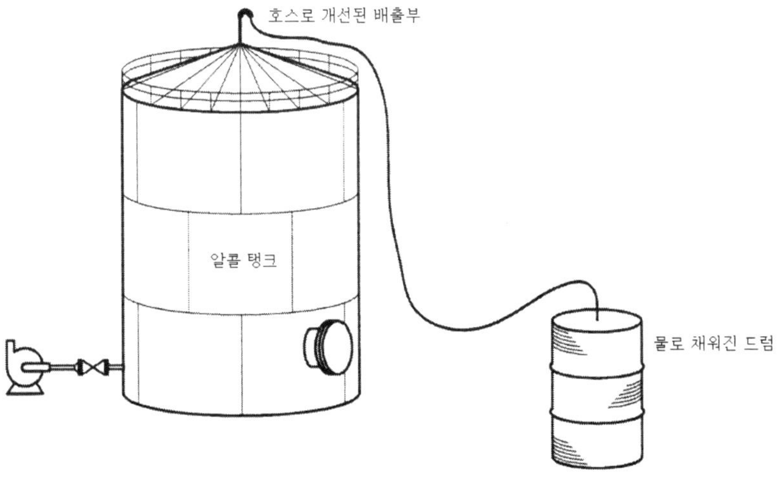

<그림 4-1 호스를 이용하여 문제를 피하려던 것이 대신 문제를 발생시킴. 도면은 Manuel David의 승인하에 전재. 개념은 Trevor Kletz의 승인하에 전재>

감독자는 이러한 표준적인 저압탱크의 허약한 성질을 몰랐다. 많은 저압탱크들은 겨우 물을 기준으로 8이나 10 in(2~2.5 kPa 게이지)의 압력과 역시 물을 기준으로 3이나 4 in(3/4 kPa 게이지)의 진공으로 설계되어 있다. 호스를 사용하여 시스템을 개선한 것은 즉각적인 알코올 증기의 용해문제를 제시시켰지만 물을 포함하는 드럼으로 유도된 호스의 존재는 탱크가 설계 설정치 범위를 넘어서는 압력과 진공으로 손상을 입을 수 있는 상황을 초래하였다.

- 저장탱크의 강도에 대한 교훈

참고로 대표적인 건강한 사람의 폐는 물을 기준으로 50 in 이상(12.5 kPa 게이지)의 압력을 발생시킬 수 있다. 폐가 대표적인 10 in 수압(2.5 kPa 게이지)의 저압 저장탱크로 공급할 수 있는 압력을 비교하여 보자. 표준적인 중간크기의 파티용 풍선은 부풀리는 데에 약 25~30 in의 수압(6.3~7.5 kPa 게이지)을 필요로 한다. 그러므로 만일 풍선을 부풀릴 수 있다면 고립된 상압탱크를 폐로 손상시킬 수 있다(이는 극히 끈기가 있을 때 가능하다). 이에서는 숨을 내쉬는 것보다 공기가 더 빠르게 유출되지 않는 것으로 가정한다. 제 2장에서 언급했던 바와 같이 화학공학회(영국)는 탱크의 연약한 성질을 보여주는 우수한 훈련용 도구를 제공하고 있다. **그림** 4-2는 그 훈련용 도구에 포함된 슬라이드들 가운데 하나로서 새로 수정된 것이다.

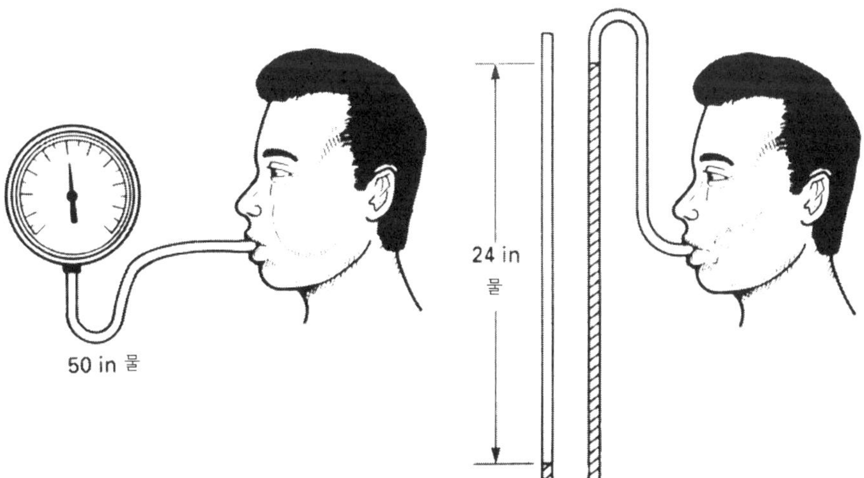

<그림 4-2 인간의 대표적인 폐활량>

정비점검을 위한 소금물 슬러지 용해 시스템의 설치

어떤 화학공장에서는 직렬로 연결된 3개의 유리섬유 용기들에서 무기 슬러리 고체를 용해시켰다. 대부분의 종업원들은 이 구역이 이 화학공장에서 해가 없는 구역 가운데 하나인 것으로 알고 있었다. 이 구역에서는 탄산칼슘 및 탄산마그네슘과 같은 용해되지 않는 염들로 포화된 상대적으로 차가운 염화나트륨(식용 소금) 용액이 처리되고 있었다. 슬러리에는 약 30%의 탄산칼슘이 포함되어 있었다. 용해되지 않는 탄산염들은 두 개의 교반용기에서 염산으로 처리되어 반응에 의하여 이산화탄소를 방출하고 가용성 염을 형성시킨다.

✓반응은 다음과 같은 간단한 반응이다 :

$$CaCO_3 + 2HCl \rightarrow CaCl_2 + H_2O + CO_2\uparrow$$

용해 시스템이 정비를 기다리는 동안 나머지 장치는 계속 풀가동되고 있었다. 화학공정 운전자는 2~3시간 동안의 운전정지 시간 동안에 슬러리가 축적됨에 따라 웅덩이 내의 가용 공간에 대하여 관심을 가지고 있었다. 운전자는 운전정지 약 1시간 반 전에 용해 시스템으로의 슬러리 유량을 급격하게 증가시켰다. 그러나 그는 그 시간동안에 시스템으로 도입되는 산의 유량만을 약간 증가시킨 셈이었다. 기본적인 공정은 **그림 4-3**에 보인 바와 같다.

필요한 정비는 간단했다. 정비원은 제 2번 고체용해 탱크 교반기의 기어박스 오일을 교체하고 몇 개의 슬러리 밸브들을 바꾸도록 되어 있었다. 정비준비를 위하여 운전이 정지되고 슬러리 펌프와 제 2번 용해탱크 교반기를 잡아내었다. 실수로 약산의 유량은 약 두 시간 동안 일정하게 유지된 채로 제 1번 용해탱크로 유입되었으며 제 2번 고체용해 탱크로 넘쳐흘렀다.

정비가 끝났을 때(두 시간이 소요됨) 조업자는 계단을 올라가 제 2번 고체용해 탱크 교반기를 복원시켰다. 순간적으로 그는 울리는 소리를 들었고 약산 용액은 제 2번 고체용해 탱크로부터 분출하여 공기중으로 30 ft(9 m) 높이까지 치솟았다. 이러한 과압은 두 개의 유리섬유 탱크를 손상시켰으며 제 2번 고체용해 탱크의 균열된 3개의 노즐들을 수리해야 했다. 펌프 탱크에 대한 손상은 더욱 심했다: 20 in(50 cm) 보도 노즐과 이에 딸린 블라인드 플랜지가 날아갔으며 4 in(10 cm) 배출 노즐과 스택이 더 작은 탱크로부터 분리되었다.

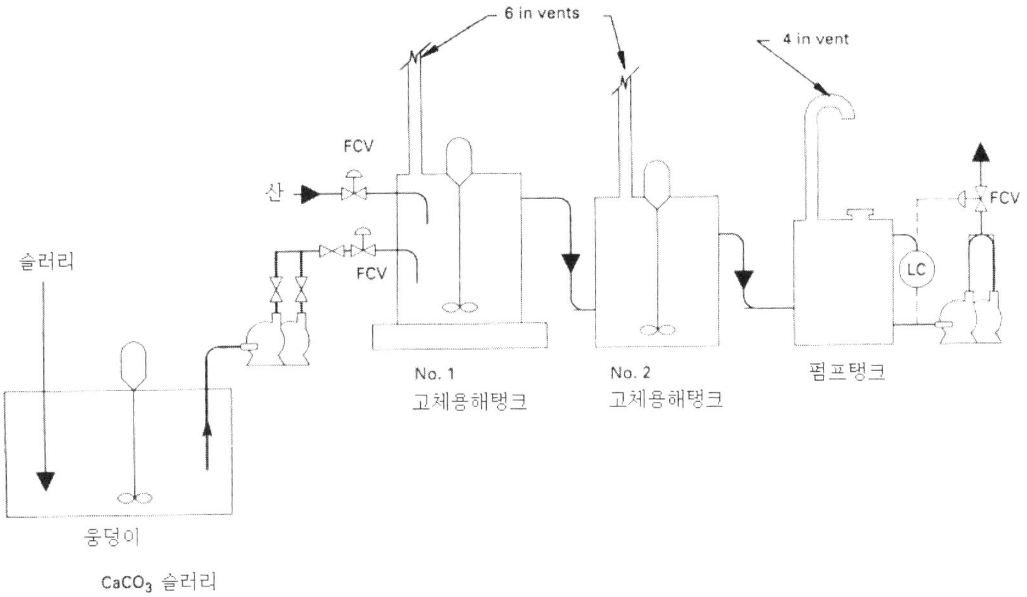

<그림 4-3 슬러리-용해 시스템. J. M. Jarnagin의 승인하에 전재>

소금물 시스템에서 일어난 일

동일한 화학공장의 다른 장치로부터 파이프를 통하여 염산이 공급되고 있었다. 이 염산은 다량의 가연성 액체를 제조하는 공정의 부산물이었다. 감독자는 조업자에게 즉시 산 샘플을 수집하고 이를 주실험실에 보내어 가연성 물질을 분석하도록 하였다. 실험실의 분석결과 가연성 화학물질은 검출되지 않았다.

조사팀은 유출액 pH, 산 유량 변화, 그리고 슬러리 유량변화 차트들을 검토하였다. 조사팀은 운전정지에 앞서 100 파운드(45 kg) 이상의 칼슘탄산염이 제 2번 고체용해 탱크에 축적되었을 것으로 결론지었다. 그들은 산이 계속 시스템으로 흘러 들었고 2시간의 운전정지 중에 시스템의 산 농도는 계속 증가하였다고 파악하였다. 유출 pH 기록계에 따르면 정지된 교반기를 재가동시키기에 앞서 pH는 2.0 보다 아래로 떨어졌다.

운전자가 교반기 가동 버튼을 눌렀을 때 강산과 미세하게 나누어진 칼슘탄산염은 순간적으로 반응하여 식염수로 거의 채워진 비교적 작은 탱크 내에서 400 ft^3 (11.3 m^3)의 이산화탄소가 발생되어 방출되었다.

- 후속 조처

조사팀은 설비와 운전과정 모두의 변경을 권고하였다. 이들은 각 탱크의 배출 스택의 직경을 6 in(15 cm)로부터 10 in(25 cm)로 증가시킬 것을 권고하였다. 이는 배출부 단면적이 약 300% 증가되는 셈이다; 그들은 이전의 과정에 따른다면 이는 충분하지 않지만 새로 고안한 과정에 대해서는 충분히 크다는 것을 알았다. pH 검출 시스템에 개선이 이루어졌다. 교반기 가동버튼은 상부 플랫폼으로부터 지면 수준으로 다시 위치시켰다.

감독자는 새 과정을 교육시켰다. 슬러리 원료 펌프가 정지되면 새 과정에서는 운전자가 그 이후 30분 동안 교반과 산 유출을 계속도록 되어있다. 운전 시작시에는 슬러리 펌프를 가동시키기 전에 교반기와 산 공급을 회복시킨다. 이러한 단계들은 모두 검출되지 않는 칼슘탄산염 층이 존재할 가능성을 없애기 위해 고안된 것이다.

아이스크림 공장에서 밸브 교체 준비중에 일어난 폭발

식품처리 분야는 화학공장에서 일하는 것에 비해 대중들이 "훨씬 더 안전한" 직장으로 여기고 있다는 것은 의심의 여지가 없다. 그러나 미국 국립안전위원회에 따르면 최근 식품산업에서 기록 가능한 총 사고 비율은 화학산업보다 대략 3~5배 더 높다. 치명적인 사고 빈도수의 경우 식품산업과 화학산업은 최근 들어 비슷한 비율을 보여 왔다[4]. 다음 사고는 아이스크림 제조설비 안에서 발생하였지만 대규모 냉동 시스템이 있는 어떤 산업에서도 일어날 수 있었던 사고이다.

어떤 아이스크림 공장 지배인이 오일 트랩의 누출되는 배출밸브를 교체하고자 냉동 시스템을 다루는 순간 사망하였다. 희생자는 장기간 근속자였으며 암모니아 냉동 시스템의 사용에 경험이 있었다. 증거에 따르면 지배인의 사전 조처가 액체로 채워진 시스템의 열적, 혹은 수력학적 팽창을 초래하였다. 그의 조처는 5 ft^3(140 리터)의 암모니아를 포함하는 암모니아 증발기를 파열시키기에 충분할 정도의 극대압력을 생성시켰다[5].

그 지역의 소방서 조사에 따르면 과압 파열이 발생하였을 때 시스템으로부터 배출된 작은 양의 윤활유를 따라 빠르게 방출된 무수 암모니아가 동시적인 연소 폭발의 연료가 되었음이 밝혀졌다. 이론상 냉동 시스템에서의 전기 아크가 발화요인이었던 것으로 상정되었다. 과압 파열과 연소폭발로 $250,000(미국, 1980)의 비용손실이 발생되었다. 폭발로 인하여 한 명이 사망하고 두 종업원들이 상해를 입었으며 폭발구역의 기계적 시스템들이 파괴되고 전면의 사무실들이 파손되었다.

주 경찰 보고서는 증발기의 모든 밸브들을 닫았고 소방 책임자는 기계 아래에서 수증기를 내보내고 있는 수증기 호스를 발견했다고 보고한 냉동 정비원을 인용하고 있다. 그 정비원은 이전에 수증기가 밸브 주위에 쌓인 얼음을 녹이고 오일의 방출을 더 쉽게 해 주기 위하여 기계 안의 오일을 데우는 데에 사용되는 것을 보았었다[5].

구역 공학 검사 보고서는 기계가 완전히 고립되었으며 암모니아 시스템은 안전밸브나 어떤 형태의 압력방출 장치로도 보호되어 있지 않았음을 확인하였다. 사고의 원인은 배출밸브의 얼음을 녹이거나 시스템의 배출을 돕기 위한 장치 아래의 수증기 호스의 존재였다. 이 조사 보고서는 이러한 조처가 고의적이었는지, 혹은 우연이었는지의 여부를 결정할 수 없었다[5].

- 액체로 채워진 파이프 가열의 교훈

액체로 채워진 공정 파이프를 팽창을 위한 증기 공간이 없이 쉽게 막히게 할 수 있다. 액체 암모니아, 액체 염소, 액체 프로판, 액체 염화비닐, 그리고 벤젠들을 포함하는 많은 유체들은 부적절하게 고립된다면 밤과 낮의 온도변화에 따라 제곱인치당 수백 파운드(수 기압 정도)의 압력을 유발시킬 수 있다. 액체는 그의 물성치에 따라 팽창하려고 하지만 증가하는 온도에 따라 눈에 띄게 늘어나지 않는 파이프나 용기에 의하여 밀폐됨으로써 그러한 팽창이 방해를 받는다.

조업 감독자들은 파이프에서의 가연성, 독성, 혹은 환경적으로 민감한 유체를 적절히 고립시키는 과정을 제공하여야 한다. 대표적으로 이 과정들은 적절한 과압 장치로 보완되어야 한다. 갇힌 유체가 고도로 가연성이며 독성이 크거나 해로운 것이라면 대기중으로 유도되는 안전배출 밸브나 표준적인 파열 디스크를 이용할 수 없다. 그러한 고도로 위험한 물질들은 배출부가 서지 탱크, 플레어, 혹은 다른 안전한 곳으로 유도되어 있다면 표준적인 파열 디스크나 안전밸브로 보호될 수 있다.

배출장치 배출부를 서지 탱크, 플레어, 흡수기, 혹은 다른 안전한 곳으로 유도하는 것이 매우 비실제적인 경우에 있어서는 설계자는 Chlorine Institute 사에서 파이프 손상의 방지를 위해 제안한 것과 같은 팽창병 시스템을 고려해 보아야 한다. 적절하게 고안되고 설치되고 관리된 팽창병은 아이스크림 지배인의 생명을 구할 수 있었을 것이다(**그림** 4-4 및 4-5 참조).

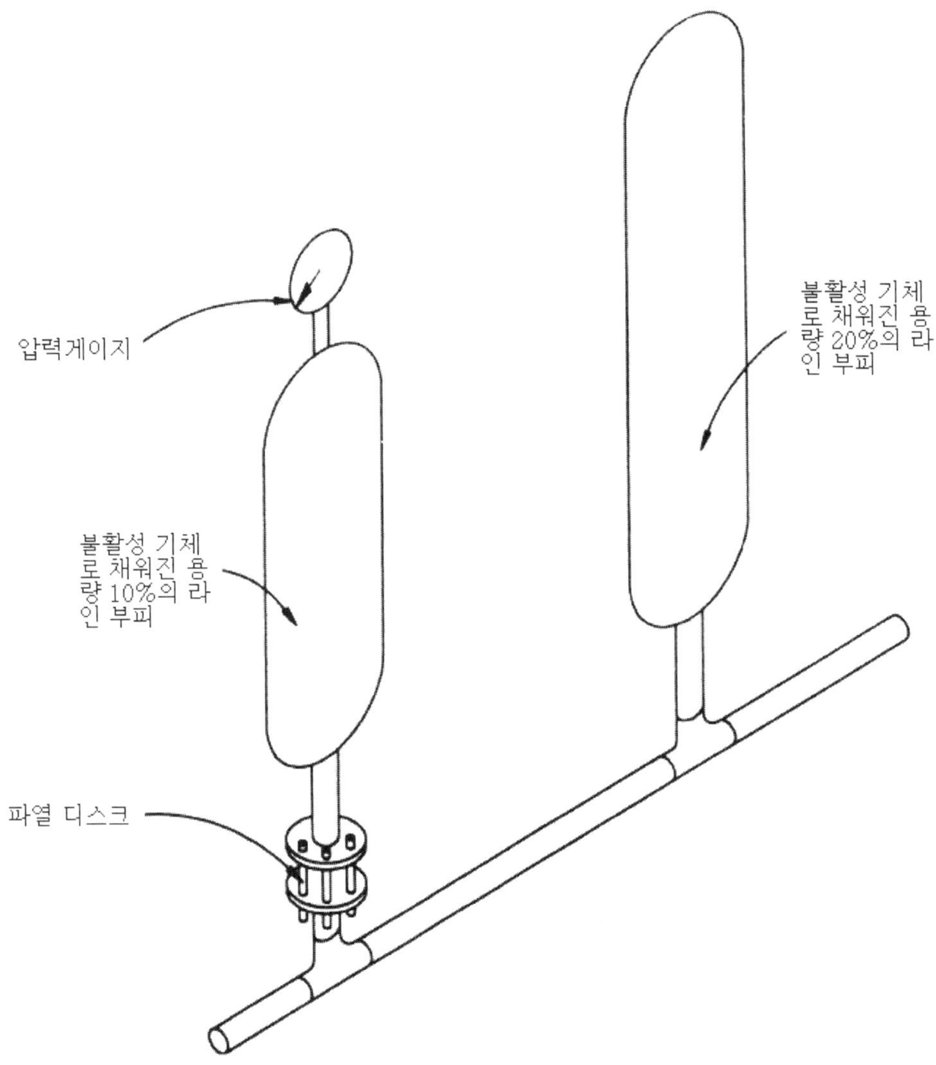

<그림 4-4 액체염소 파이프 보호를 위한 팽창실. Chlorine Institute, Inc.의 승인하에 전재>

<그림 4-5 염소팽창용기의 압력 게이지를 살펴보고 있는 엔지니어>

✓앞 장에서 우리는 **물로 채워진 막힌 파이프에서 물이 70°F(21℃)와 상압(0 psi, 혹은 0 kPa)으로부터 가열되는 경우의 물의 거동에 대하여 논의하였다 :**

- 120°F(49℃)로 가열되면 압력은 2500 psi(17,240 kPa)에 이르게 될 것인데 이는 대부분의 정유공장 파이프 시스템들의 설계압력을 초과하는 값이다.
- 170°F(77℃)까지 더 가열되면 압력은 7,000 psi(48,270 kPa)에 도달하고
- 물의 정상적인 비등점 이상, 혹은 220°F(104℃) 이상으로 더 가열되면 열적 팽창에 의하여 압력은 극도로 파괴적인 13,750 psi(94,800 kPa)로 증가하게 될 것이다.

정유공정 시스템에서의 물의 위험[6]은 물의 온도의 증가에 따른 증기 공간의 유리한 점들을 예시하고 있다. 물이 증기 공간이 갖추어진 파이프 시스템에 갇혀 있으며 나중에 가열된다면 압력은 압축으로 인하여 매우 작아질 때까지, 혹은 공기가 물에 용해됨으로 인하여 소멸될 때까지 더욱 천천히 상승한다. 만일 간단한 물 파이프가 70°F(21℃)와 상압(0 psi, 혹은 0 kPa)에서 11.5 % 공기의 증기 공간을 가지고 있는 경우 이 파이프가 350°F(177℃)까지 가열된다면 압력은 285 psi(1954 kPa)까지 상승할 것이며 증기 공간은 단지 1.2 %만 남아있을 것이다. 증기 공간이 거의 0 %까지 압축됨에 따라 다음 20°F에서 압력은 치솟게 될 것이다.

증기 공간의 유리한 점은 매우 극적이다. 증기 공간이 없이 닫힌 시스템에서 가열된 물의 보기들은 압력 배출 장치로 보호되지 않은 거의 모든 장치를 파열시키기에 충분할 정도의 위험한 고압을 잘 드러내 주고 있다.

밸브 점검 준비중의 비극

큰 정유공장에서 밸브 점검을 위해 조업 준비를 하던 중 치명적인 폭발과 큰 화재가 발생하였다. 이 정유공장은 두 개의 구형 탱크들에 휘발성의 가연성 유체(비등점이 11°F, 혹은 −12℃인 이소부탄)를 저장하고 있었다. 라인의 운전압력은 약 50 psig(345 kPa 게이지) 정도였으며 지하에 있는 이 시스템의 밸브들 가운데 하나가 열려진 구덩이에 있었다[9].

정유공장 조업자는 구덩이에서 10 in(25 cm) 밸브를 덮고 있는 물 속의 거품들을 목격하였다. 그 조업자는 라인을 제 1번 유닛으로부터의 110 psig(760 kPa 게이지) 물 공급으로 씻어냄으로써 지하 파이프라인을 세척하려고 하였다. 조업자가 물이 파이

프라인으로부터 가연성 물질을 씻어내었다고 판단했을 때 그는 제 1번 유닛으로 가는 밸브를 닫고 제 2번 유닛으로 가는 밸브를 열기 시작했다.

제 1번 유닛에 대하여 닫혀진 10 in 밸브에 대한 거의 110 psig(760 kPa) 정도의 높은 물 시스템 압력으로 인하여 덮개가 구덩이 속의 취약해진 밸브를 날아가게 하였고 물의 분출이 야기되었다. 조업자는 물의 분출을 목격하였고 무엇인가가 잘못되었음을 감지하고는 잘못하여 제 2번 유닛으로 가는 밸브를 잠그고 제 1번 유닛으로 가는 밸브를 다시 열었다[9].

덮개가 날아가 버린 상태에서 생긴 파이프 시스템의 커다란 개구부는 여름날 이른 새벽에 제어되지 않는 비극적 유출을 허용하였다. 500 배럴로 추정되는 이소부탄이 유출되었으며 폭발적으로 인화되기 전에 300 ft × 800 ft의 지역에 걸쳐 그 증기가 분산되었다. 결과로 나타난 폭발과 화재로 두 개의 알킬화 장치, 하나의 지연 코우크 유닛, 하나의 열 분해로, 그리고 하나의 촉매 수화 유닛이 파괴되거나 심하게 손상되었다. 두 개의 구형 탱크들이 파손되었고 수많은 원뿔형 지붕의 탱크들이 영향을 입었다[10]. 화재는 두 주일간 계속되었다. 조사팀은 후에 구덩이의 10 in 밸브 근처에서 황산 라인이 새고 있었음을 알았다. 산이 밸브 덮개 볼트에 작용하여 이를 약화시켰던 것이다.

1967년 이 사고는 그때까지 보고된 가장 큰 증기구름 폭발사고인 것으로 여겨졌다. 회사 내변인은 이 사고에 대한 자세한 사항들을 미국 화학공학회 손실방지 심포지엄에서 발표하였다. 1995년 달러 기준으로 자산손실의 인플레이션 지수를 이용하면 총 자산손실은 80.8백만 달러에 이르렀다[10].

– 파이프 시스템의 교훈

전 세계에 걸쳐 부식은 심각한 문제이며 그 영향은 화학공장 내의 파이프, 밸브, 그리고 용기들에 미치고 있음을 종종 관찰할 수 있다. 각 공장은 인원을 훈련시켜 심각한 부식과 외부로부터의 화학적인 공격을 관찰하도록 해야 한다.

종종 공장 사람들은 파이프의 가치를 제대로 인정하지 않는다. 많은 화학공장들의 연륜이 쌓여감에 따라 더 많은 파이프 부식문제들이 발생할 것이다. 파이프를 정규적으로 조사함으로써 직원이 누출과 배출로 놀라지 않도록 하는 것이 필수적이다. 미국석유협회(API)는 파이프 점검의 필요성을 인식하고 이를 API 574 "파이프, 튜브, 밸브, 그리고 접합부의 점검" 에서 다루었다[12].

API 추천 연습 574는 26페이지 안에서 파이프 표준과 허용한계를 설명하고 밸브와 접합부의 실제적인 기본 사항들을 제공하고 있으며 16페이지를 점검의 이유, 점검 도구, 그리고 점검과정을 포함하는 점검에 할애하고 있다. API 574는 부식, 마모, 그리고 다른 형태의 손상에 가장 취약한 파이프 구역을 예측하는 탁월한 관점을 제공하고 있다. 독자는 제 10장에서 파이프 점검에 대한 추가의 논의를 찾아볼 수 있다.

<그림 4-6 파이프 걸개가 부식되고 파이프가 바닥에 떨어짐>

<참고문헌>

1. Kletz, Trevor A., Critical Aspects of safety and Loss Prevention, London: Butterworth, 1990, p. 212.
2. Institution of Chemical Engineers, "Over and under-Pressuring of Vessel—Hazard Workshop." Module 001, Rugby, England (available as a training kit with 34 35 mm slides, booklets, a teaching guide, etc.).
3. Institution of Chemical Engineers, Loss Prevention Bulletin: Articles and Case Histories form Process Industries throughout the world, vol. 078, Rugby, U.K., Dec. 1987, pp. 26-27.
4. National safety Council, Work, Injury and Illness Rates 1985, 1986, 1987, 1988 and 1989, Chicago, Ill. 1986-1989, p. 8.
5. Refrigerating Engineers and Technicians Association, "One Man's Death: An Investigative Report," The Technical Report 3 no. 2, July 1990.
6. Standard Oil Company (Indiana), Hazards of water in Refinery Process Systems, Chicago, Ill., 1960, pp.
7. American Petroleum Institute, "Safety in Maintenance," Safety digest of Lessons Learned, sec. 4, 1981, p. 49.
8. Kletz, Trevor A., private communication, Feb. 1981. See also What Went Wrong? Case Histories of Process Plant Disasters, 3d ed. Houston: Gulf Publishing, 1994, pp. 96-97.
9. Vervalin, C. H., ed. Fire Protection Manual—For Hydrocarbon Processing Plants, 2d ed., Houston: Gulf Publishing, 1973, p. 90.
10. Mahoney, David, ed. Large Property damage Losses in the Hydrocarbon-Chemical Industries—A Thirty-Year Review, 16th ed. New York: Marsh and McLennan Protection 1995, p.23.
11. Goforth, C. P., "Foundations of a Loss Control program,"Loss Prevention 4, New York: American Institute of Chemical Engineers, 1969, p, 1.
12. American Petroleum Institute, Inspection of Piping, Tubing, Valves and Fittings, Recommended Practice 574, ed., Washington D.C., June 1990.
13. OSHA, U.S. Department of Labor, Process Safety Management of Highly Hazardous Chemicals: Compliance Guidelines and Recommendations for Process safety Management (Nonmandatory), 29 C.F.R. Part 1910.119, Appendix C, Federal Register, Feb. 24, 1992, p. 6414.

5장

정비점검으로 유발된 사고와 공정 파이프 문제

부적절하거나 불충분한 정비점검은 심각한 대인 사고, 혹은 공정 사고에 이르게 할 수 있다. 간혹 의도는 좋았던 정비점검 활동이 부주의로 인하여 잘 운전되는 공장을 원치 않는 상황에 처해지게 한다. 적절한 검사와 테스트를 수반하는 정비점검 프로그램의 결핍 또한 사고를 유발시킬 수 있다. 이 장에서는 파이프와 관련된 사례들을 강조하면서 이러한 정비점검에 따른 원인들을 검토할 것이다.

정비점검 종사자들은 흔히 부피가 크거나 유량이 큰 유해물질들을 처리하는 장치와 파이프 작업을 수행한다. 정비점검 기술자의 임무는 종종 이전에 유해 물질들을 처리하였으며 알 수 없는 양의 유해 화학 잔류물들을 여전히 지니고 있을 수도 있는 용기들과 파이프 시스템들을 열어보는 것으로 이루어진다. 이러한 핵심적인 보존활동들이 공장 사고에 있어서 중요한 역할을 공유한다고 생각하는 것은 그럴듯하다. Trevor Kletz는 종종 미국 화학공학회에서의 그의 연속교육 강좌에서 그의 산업현장 경험에 비추어 볼 때 정비를 위한 준비와 실제 정비활동은 다른 어떤 단일 원인보다 더 화학공장 사고의 요인이 된다고 말하였다.

대부분의 공장에서 파이프 시스템들은 많은 정비점검을 필요로 하며 파이프 교환이 빈번하게 이루어진다. 대체적으로 (부식, 혹은 유량 증대를 위해 대구경 파이프의 설치를 위한) 파이프 교체, 파이프 경로의 변경, 그리고 파이프 세척을 위한 모험적인 활동들이 이루어진다. 또한 주기적인 블라인드 설치, 그리고 차단밸브, 제어밸브 및 누출 접합부의 교체나 정비활동들이 이루어진다.

이 장에서 다루고 있는 사고들의 상당부분은 파이프 정비문제를 수반하고 있으며 이 장은 파이프 시스템의 열악한 설계와 불량한 정비에 대한 사례들로 끝맺고 있다. 아울러 파이프 재질의 검사, 테스트, 그리고 품질제어의 결핍으로 인한 것으로 보이는 파이프 시스템의 파열들이 언급되고 있다. 몇 가지의 최근 사고들은 OSHA 소환으로 귀결되었으므로 그 소환과정을 간단히 살펴볼 것이다.

직업안전 위생관리국(OSHA)이 OSHA 공정안전운영규제 1910.119를 제안했을 때 입안자들은 정비점검의 중요성을 이해하고 있었다. 이 규제는 고도로 위험한 화학물질을 처리하는 설비에 14 항목의 공정안전운영 프로그램을 설치할 것을 요구하고 있다. 14 요소들 가운데 "뜨거운 작업 승인", "기계적 온전성" (제 10장 참조), 그리고 "하청업자 안전" 의 3개 요소들은 다루어지는 장치들의 정비 프로그램에 직접적인 영향을 미친다.

수력 테스트를 통과한 수리된 재비기가 후에 일으킨 화재

가열로 코일이 유동하는 가연성 오일을 가열시키면 가열된 오일은 교란되며 4개 열교환기들(재비기들)(**그림** 5-1 참조)의 겉면을 통하여 유도된다. 4개 열교환기들 가운데 한 개가 상당한 정비를 필요로 하여 운전이 정지되었다. 잘못된 열교환기에 대한 수리가 진행되고 있는 동안 시스템 펌프는 다른 3개 재비기들을 통하여 약 460°F (240℃)의 뜨거운 열전달 오일을 계속 순환시키고 있었다[2].

정비된 재비기는 정상적인 수직위치로 설치되었으며 운전자들은 정비 후에 그 장치에 대한 수력 테스트를 수행하기로 하였다. 재비기의 기계적 온전성은 간단한 수력 테스트로 확인될 수 있다. 수력 테스트 압력이 유지되고 누출이 없음을 확인한 후에 운전자들은 겉면으로부터 수력 테스트에 사용되었던 물을 배출시켰다. 불행히도 하부의 배출밸브 노즐은 장치의 바닥에 설치되어 있지 않았으며 이에 따라 약 8 in(21 cm)의 물이 배출되지 않고 안에 갇혀 있었다.

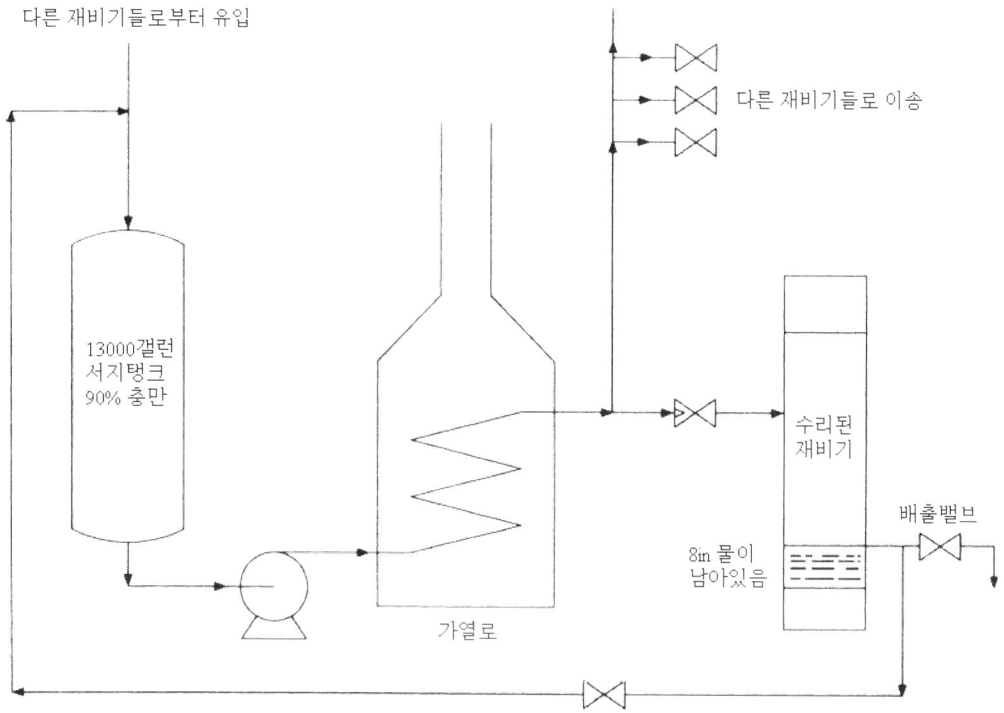

<그림 5-1 수력테스트에서 검지되지 않고 남아있던 물이 폭발적으로 증발하여 서지탱크를 파일시킴. Trevor A. Kletz의 승인하에 전재>

정비된 4번째 열교환기가 다시 가동되었을 때 뜨거운 오일은 갇혀진 물을 서지 탱크로 몰아갔으며 그곳에서 물은 순간적으로 증발되었다. 이러한 폭발적으로 생성된 수증기는 서지 탱크 지붕을 한 조각으로 날려 버렸다; 서지 탱크의 파열 압력은 450 psig(3100 kPa 게이지)였다. 이러한 폭발은 미세한 액적 모양의 구름을 생성하였으며 이는 즉시 인화되어 직경 400 ft(120 m)의 불덩어리를 형성하였다[2].

많은 사람들은 물이 수증기로 증발할 때 일어나는 막대한 부피 증가를 인식하지 못하고 있다. 화학공학회에 의하여 개발된 위험물 워크숍 모듈 1은 이러한 부피의 거대한 증가를 아주 간단하게 예시하여 주는 슬라이드를 포함하고 있다(**그림** 5-2 참조). 물 및 수증기와 관련된 몇 가지 문제들이 제 3장에서 심도있게 논의되었다.

<그림 5-2 맥주잔을 든 남자. 화학공학회의 승인하에 전재>

가연성 가스 테스트를 통과한 후 용접수리 중의 탱크의 폭발

Trevor Kletz의 *화학공학 통념의 실상*은 화학공장 운전자들이 때로는 통념의 제약에 대한 의구심이 없이 받아들여야 하는 91가지 주장을 열거하고 있는 이해하기 쉬운 책이다[3]. 그는 제 9번 통념으로서 "가연성 물질의 기화점이 높으면 안전하며 폭발하지 않을 것이다" 라는 주장을 들고 있다. 대개 이러한 통념들은 약간의 진실을 포함하고 있으며 때로는 정확도가 의심스러움에도 불구하고 그러한 통념들은 복음처럼 받아들여지고 있다. 이를 믿지 말라! 기화점이 높은 가연성 액체는 위험할 수 있다. 기화점이 약 255°F(124℃) 정도로 높은 열전달 오일은 이 책의 세 가지 서로 다른 사례들에 대한 요인이었다. 그렇다. 기화점이 높은 물질이 그 기화점보다 상당히 아래 온도로 유지되기만 한다면 기화점이 높은 물질의 처리는 기화점이 낮은 액체의 처리보다 상당히 더 안전할 수 있다. 연료유, 열전달 오일, 혹은 다른 고비등점 가연성 액체와 같은 기화점이 높은 액체가 일단 그 기화점 이상으로 가열되기만 하면 가솔린과 같은 다른 가연성 액체와 유사하게 위험해진다.

에어로졸이나 기화점이 높은 가연성 물질의 미세한 액적들에서도 추가적인 위험한 조건이 발생될 수 있다. 가연성 액체의 액적들은 쉽게 폭발할 수 있다. 액적들 내의 유체가 그의 기화점보다 낮은 온도에 있다 할지라도 액적들은 가연성 분진들이 폭발하는 것과 마찬가지로 폭발할 수 있다.

파이프 감개 수리조작에 따른 구형용기로부터의 대량 누출

호주 알토나에 있는 정유공장은 1982년 2월 구형 용기 아래의 3 in(75 mm) 파이프 부분을 교체하기로 하였다. 파이프에서 외부로부터 부식된 부분은 공기로 조작되는 하나의 고립 밸브 바로 아래에 고정되어 있었다[6].

이 작업은 정상적인 정비점검으로 간주되었으며 특별한 위험물이 없었다. 조업자들은 미리 조립된 파이프 대체부분을 수백 톤의 휘발성 가연성 액체가 채워진 구형 용기로 운반하였다. 이 물질의 비등점은 8°F(−13℃)였으며 수 기압의 압력하에 저장되어 있었다[6].

이 파이프 부분은 휘발성 가연성 액체의 출구 역할뿐만 아니라 밸브 작동기를 지지하고 있었으며 레버에 의해 밸브와 연결되어 있었다. 기능공은 레버를 파이프의 부식된 부분과 연결하여 주는 선반을 제거한 다음 파이프를 제거하였다. 합한 무게가 약 45 파운드(20 kg) 정도인 레버와 작동기는 구형용기 바로 아래에 달려 있었으며 밸브로부터 길게 매달려 있었다.

조립된 파이프 감개는 꼭 맞는 크기가 아니었으므로 이를 치우고 공작실로 보내어 사용가능하도록 하게 하였다. 맞지 않는 감개와 함께 공작실로 보내기 전에 기능공과 두 보조원들은 오래된 파이프를 더 멀리 이동시키기로 하였다. 어찌된 일인지 매달려 있던 작동기가 갑자기 밸브 핸들을 열림 위치로 당겼다.

이후의 5시간 동안 670톤(608,000 kg)의 염화비닐이 약 30 psig(2.4 바)의 압력으로 유지되던 구형용기로부터 유출되었다. 배출되는 액체는 자가 냉각된 채로 분출되어 구형용기 위로 쏟아지는 물을 얼렸다. 엔지니어들은 액체 염화비닐이 분당 약 3500 리터(725 gal/min)로 유출된 것으로 파악하였다.

바람이 남쪽으로부터 지속적으로 불어왔지만 풍속은 8~14 노트(16~26km/hr)로 변하였다. 조업자들은 근처의 모든 잠재적인 전기인화 요인들을 찾아 정지시켰다. 다행히도 그 정유공장은 인화를 피할 수 있었다. 제어되지 않은 대량의 유출은 5시간 이상 계속되었다. 이러한 구름이 우연히 점화된다면 심각한 증기구름 폭발과 대형 화재 손실이 발생할 가능성이 있었다[6].

유출 가능성을 방지하기 위해 파이프 감개를 교체하였지만 지나친 정비시도로 670톤의 휘발성 가연성 물질이 날아가 버린 것은 아이러닉하다.

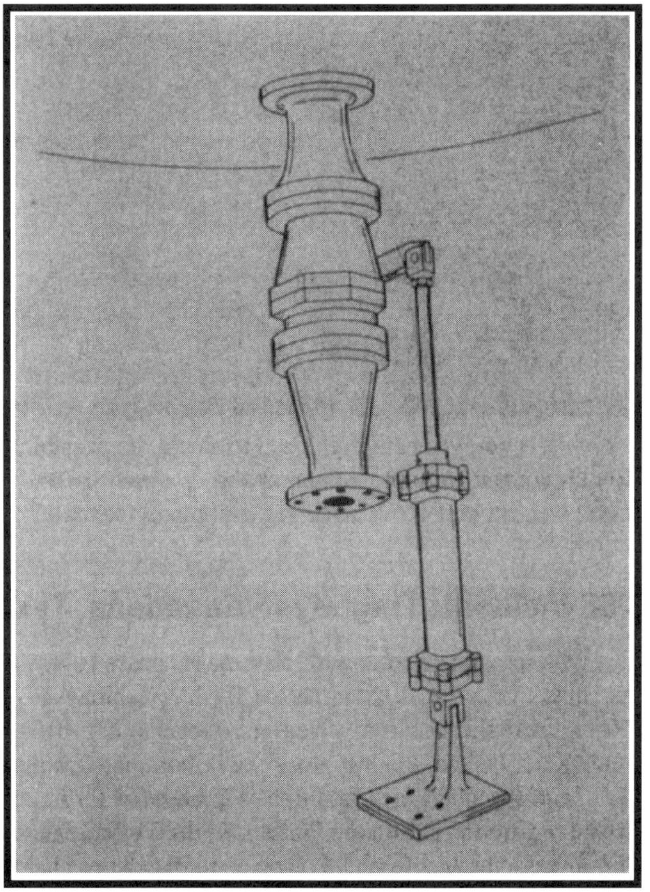

<그림 5-3 구형용기 아래의 수리된 파이프 배열부 도면. 화학공학회의 승인하에 전재>

<그림 5-4 바닥으로 비우지는 구형용기. 화학공학회의 승인하에 전재>

필립스 66 사고: 텍사스주 파사데나의 비극

1989년 10월 23일 대량의 가연성 기체(40톤 이상)(39,000 kg)가 2분도 안 되는 시간동안에 고압으로 운전되는 반응기 루프로부터 유출되었다. 이 재앙은 대량의 가연성 물질을 지지하고 있던 최종 차단밸브 바로 아래의 파이프 시스템에서 정비작업이 진행되고 있을 때 일어났다. 기체구름은 TNT 2.4 톤 및 리히터 규모 3.5의 지진과 맞먹는 위력으로 폭발하였다. 10~15분 후에 두 개의 부탄저장 탱크들이 폭발하였으며 각각의 폭발로 연쇄적인 폭발반응들이 일어났다. 이 비극적인 폭발과 화재로 23명의 조업자들이 사망하고 거의 7억 5천만 달러 규모의 자산이 파괴되었다. 이는 석유화학 산업에서 일어난 한 번의 단일 사업자 자산손실로는 가장 큰 규모이다. 폭발의 파편들이 공장으로부터 6마일 떨어진 곳에서 발견되었다. 구조 빔들은 강력한 화재의 열로 인하여 프레첼처럼 뒤틀려졌으며 16 에이커를 차지하는 두 개의 폴리에틸렌 생산공장이 파괴되었다[7].

고밀도 폴리에틸렌 반응기들은 고압과 고온에서 운전되는 긴 튜브형 반응기들이다. 수직의 긴 반응기들은 높이가 150 ft(46 m)이었으며 침전부의 직경은 8 in(20 cm)였다. 반응기는 약 600 psig(4100 kPa 게이지)와 225°F(106℃) 근처에서 운전되고 있었다.

에틸렌은 이소부탄에 용해된다. 이 에틸렌은 그 자신과 반응하여 폴리에틸렌 입자를 형성하며 이 입자는 용액으로부터 점차적으로 가라앉아 6개 침전부 가운데 하나에 포집된다. 입자들은 DEMCO로 불리는 8 in(21 cm) 주 차단밸브를 통과하여 용기 안에 모아진다. 입자들은 주기적으로 반응기로부터 회수되고 휘발성 물질들이 제거되며 폴리에틸렌은 다른 장치로 이송되어 추가의 처리과정을 거친다. OSHA 보고서에 수록되어 있으며 OSHA의 승인하에 전재된 **그림** 5-7을 참조하라.

OSHA 조사 보고서에 따르면 반응기에서는 6개 침전부 가운데 3개 침전부로부터 고화된 폴리에틸렌 덩이의 제거를 위해 정규적인 정비과정이 수행되고 있었다. 과정에 따르면 8 in 밸브의 고립과 밸브의 조작에 이용되는 압축공기 호스의 제거가 필요하였다[7].

정비 조업자는 침전부를 부분적으로 분리시키고 침전부의 한 부분으로부터 폴리에틸렌 "덩이" 를 추출하려고 하였다. 그러나 "덩이" 의 일부는 8 in 고립밸브 아래의 파이프에 그대로 남겨져 있었다. 목격자들은 어떤 기능공이 제어실에 가서 운전자의 도움을 요청했다고 말했다. 잠시 후에 분리된 침전부로부터 증기가 새어나오는 것이 보였다[7].

<그림 5-5 공중에서 본 필립스 66에서의 그을린 구조물과 파괴현장. 공장상호연구조 합의 승인하에 전재>

<그림 5-6 지면에서 본 필립스 66에서의 그을린 구조물과 파괴현장. 공장상호 연구조합의 승인하에 전재>

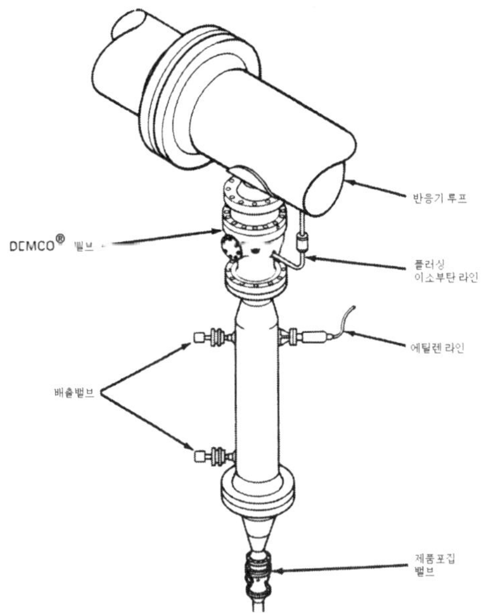

<그림 5-7 반응기 파이프 안정 지연 배열.
미국 노동성의 승인 하에 전재>

폭발 후에 조사자들은 8 in DEMCO 차단밸브가 사고시점에 열려 있었던 것을 확인하였다. 나아가 테스트로부터 압축공기가 반대 위치로 잘못 연결되어 있었음을 알았다. 정비활동중의 이러한 인가되지 않은 단계로 인하여 작동기 스위치가 닫힘 위치에 있을 때 DEMCO 고립밸브가 열릴 수 있었다[7]. 어쨌든 회사의 정비과정이 수정되었고 이러한 비극이 야기되었다.

✓필립스 보고서를 직접 인용하여 보기로 한다 :

> 폴리에틸렌 반응기로부터의 탄화수소의 유출은 3단계의 보호를 제공하도록 고안된 과정을 지키지 않은 결과로 발생된 것이다... 조사팀은 누가 어떤 이유로 과정을 어겼는지를 고려하지 않는다... 손실의 크기와 목격자 정보의 결핍으로 회사는 그러한 결정을 내릴수 없었다... 그 사고는 잘 정립되고 이해된 과정들을 따르지 않았기 때문에 발생되었다. 설계, 조립, 재질의 품질, 그리고 정립된 과정들과 같은 다른 가능성들은 고려되지 않았다[8].

요약하자면 필립스 보고서는 사고가 통상적인 정비절차의 변경에 의하여 일어난 것으로 파악하고 있다.

정비공에 의한 부적절한 밸브 작동기 제거에 따른 대형 화재와 BLEVE 및 5백만 달러 손해

라틴 아메리카의 화학공장에 재앙에 가까운 화재와 일련의 비등액체 팽창기체 폭발(BLEVE)이 일어나서 한 명이 사망하고 500만 달러(1977년 기준)의 직접손실이 발생하였다. 초기의 기체 구름은 정비공이 비점이 7°F(−14℃)인 휘발성 가연성 액체탱크 아래의 액체 배출관으로부터 공압 작동기를 제거하기 시작했을 때 발생하였다.

멕시코 푸에블라 소재 공장에서의 이러한 일련의 사례들은 미국 화학공학회의 승인하에 전재된 것이다. 이 사례는 1996년 *Chemical Engineering Progress*(AIChE)지에 실린 "월요일 아침의 지도: 과거의 사례에 대한 PSM 방법의 적용" 에서 처음으로 소개되었다[9].

바로 인근의 공장에서 작업중인 조업자가 위급상황에서 소방수 분사를 돕고 있던 중에 얻은 화상으로 사망하였다. 초기의 증기 구름이 인화되었을 때 4명이 상당한 화상을 입었다. 따뜻한 일요일 이른 오후에 흙더미 위에 서 있던 많은 구경꾼들이 BLEVE로부터의 강한 복사로 인한 화상을 입었다[10].

이 공장은 약 9년 동안 운전되어 오던 공단지역 내에 위치한 PVC 공장이었다. 고도로 가연성의 압축기체인 염화비닐은 그곳에서 궤도차와 탱크 트럭으로 넘겨받아 7개의 대형 탱크에 저장되었다. 이들 탱크 가운데 5개는 지름이 10 ft이고 길이가 100 ft였으며 서로 10 ft 정도 떨어져 있었다. 두 개의 보다 작은 탱크들은 부피가 다른 탱크들의 2/3 정도였다.

7 개의 탱크에는 각각의 탱크에 분무될 수 있도록 스위치를 켤 수 있는 간단한 스프링클러 시스템이 설치되어 있었다. 각각의 탱크에는 원격제어에 의하여 유입 및 유출밸브들을 고립시키기 위해 공기압으로 조작되는 플러그 밸브와 안전배기밸브들이 설치되어 있었다. 탱크들은 콘크리트 기반 위에 놓여 있었지만 걸개가 설치되지는 않았다[10].

오전 9시 30분 경 10년의 운전 경험을 가진 것으로 보고된 교대 기능공이 7번 저장탱크 아래의 액체 배출관에 있는 원격 조작되는 4 in 공압밸브를 조사하고 조정하라는 지시를 받았다. 이들 공압 작동기들은 내부 스프링들이 엉키려 하기 때문에 빈번한 주의 감시가 필요하였다[11].

그다지 언급되지 않은 정보에 따르면 기능공은 이 작업을 교대 감독관의 직접적인 감시아래 수행할 것을 요구하는 절차가 있었다. 이 경우에는 일요일 오전 11시 30분 경 기능공과 보조원이 감독관도 없이 작동기를 분해하기 시작하였다[11]. 기능공은 잘

못하여 보닛을 지지하고 플로그 밸브의 플러그를 지탱하는 볼트를 제거하였다. 염화비닐 저장탱크 내의 시스템 압력으로 플러그가 날아가 버렸고 보닛 플랜지는 직경 약 3 in 정도의 배출구를 생성하였다[10]. 뒤이어 대량 유출이 진행되기 시작하였다.

커다란 흰 구름이 자라기 시작하였으며 대량 유출이 지속됨에 따라 이 흰 구름은 그 크기가 빠르게 증가되었다. 당시 뚜렷한 바람은 없었으므로 구름은 여러 방향으로 전후좌우로 떠다녔다. 공장 조업자들은 모든 가능한 장치들을 정지시키고 반응기를 열었으며 잠재적인 모든 인화원들을 제거시켰다. 인근의 공장들로부터 몇 개의 화재 진압조들이 도우려고 달려왔다.

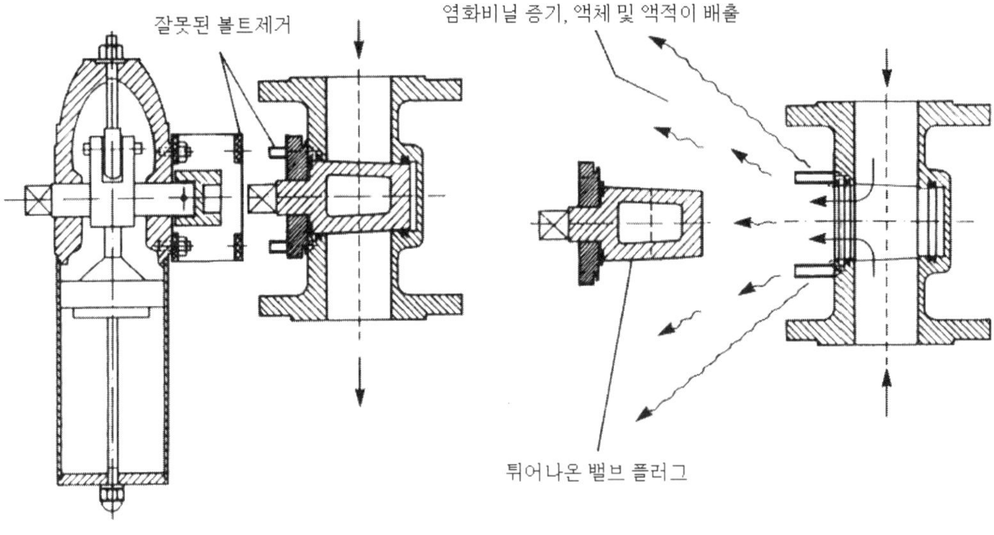

<그림 5-8 플러그 밸브로부터 잘못된 볼트가 제거되고 대형 누출이 발생. 화학공학회의 승인하에 전재>

조업자들은 디젤 소방수 펌프들을 가동시키려 했으나 한 대만 제대로 작동되었다. 사고 몇 시간 전인 오전 9시에 디젤 소방수 펌프들은 통상적인 테스트를 받았으며 만족스럽게 작동한 것으로 보고되었다. 한 대의 소방펌프로부터의 제한된 물의 공급은 6번 및 7번 탱크의 스프링클러 제공에 사용되었다.

응급 제어 자원자들이 밸브에서의 물의 흐름 방향을 조절하고 얼음 플러그가 형성되도록 함으로써 휘발성 가연성 액체의 배출을 제어하고자 하였다(염화비닐의 유사한 대량 유출에 관한 **그림** 5-5를 참조하자. 그 사고에서 대규모의 얼음 생성이 일어난 것으로 보인다).

그러나 얼음이 생기고 유출이 느려졌을 때 탱크 내의 압력이 증가하고 플로그를 날려 버렸다. 오후 1시까지 90분간 지속된 대량 유출로 길이가 약 1,100 ft(330 m), 너비가 800 ft(240 m), 그리고 높이가 약 5 ft(1.5 m)로 추정되는 거대한 흰색 증기구름이 생성되었다[11]. 5분 후 구름이 인화되었다. 화염은 유출원에 이르렀으며 탱크 아래에까지 다다랐다.

7번 탱크 아래의 무력화된 밸브 몸체의 보닛이 열려 일정한 얼음의 흐름이 야기되면서 5번, 6번 및 7번 탱크 아래를 향한 횃불 모양의 화염이 생성되고 장치가 위협받았다. 짧은 시간 동안에 이 탱크들의 안전배출 밸브들이 큰 소리를 내며 열리고 탱크 내의 열로 인하여 상승되는 압력을 조절하였다.

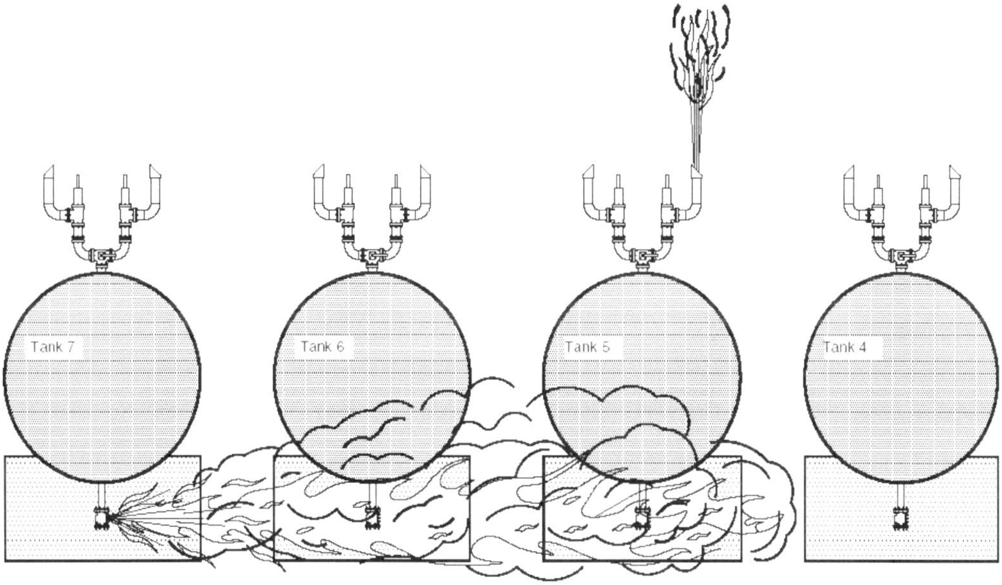

<그림 5-9 염화비닐 탱크 아래의 화염 - 화가의 개념도. Manuel David의 승인 하에 전재>

제한된 물의 공급으로 소방수가 분무되지 않았던 5번 탱크가 대형 BLEVE 불덩이로 폭발하였다. 5번 탱크의 한 파편은 원래 위치로부터 1,500 ft 이상 치솟았다. 이후 7번 탱크의 폭발이 뒤따랐고 다음에 6번 탱크가 산산조각으로 붕괴되었다. 52 톤이 나가는 7번 탱크의 한 파편 역시 하늘로 1,800 ft 이상 치솟았다[11].

4번 탱크는 일부분만 분리되어 3번 탱크에 충격을 가하여 바닥에 쓰러뜨렸으며 이로 인하여 2번 탱크가, 다음에 1번 탱크가 충격을 받았다. 3번 탱크는 운전중이었으며 물로 가득 채워져 있었다. 1번과 2번 탱크에서는 화재가 발생하여 다음날까지 연소되었다.

전체적인 직접 손실액은 500만 달러(1977년 기준)에 이르렀다. 이웃 공장의 응급 지원자 한 사람이 화상으로 사망하였고 구름이 점화되었을 때 4사람이 큰 화상을 입었다.

보고서 및 관련되는 사진들로 보아 군중의 통제와 응급 대처에 명백한 문제점들이 있었다. 장치 설계에도 하자가 있었던 것으로 보인다. 우수한 PSM 프로그램으로 이 비극의 가능성과 결과를 줄일 수 있었음은 명백하다.

✓오늘날 PSM 규제가 적용되는 미국 회사들에게는 다음과 같은 사항들이 요구되고 있다 :

- 탱크가 고도로 가연성인 액체들로 채워져 있는 동안에 위험이 너무 커서 핵심적인 고립밸브를 조정할 수 없는가?
- 밸브와 작동기 배열에 대한 충분한 공정안전 정보가 제시되었는가?
- 이 작업의 승인에 대한 운전표준 조업절차가 있었는가?
- 이 작업과 사전 주의를 상세히 다룬 문서화된 절차가 있었는가?
- 그러한 절차들을 이용할 수 있었는가?
- 정비공들은 그 절차들을 훈련받았는가?
- 소방수 펌프들과 관련된 제어들은 조사와 테스트 프로그램의 일부였는가?
- 응급대처 계획은 이 정도 크기의 잠재적인 유출을 고려하고 있었는가?
- 군중의 통제는 응급대처 계획의 일부였는가?

<그림 5-10 염화비닐 저장탱크의 BLEVE. 화학공학회의 승인 하에 전재>

주 압축공기 상의 호흡공기 시스템을 정비

1970년대 이전에 다수의 화학공장들은 공장 내 유틸리티 공기 공급망으로부터의 압축공기를 용기 내로 들어가도록 요구받은 사람들의 호흡용 공기로 사용하는 것을 용인하였다. 하나의 그러한 공급망에는 호흡용 공기를 취하는 부분 바로 전에 시스템 내의 축적된 소량의 물을 제거하기 위해 물 트랩이 설치되어 있었다(**그림** 5-11 참조)[13].

이 시스템은 수십년 동안 잘 사용되어 왔는데 환기가 잘 되지 않는 용기 내에서 공기 마스크를 사용하는 동안 얼굴이 물로 가득 차버렸다. 통로에서 그를 지켜보던 동료는 무언가가 잘못된 것을 보고는 그를 구출하였다[13].

조사팀은 압축공기 관이 개선되었을 때 호흡공기 장치의 물 포집부가 지금까지 그래왔던 것처럼 상부로 연결된 대신 하부로 연결되었던 것으로 결론지었다. 상당한 양의 물이 유입되었을 때 물은 충분히 빠르게 배출될 수가 없었다. 아무도 물 포집부를 관의 상부로부터 유도시키는 중요성을 인식하지 못하였다[13]. 이런 형태의 예기치 않은 개선은 대개 찾아내기가 매우 어렵다.

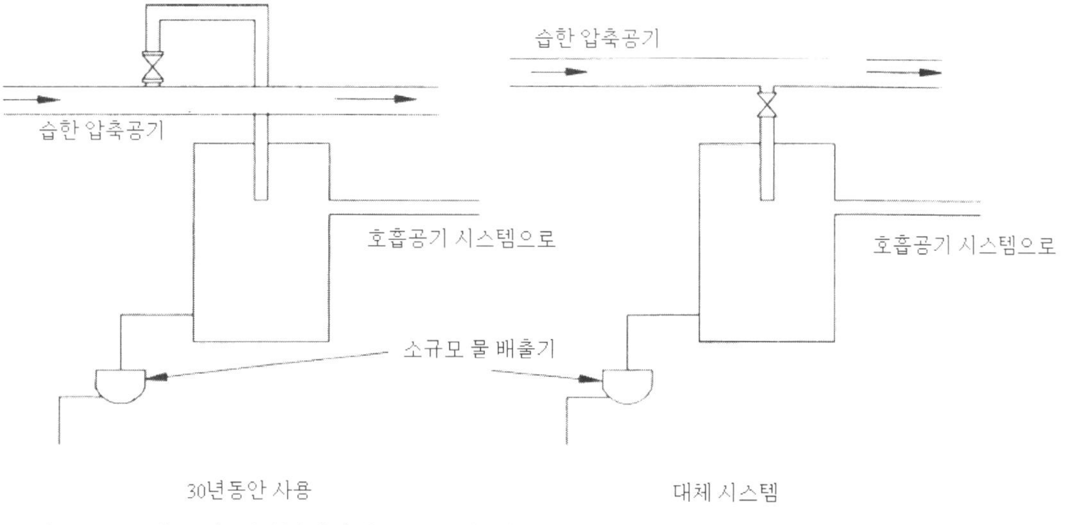

<그림 5-11 호흡공기 연결부에서의 압축공기 시스템의 개선. Trevor Kletz의 승인 하에 전재>

숨겨진 블라인드에 놀란 운전자

1988년 2월 야간근무 교대 중에 중간 크기의 수직 유리섬유 산 탱크 바닥이 갑자기 파손되었다. 이 탱크의 지지부가 거의 날아가 버릴 정도였다. 단단한 유리섬유 강화 파이프 연결부와 페놀 파이프가 손상되었다. 이 사고는 이른 아침 시간에 일어났으며 아무도 다치지는 않았다.

직경 12 ft(3.7 m), 높이 24 ft(7.3 m)인 이 탱크에는 공정으로부터의 충진관, 4 in(10 cm) 넘침관, 3 in(7.5 cm) 배출관, 그리고 6 in(15 cm) 진공배기장치가 설치되어 있었다. 과압보호는 배기 시스템 파이프나 넘침관에 의하여 제공되도록 고안되었다. 설계자들은 고압 배출장치를 포함시키지 않았다. 이는 이 장치가 3 in(7.5 cm)의 "밸브가 없는" 배출관이 흡수기로 배출시키는 과압장치였기 때문이다. 배출관이나 넘침관 어느 것에도 차단밸브가 설치되지 않았다. 4 in(10 cm) 넘침관은 화학물질 수집/처리조로 향하여 있었다.

유리섬유 산 탱크는 막 세척된 후였기 때문에 가동이 정지되어 있었다. 산 탱크의 액위가 너무 높아지면 4 in(10 cm) 넘침관이 인근의 화학물질 수집조로 배출시킬 것이다. 그 수집조는 정비가 계획되어 있었다. 화학물질 수집조의 정비에 할당된 사람을 보호하기 위한 사전 조치로 조업 감독관은 4 in(10 cm) 넘침관을 차단시키도록 지시하였다. 또한 그 감독관은 산 탱크의 액위를 잘 설정된 최대치 이내로 제한시키도록 조업자들에게 지시하였다.

염산 탱크를 처리할 때에는 두 부분차단을 이용하는 것이 보통이다(그리고 이 공장에서는 우선적인 조치이다). 부식 방지를 위해서 산 공급부를 향해 테프론을 설치하였으며 강도 유지를 위해 그 뒤를 블라인드로 받쳐 주었다.

탱크는 다시 가동되었고 약산이 채워졌다. 운전자는 액위가 급속히 증가하는 것을 목격하였다. 생성물이 배기가 안 되는 용기로 향하여짐에 따라 액위 감지장치는 천천히 증가하는 액위는 물론 증가하는 공기압도 읽도록 되어 있다. 짧은 시간 동안에 탱크 바닥이 터져 버렸다. 탱크 조립자는 이러한 성격의 파손은 2.5 psig(17 kPa) 정도의 낮은 압력에서도 일어날 수 있는 것으로 추정하였다.

<그림 5-12 박힌 배출구와 넘침관으로 인하여 손상된 대형 산 탱크>

<그림 5-13. 위에서 내려다본 손상된 탱크>

<그림 5-14 손상된 탱크 하단부의 근접모습>

몇 가지 원인들이 고려되고 조사되었다. 외부 온도는 빙점 바로 아래였으므로 작은 수냉식 흡수기에서의 얼음이 배기구를 막았던 것으로 쉽게 결론지을 수 있었다. 결론에 도달하는 데에는 겨우 몇 분이 걸렸지만 3 in(7.5 cm) 배기관 플랜지 내의 "일종의 감추어진" 블라인드가 주된 요인이었다.

사전 조치로 넘침관에 새로 설치한 블라인드와 배기관 내의 숨겨진 블라인드, 그리고 추가적인 과압장치들의 결핍으로 인하여 탱크는 파손될 수밖에 없었다. 액체가 용기 내로 유입됨에 따라 내부 기체는 빠져나갈 곳이 없었고 탱크는 파괴될 때까지 가압되었던 것이다. 찾아내기가 어려운 이러한 블라인드는 이전의 산 탱크에 대한 점검에서도 사고 전 1년에 걸쳐 삽입되어 있었을 것이다. 명백히 이 사고 1년 전과 이 경우에서 다른 블라인드들을 제거한 기능공들은 이 사실을 알지 못하였다.

- 블라인드의 사용에 따른 교훈

많은 경우 정비 조업자들은 안전을 위해 블라인드를 사용한다. 블라인드 방법의 세부사항은 대개 각 작업의 형태에 따라 정해져 있다. 용기나 시스템이 상당한 블라인드 작업을 필요로 한다면 이들을 설치하고 제거함에 있어서의 점검 목록으로 사용되는 블라인드 방법 목록이 있어야 한다. 테프론 블라인드가 강철 블라인드와 함께 사용되는 경우 테프론 판은 삐어져 나온 탭, 혹은 "귀" 가 보이도록 고안되고 절단되어야 한다.

어떤 회사들은 그러한 블라인드들을 파이프 다발 속에서 보다 쉽게 인식할 수 있도록 그 "귀" , 혹은 블라인드 처리부에 밝은 오렌지색 페인트를 칠하여 준다. 다른 회사들은 블라인드의 탭에 밝게 칠해진 리본을 부착시켜 더 잘 보이도록 하여준다. 많은 회사들은 블라인드목록에 의존하고 어떤 회사들은 단순히 기억에만 의존한다.

정비공의 잘못된 판단으로 인한 수증기 유출에 따른 소규모 폭발

오늘날 미국의 많은 화학회사들은 수증기나 다른 유틸리티 유체의 유출을 방지하기 위해 전문 누출정비 업자들에 의존하고 있다. 그러나 1970년대 중반에는 많은 공장들에서 이러한 업자들을 바로 구할 수 없었다. 그래서 이 공장들은 조업정지를 피해야 할 경우 그들 자체의 클램프나 다른 봉쇄 시스템을 고안하여야 했다.

어느 금요일 늦은 오후 용접기와 파이프 접합기를 지닌 정비원이 3 in(7.5 cm) 수증기 밸브의 보닛 개스킷에서의 수증기 누출을 멈추게 하라는 임무를 부여받았다. 감독관은 정비원에게 밸브 보닛 둘레에 꼭 끼워 맞을 수 있는 클램프를 조립하여 260 psig(1800 kPa 게이지)의 수증기와 응축액의 누출을 멈추게 하도록 지시하였다[15].

누출 정비 클램프의 사용은 훌륭한 아이디어였지만 실제로 수행하기보다 말하기가 더 쉬운 일들 가운데 하나였다. 정비원이 토요일에 다시 돌아와서 누출밸브 둘레에 강철 박스를 설치할 때에는 최소한의 감독만이 이루어졌다.

숙련된 조업자는 대부분의 공학설계 고려사항들을 무시한 채 임시적인 박스를 고안하였다. 그들은 평평한 1/4 in(0.64 cm) 강철판을 가지고 높이3 ft(0.9 m), 너비 2 ft(0.6 m), 그리고 길이가 약 14 in(0.36 m) 정도인 박스를 조립하였다. 이 박스에는 2 in(5 cm) 배기관이 포함되어 있어서 박스가 밸브를 에워쌈에 따라 수증기가 배출되도록 하였다. 당시의 운전압력 및 온도에서는 2 in(5 cm) 파이프 상의 150 psi 플랜지조차도 부적절한 설계였다.

토요일 박스를 완성한 후 자신에 찬 조업자는 배기관의 밸브를 닫았다. 박스는 부풀어 오르기 시작하였다. 조업자는 신속하게 밸브를 열고는 교대 감독자에게 일요일에 다시 와서 작업을 마칠 필요가 있다고 말했다.

조업자들은 일요일에 다시 돌아와서 작업을 완료하였다. 그들은 잘못 고안된 박스의 중간 둘레에 2 in(5 cm) 앵글 지지대를 용접해서 조악하게 만들어진 이 박스를 단단하게 하기로 결정하였다. 철로 된 앵글이 설치된 후 조업자는 밸브를 닫고 가버렸다. 그가 재빨리 사라진 것은 잘한 일이었다. 왜냐하면 그 박스는 바로 폭발했기 때문이다.

이 회사는 고품질의 ASME 코드 압력용기를 구입하였고 허용 가능한 최대 설계압력들을 쉽게 계산할 수 있는 엔지니어들을 보유하고 있었다. 화학공장 감독자들은 지시를 내릴 때 분명히 해야 하며 작업의 범위를 변경하는 조업자들에 대하여 특히 감독이 매우 제한될 수 있는 "교대시간" 중에 방심하지 말아야 한다.

폭발 후 엔지니어들과 조사자들은 박스를 살펴보았다. 계산에 따르면 그 박스는 단순한 정방형 구조로 인하여 50 psig(340 kPa 게이지)를 견디는 것은 거의 무리였으며 누출밸브 보닛으로부터의 260 psig(1800 kPa) 수증기 압력을 지탱하는 것은 전적으로 불가능하였음을 알았다. 나아가 용접은 완전하지 못하였으며 플랜지와 밸브들은 설계 강도가 불충분하였다[15].

이 사고는 조업자들이 독립적으로 다른 방법들을 시도해보기 전에 작업범위의 어떠한 변경에 대해서도 승인을 받도록 그들을 훈련시켜야 함을 예시하고 있다. 자질있는 조업자들과 대학원 출신 엔지니어들을 고용했기 때문에 그들이 결코 어리석거나 부적절한 방법으로 정비를 수행하지는 않을 것이라고 가정해서는 안 된다. 화학공장들은 부적절한 개선에 대하여 지속적으로 만전을 기해야 한다.

<그림 5-15 수증기 유출을 방지하기 위해 부적절하게 사용된 잘못된 개념의 "수리"상자>

폭발 후 엔지니어들과 조사자들은 박스를 살펴보았다. 계산에 따르면 그 박스는 단순한 정방형 구조로 인하여 50 psig(340 kPa 게이지)를 견디는 것은 거의 무리였으며 누출밸브 보닛으로부터의 260 psig(1800 kPa) 수증기 압력을 지탱하는 것은 전적으로 불가능하였음을 알았다. 나아가 용접은 완전하지 못하였으며 플랜지와 밸브들은 설계 강도가 불충분하였다[15].

이 사고는 조업자들이 독립적으로 다른 방법들을 시도해보기 전에 작업범위의 어떠한 변경에 대해서도 승인을 받도록 그들을 훈련시켜야 함을 예시하고 있다. 자질있는 조업자들과 대학원 출신 엔지니어들을 고용했기 때문에 그들이 결코 어리석거나 부적절한 방법으로 정비를 수행하지는 않을 것이라고 가정해서는 안 된다. 화학공장들은 부적절한 개선에 대하여 지속적으로 만전을 기해야 한다.

플릭스보로 재앙과 우리가 결코 잊지 말아야 할 교훈

1974년 6월 1일 부적절한 공장 정비개선으로 인하여 영국에서 일어난 단일 화재나 폭발로는 사상 최대 규모의 손실이 발생되었다. 총 28명이 목숨을 잃었고 36명의 종업원들이 상해를 입었으며 53명의 비종업원들이 다쳤다. 추정된 자산 손실액은 6300만 달러(1976년 미국달러 기준)에 이르렀다[16].

28명의 사망자들 가운데 18명은 제어실에서 발견되었다. 증기구름 폭발의 여파로 제어실 창문들이 산산조각이 났고 지붕이 붕괴되었다. 처음의 폭발로 많은 장치들이 파손되어 수 많은 화재가 이어졌으며 어떤 화재는 수일 동안 계속되었다. 10일 후에도 화재로 인하여 구조작업이 장애를 받았다[17].

이 공장은 트렌트 강 제방의 저지대에 위치하고 있었으며 들판으로 둘러싸여 있었다. 플릭스보로 공장은 나일론 6을 만드는 기초 원료인 카프로락탐을 생산하고 있었다. 공정부분은 가열되고 가압된 액체 시클로헥산이 유입되는 공기와 촉매로 산화되는 6개의 반응기들로 구성되어 있었다. 수직 반응기들은 직경이 약 12 ft(3 m), 높이가 약 16 ft(5.3 m)였다. 반응에 의하여 약 6% 정도의 시클로헥산만이 전환되었으며 94%의 가연성 물질들은 순환됨으로써 생산속도에 비해 대규모의 중간저장량을 유발시켰다[16].

6개의 반응기들은 약 $8.8 kg/cm^2$(125 psig)의 압력과 310°F(155℃) 정도의 온도에서 운전되고 있었다. 시클로헥산의 정규 비등점은 178°F(81℃)이므로 온도가 310°F

(155℃)인 물질의 누출은 순간적으로 증기 구름을 형성할 것이다. 시클로헥산의 가연성 범위는 공기 중에서 1.3~8 % 범위(이는 가솔린과 비슷한 가연성 범위이다)이며 기화점은 −1°F(0℃)이다. 각 반응기는 그 앞의 반응기보다 14 in(36 cm)정도 아래에 위치하고 있었다. 순환되는 액체는 계단처럼 하나의 반응기로부터 다음 반응기로 중력에 따라 유동하였다. 6개의 반응기들은 직경 28 in(61 cm)인 스테인레스강 파이프와 스테인레스강 팽창 접합부로 연결되어 있었다. 이 파이프들은 단지 부분적으로만 액체로 채워져 있었으며 압력의 균형을 맞추기 위해 배가스가 흐르고 있었다[18].

1974년 3월 27일 5번 반응기에서 길이가 약 6 ft(2 m)인 균열이 발견되었으며 공장의 가동이 정지되었다. 조업자는 반응기를 제거하고 남아있는 5개의 반응기를 이용하여 공장이 계속 운전되도록 하기 위해 우회관을 설치하기로 결정하였다. 이 우회관은 시클로헥산을 4번 반응기로부터 6번 반응기로 유도해 줄 것이다.

<그림 5-16 플릭스보로 반응기 시스템의 파괴된 부분. Trevor A. Kletz의 승인 하에 전재된 사진>

공장의 기계 기술자는 이전에 회사를 그만두었으므로 현장에는 기계 기술자가 없었다. 이러한 우회관 프로젝트 관련자는 어느 누구도 4번 반응기를 6번 반응기와 연결시키는 것은 단순한 배관작업 정도가 아니라는 것을 인지한 것 같지는 않았다. 현장에는 28 in(61 cm) 파이프가 없었지만 20 in(51 cm) 파이프는 확보가 가능하였다. 20 in 파이프는 두 부분으로 조립되어 두 개의 28 in 벨로우(미국에서는 "팽창 접합부" 로 불린다) 사이에 설치되었다. 공장 조업자는 우회관을 통상 높은 위치에서 작업하는 조업자를 위해 설치되는 발판 위에 올려놓아 지지시켰다[18].

✓ "영국 플릭스보로 Nypro 사에서 일어난 재앙에 대한 법원 청문 세부 보고서" 는 부분적으로 다음과 같이 언급하고 있다[18] :

> 아무도 가압설비에 회전운동이 가해져서 이에 대응하도록 설계가 되어있지 않은 벨로우에 전단응력이 가해질 것으로 생각하지는 않았다. 또한 아무도 벨로우에 대한 수력 분출(조업압력에서 약 38톤 정도)이 연결부에서 파이프를 뒤틀리게 할 것이라고는 알아차리지 못하였다. 벨로우나 파이프가 이러한 힘을 견딜 것인지의 여부를 판정하기 위한 어떠한 계산도 이루어지지 않았다; 관련되는 영국 표준이나 임의의 다른 인준된 기준이 참조되지 않았다; 벨로우의 제작자가 만든 설계자를 위한 안내서에는 파이프의 도면이 없었다; 공작실 바닥에 분필로 그린 것 외에는 파이프 도면이 작성되지 않았다; 파이프가 접합되기 전에 파이프나 완전한 조립에 대한 압력 테스트가 수행되지 않았다.

이 보고서는 우회관에 대한 열악한 지지에 대해서도 언급하였다. 그럼에도 불구하고 공장 측은 1974년 4월 1일 어떠한 뚜렷한 문제들이 없었다고 반복하여 주장하였다. 이 공장은 1974년 5월 하순까지 잘 운전되었다. 1974년 5월 29일 누출되는 투시유리를 고치기 위해 공장 가동이 중지되었다. 1974년 6월 1일 오전 4시 경 수증기 가열을 시작으로 공장이 다시 가동되었으며 당일 오후 5시 경 비극적인 폭발이 일어났다. 폭발로부터의 압력 파동과 화재에는 433,000 갤런(1,640,000 리터)의 가연성 액체가 관련되었고 8마일(13km) 떨어져 있는 구조물까지 파손되었다.

공식 청문회의 주요 권고사항들 가운데 하나는 *"어떠한 개선도 원래 공장과 동일한 기준으로 설계되고 설치되고 테스트되고 점검되어야 한다"* 는 것이다.

<그림 5-17 플릭스보로의 파괴된 제어실의 잔해. Trevor A. Kletz의 승인 하에 전재>

재앙적인 파이프 사고의 네 가지 사례

다음은 최악의 파이프 사고 4가지에 대한 개략적인 윤곽 및 일부 세부내용 들이다.

- 증기구름 폭발로 이어진 로스앤젤레스 정유공장의 파이프 균열

1992년 10월 8일 오후 9시 43분 로스앤젤레스 정유공장의 6 in 탄소강 굴곡이음관이 파열되어 탄화수소와 수소 혼합물 기체를 누출시켰다. 수 초 내에 증기구름이 인화되었으며 이 폭발로 인근의 건물들이 파손되었고 깨어진 유리창 파편들은 수마일까지 날아갔으며 약 20마일 떨어진 캘리포니아 공과대학에서 "굉음" 으로 기록되었다[21].

한 보고서에 따르면 사고 시점에 공장에는 약 200명의 직원들이 있었으며 날아든 파편으로 16명이 가벼운 상처를 입었다. 소방서는 40마일 떨어진 곳에서도 폭발이 느껴졌다고 언급하였다[27].

폭발 및 손상된 공정장치에서 비롯된 뒤이은 화재들로 인하여 약 7,830만 달러의 자산손실이 야기되었다. 화재는 폭발과 함께 시작되었으며 1992년 10월 11일 오전 2시에 진화되었다[21].

OSHA는 캘리포니아 OSHA(Cal-OSHA)와 함께 길고도 복잡한 조사를 진행하였다. 연방 OSHA는 147,000 달러의 벌금을 부과하였다. Cal-OSHA는 183,500 달러의 벌금과 함께 파이프 정비에 관련된 7가지 사안들을 제기하였다. 이는 총 70,000 달러의 벌금에 달하지만 Cal-OSHA는 또한 응급대처 문제를 제기하였다[27]. 조사팀은 파이프 사고 이전에 경고조치가 없었음을 밝혀내었다[21].

한 보고서는 파열 부위로부터 조금 떨어진 부분의 두께 측정에 의하면 관은 거의 완전한 설계두께였다고 언급하였다. 조사자들은 그 파이프 사고는 스케쥴 120 탄소강 90도 굴곡이음관의 장기간에 걸친 마모와 부식이 원인이었던 것으로 결론지었다[21]. 다른 보고에 따르면 그 파이프는 원래, 혹은 정상적으로는 두께가 0.625 in였지만 0.085 in까지 마모되었다[27]. 이는 파이프 벽이 80%나 사라진 것을 의미한다.

그 정유공장은 두 기관들과 함께 공식적인 협의회에 참석하기로 계획을 세웠다[27]. 가장 최근의 OSHA 조사 데이터에 따르면 최종 부과된 벌금액은 10만 달러 정도였다[28].

- 6 in 파이프 파열에 따른 1989년 12월 24일의 폭발

1989년 12월 루이지애나 베이톤 루즈에서 일어난 700 psig(4800 kPa 게이지)에서의 8 in(20 cm) 에탄 및 프로판 수송관의 파열에는 기록적인 한파도 한몫을 담당하였다. 증기구름이 형성되고 인화되었으며 강력한 폭발은 6마일(10 km) 떨어진 곳의 유리창을 깨뜨렸고 15마일(24 km) 떨어진 곳에서도 폭발이 느껴졌다. 이 폭발로 다수의 파이프 라인이 파괴되었고 이에 따른 화재로 약 360만 갤런(16,000 m^3)의 디젤 연료를 담고 있던 두 개의 대형 저장탱크와 총 88만 갤런(4,000 m^3)의 윤활유를 저장하고 있던 12개의 소형 탱크들이 소실되었다[21].

초기의 폭발은 부분적인 전력 및 수증기 손실을 야기시켰고 소방수 펌프로 연결된 12 in(30.5 cm) 소방수관을 파손시켰다. 남아있던 소방수 펌프와 소방트럭은 강을 포함한 다른 물 공급원을 수배하여야 했다. 200명의 화재 진압원들과 13명의 펌프 운전원들이 화재 진압노력에 가담하였다. 14시간 동안의 화재진압 도중에 약 48,000 갤런(220 m^3)의 AFFF 거품형 콘크리트가 사용되었다. 자산 손실액은 7,000만 달러(1989년 기준)로 추정되었다[21].

- 내부 부식에 의한 8 in 굴곡이음관 균열에 의한 폭발과 세계적인 원료공급의 붕괴

1988년 5월 5일 미국 루이지애나 노르코의 거대 정유공장에 공정 파이프 굴곡이음관의 균열로 인하여 폭발이 일어났다. 자산 손실액은 3억 달러(1988년 기준)로 추산되었는데 이는 그때까지 가장 큰 손실을 기록한 정유공장 사고였다. (겨우 17개월 뒤인 1989년 10월 발생한 텍사스 파사데나의 필립스 사고는 이보다 2.5배 더 큰 규모의 자산 손실을 기록하였다.) 이 노르코 사고는 전 세계에 걸친 원료 공급에 지대한 영향을 미쳤다[25].

8 in(20 cm) 탄소강 굴곡이음관이 내부의 부식으로 파손될 때까지 하루 9만 배럴 규모의 이 정유공장은 정상적으로 운전되어 온 것으로 보였다. 파열과 인화 사이의 처음 30초 동안 약 10톤(9,000 kg)의 C3 탄화수소가 방출되었다. 파손된 굴곡이음관은 대기 중으로 50 ft(15 m) 돌출되어 있었으며 거대한 증기구름은 인근의 가열기에 의하여 인화된 것으로 여겨졌다[21].

이 폭발로 인하여 분해장치 제어실이 파괴되었으며 300 ft(90 m) × 600 ft(180

m) 규모의 장치가 가장 심각한 손상을 입었다. 탑으로 이어진 볼트를 분석한 결과에 따르면 폭발에 따른 과압은 10 psi만큼 높았던 것으로 여겨졌다[25].

- 멕시코 시티에서 500명 이상의 희생을 초래한 8 in 파이프 파열

8 in(20 cm) LPG 파이프라인의 파열은 서반구에서 (희생자 수로) 최악의 석유화학 관련 사고를 유발하였다. 이 비극적 사고는 1984년 11월 LPG 터미널에서 발생하였다. 이 설비는 멕시코시티 교외의 3개 정유공장으로부터 탄화수소를 공급받았다. LPG는 용량이 각각 63만 갤런(240만 리터)인 6개의 구형 탱크와 48개의 소형 탱크에 저장되었다. 폭발과 화재 시점에 대략 380만 갤런(14,400m^3)의 가스가 운용되고 있었다. Mahoney는 자산 손실액이 1억 9,900만 달러(1984년 기준)인 것으로 보고하였다[21].

파이프 사고의 정확한 원인은 밝혀지지 않았다; 그러나 넓은 지역을 덮고 있던 기체 구름이 인화되어 1,200 ft(360 m)의 불덩어리를 형성하였다. 이는 연쇄적으로 문제들을 유발시켜 4개 구형 탱크와 44개 원통형 탱크에서의 BLEVE, 혹은 파열을 초래하였다. 무게가 20톤이나 되는 어떤 탱크들은 하늘로 치솟아 3,900 ft(1,200 m) 떨어진 곳에 내려앉았다. 보고에 따르면 이 재앙으로 542명이 희생되었고 4,248명이 다쳤으며 약 10,000명이 집을 잃었다. 인명손실에 대한 비공식적인 추산은 이보다 컸다[21, 29].

<참고문헌>

1. Lorenzo, D. K., A Manager's Guide to Reducing Human Errors—Improving Human Performances in the Chemical Industry, Chemical Manufacturers Association, Washington, D.C., July 1990, p. 17.
2. Kletz, Trevor A., What Went Wrong? Case Histories of Process Plant Disasters, 3d ed. Houston: Gulf Publishing Co., 1994, p. 217; plus private communication with Trevor Kletz.
3. Kletz, Trevor A., Dispelling Chemical Engineering Myths, 3d ed. Washington, D.C.: Taylor & Francis, 1996, pp. 32-35.
4. Kletz, Trevor A., Critical Aspects of Safety and Loss Prevention. London: Butterworth, 1990. pp. 160-61.
5. U.S. Environmental protection Agency, "Catastrophic Failure of Storage Tanks." EPA 550-F-97-002b, May 1997.
6. Institution of Chemical Engineers, "Preventing Emergencies in the Process Industries—Volume 1,"Hazard Workshop Module 006, pp. 4.37-4.42 (available as a training kit with a videotape, sixty 35 mm slides, a teaching guide etc.).
7. OSHA, Phillips 66 Company Houston Chemical Complex Explosion and Fire—Implications for safety and Health in the Petrochemical Industry." Occupational Safety and Health Administration, U.S. Dept. of Labor, Washington D.C., April 1990.
8. Phillips Petroleum Company, "A report on the Houston Chemical Complex Accident," Phillips Petroleum Company, Bartlesville, OK, 1990.
9. Sanders, Roy and Wayne Spier, "Monday Morning Quarterbacking: Applying PSM Method to Case Histories of yesteryear," Chemical Engineering Progress 15 no. 14, Winter 1996: pp. 192-93.
10. Lewis, D., "Puebla -19 June 1977/" Loss Prevention Bulletin - Articles and Case Histories from process Industries Throughout the world, vol. 100, published by the Institution of Chemical Engineers, August 1991, pp. 35-42.
11. Narrative of Primex Fire -A memo of unknown origin Complete with a set of 35mm slides of the fire that was dated December 1977 and supplied from a fire chief.
12. Perron, Michael, "Operator Error: Lessons learned, Case Histories from Large Losses,"Spring National Meeting of the American Institute of Chemical Engineers, Paper 103-C, Orlando, Fla., March 1990.
13. Kletz, Trevoe A., What Went Wrong? Case histories of Process Plant Disasters, 3d edition, Gulf Publishing, Houston, 1994, pp.46-47.
14. Griffin, M L., "Maintaining Plant Safety through Effective Process Change Control," 23d Annual Loss Prevention Symposium, AIChE, Houston, 1989.

15. Kletz, Trevor A., supra note 13, p.24.
16. Warner, Sir Fredrick, "The Flixborough Disaster," Chemical Engineering Process 71 no. 9, Sept. 1975: pp. 77-84.
17. Lees, Dr. Frank P., Loss Prevention in the Process Industries: Hazard Identification, Assessment and Control, vol. 3, 2 ed. Oxford, U.K: Butterworth-Heinemann, 1996, appendix 2/7
18. "Anatomy of a Disaster," Fire Prevention No. 110—The Journal of the Fire Protection Association, Aug. 1975, pp. 12-20.
19. Institution of Chemical Engineers, "Safer Piping"—Hazard Workshop Module 012 (available as a training kit with a videotape, 105 35mm slides, a teaching guide, etc. by the IChemE).
20. Hazards Survey of the Chemical and Allied Industries, Technical Survey No. 3, Engineering and Safety Service, American Insurance Association, New York, NY, 1979, p. 65.
21. Mahoney, David, Large Property Damage Losses in the Hydrocarbon-Chemical Industries—A Thirty Year Review—Sixteenth Edition. New York: Marsh & McLennan, 1995.
22. Chemical Process Safety Report 3 no. 11, Thompson Publishing Group, may 1997, Sept. 1993
23. The Advocate, Feb. 3, 1994 (a Baton Rouge, Louisiana newspaper).
24. Chemical Process Safety Report, Thompson Publishing Group, Washington, D.C., May 1997, Tab 800, p. 315.
25. Ibid., 3-10.
26. Sutton, Ian S., Process Safety Management, 2d ed., Southwestern Books, Houston, 1997, pp. 52-54.
27. Chemical Process Safety Report Vol 3 no. 7.
28. Chemical Process Safety Report, Tab 800, p. 327.
29. Keltz, Trevor A., What Went Wrong? Case Histories of Process Plant Disasters, 3d ed. Houston: Gulf Publishing, 1994, pp. 138-143.
30. Wallace, Stephen and Carolyn Merritt, "Know When to Say 'When': A Review of Safety Incidents Involving Maintenance Issues," Process Safety Progress, Dec. 2003, pp. 212-219.

6장

단시간 개선:

공장에서의 소규모 졸속 변경은 좋지 않은 기록을 남길 수 있다

화학공장 경영자들은 스스로 생각하고 복잡한 문제를 분석하고 이를 신속하게 해결하는 사람을 고용하기를 갈망한다. 그러나 이런 회사들이 인가되지 않은 변경의 위험에 대하여 그 팀원들을 적절히 교육시키지 않는다면 위험한 지경이 된다. 의도가 좋은 조업자들이 일종의 공식적인 검토 없이 잘 설계된 공장에 급속한 변경을 도입하는 것이 허용된다면 회사에게는 위험할 수 있다. 이 장에 포함된 졸속 개선들에는 절차의 결핍에 따른 간단한 오류, 절차의 불완전한 이해, 불충분한 훈련, 혹은 세부 사항에 대한 고려의 결핍들이 포함될 수 있다. 뒤에 소개되는 사례들에서의 졸속한 정비들은 악몽으로 이르게 한 보기들이다.

이 장의 목적은 경각심을 일깨워 주는 데에 있다. OSHA의 공정 안전운영 규제를 만족시키기에 적합한 변경 프로그램의 운영을 위하여 고려해야 하는 세부 사항에 대해서는 제 11장에서 논의될 것이다.

분석장치 정비 후에 발생한 폭발

수십년 전 대규모 화학공장에서 일하던 장치 기능공이 질산공장의 분석기기를 수리하는 임무를 부여받았다. 그는 공장의 다른 부분들에 대해서는 경험이 있었지만 산 공장에서는 정규적으로 일하지 않았다. 작업의 일부로서 기능공은 "거품기"로 불리는 원통형 유리튜브의 유체를 교체하였다. 이 거품기는 함유된 어떤 이물질을 제거함과 아울러 질산과 질산기체가 이를 통해 분석장치로 유입됨에 따라 대략적인 유량계 역할도 겸하고 있었다.

그 장치 기능공은 거품기 내의 유체를 글리세린으로 교체하였다. 불행히도 글리세린이 기체와 반응하여 니트로글리세린으로 전환되어 폭발하였다. 이 폭발로 조업자가 상해를 입어 불구자가 되었다. 이러한 위험한 사고는 1리터도 안 되는 유체의 "졸속" 공정변경으로부터 기인된 것이다. 적절한 훈련의 결핍이 사고에 이르게 한 것으로 보인다.

냉각방법의 변경에 따른 비극

반응기 냉각에 조그만 변경을 가한 결과 다른 냉동방법이 제공되었을 뿐만 아니라 반응기 내의 화학적 성질이 대폭적으로 바뀌게 되어 두 명의 화학공정 조업자들이 목숨을 잃었다. 이 비극적 불운은 수십년 전 나트륨 하이드로설파이드 수용액에서 회분식 반응이 이루어지던 미국의 한 염료공장에서 일어났다. 나트륨 하이드로설파이드(종종 NaSH, 혹은 나트륨 비설파이드로도 불린다)는 용액의 pH가 높게 유지되는 한 안정한 활성 반응제들 가운데 하나였다.

조업자들은 약 32°F(0℃)의 수용액에서 화학반응을 진행시켜 부반응을 최소화하고 제품의 품질을 유지하고자 하였다. 운전팀은 과량의 분쇄된 얼음을 넣어서 반응기 온도를 제어된 상태로 유지하였다. 발열반응으로 얼음이 녹자 조업자들은 직접 분쇄된 얼음을 시스템에 집어넣었다.

반응기 냉각을 위해 인근의 대형 얼음기계가 필요한 얼음을 제공하여 주었다. 사고가 일어난 날 밤에 얼음이 고갈되었고 상승되는 온도로 인하여 대량의 염료의 품질이 조악해졌다. 관련된 조업자들은 추가 냉각의 필요성을 이해하였는데 *드라이아이스* 공급원을 찾아내고 이를 직접 첨가하기 시작했을 때 그들은 분명히 즐거워했을 것이다.

불행히도 잠재적인 냉각 측면에 집중한 나머지 조업자들은 물 속의 드라이아이스가 반응하여 탄산이 되는 것을 알지 못하였다. H_2S와 수산화나트륨의 반응 생성물인 NaSH는 pH가 높을 때에는 안정하지만 산화되면 유독성 H_2S를 방출한다. 조업자들이 드라이아이스 조각들을 추가함에 따라 그 조각들은 순간적으로 산 포켓을 형성하였고 이는 나트륨 디설파이드와 반응하여 유독성 H_2S를 방출시켰다. 사건은 너무나 빠르게 일어나서 드라이아이스를 모두 넣을 수 있기 전에 조업자들은 유독성 증기로부터 헤어나지 못하였다. 그들은 도움이 되고자 노력하는 중에 H_2S 질식으로 사망하였다.

가열로 온도 보호수단의 변경

미국 걸프 코스트의 화학공장에 있는 비가연성 용매제조 장치에서 큰 화재가 발생하였다. 천연가스로 가열되는 가열기의 가열로 튜브가 과열로 인하여 파열되었다. 적어도 1,800 갤런(6,800 리터)의 가연성 열전달 유체가 흘러나와 연소되었다. 액 25분 동안에 강력한 화염이 4층 구조물 및 이와 관련된 공정장치를 손상시켰다. 공장의 현장응급대가 신속하고 적절하게 대처하였다. 그러나 이 짧은 사고에 대한 비용은 직접 자산 손실액이 150만 달러 이상이었고 운영 중단에 따른 손실액이 400만달러 이상(미국 1979년 기준)이었다. 다행히도 인명피해는 없었다[2].

직경이 9 ft(2.7 m)인 5개의 긴 기상반응기에서 용매가 얻어졌다. 이 공정은 적절한 반응이 이루어지도록 기상 흐름의 온도를 올리기 위해 시운전용 가열로 가열기를 필요로 한다. 대량의 고비점 가연성 열전달 유체가 가열기로부터 반응기들로 열을 전달한다. 5개 반응기에서 직경 6 in(150 mm)의 튜브들이 설치된 한 개의 천연가스 사용 시운전 가열기를 공동으로 사용하고 있었다.

운전자들은 가열기를 이용하여 한 번에 한 대씩 각 반응기를 시운전 조건으로 가열시킨다. 반응은 발열반응이며 일단 반응기가 완전히 가동되면 가열기는 정지되고 운전자는 반응기를 가열기 순환루프로부터 떼어낸다. 다른 반응기의 시운전이 계획되면 조업자는 밸브들을 정비하고 순환펌프를 가동시키며 가열기 버너를 점화하고 반응기 온도를 끌어올린다.

조사자들은 바쁜 조업중에 화학공정 조업자가 잘못을 저질렀다고 결론지었다. 그날 오후 그는 버너를 점화시켜 부적절하게 가열기를 가동하려고 하였는데 막힌 차단밸브들에 의하여 가열기 튜브들은 순환 펌프로부터 고립되어 있었다. 가열기 점화 직후에 조업 리더는 화염 형태를 조사했지만 특별한 것을 발견하지 못하였다.

가열로 화재에 대한 이 사례의 나머지는 *Process Safety Progress* (1996년 겨울호)지에 실린 "월요일 아침의 지도: 작년의 사례에 대한 PSM 방법의 적용"에 나타난 대로 옮겨본 것이다. 이는 미국 화학공학회의 승인에 따른 것이다[3].

가열기에 화재가 일어난 후 20~35분 동안에 소방수 스프링클러 시스템이 작동되고 잠시 후에 가열기 화염경보가 울렸다. 목격자들은 튜브가 파열된 후 대략 5초 동안에 화염이 50 ft(15 m) 높이만큼 솟았다고 증언하였다. 화염과 파괴적인 열이 10~12 mph의 바람을 타고 옮겨짐에 따라 공정장치의 3층 및 4층 부분에서 가장 큰 화재 손실이 발생하였다. 응급반은 8개의 호스들을 고정된 소방수 분사 시스템에 연결시켜 훌륭하게 대처하였다.

이 사고는 복잡한 경우로서 다수의 기술, 공학, 조업, 그리고 공정안전 그룹의 멤버들에 의한 완전하고 세밀한 조사가 요구되었다. 조사자들은 수많은 인터뷰를 수행하고 세밀한 관찰을 진행하였다. 조사팀은 가열기 튜브의 부풀어진 부분에서 길이 6 in (150 mm), 너비 4 in(100 mm)인 구멍을 발견하였다. 정상적으로 그 튜브는 외경이 6.6 in(168 mm)였으나 가열기 바닥 위의 약 2.5 ft(0.75 m) 위치에서 직경이 대략 8.0 in(200 mm)로 부풀어 있었다.

<그림 6-1 고정된 소방수 방사 시스템을 강화시키기 위한 응급팀의 훌륭한 대처>

15년된 가열기는 높은 오일 압력과 튜브벽 온도 및 낮은 연료가스 압력이나 화염 문제가 있을 때에 대응하여 자동적으로 정지되고 제어실에 경보를 울리도록 고안되었다. 화재 손상 후에 파악될 수 있는 한 원래의 계기 시스템은 화재 당시 원래 위치에 여전히 자리하고 있었다. 어떤 주기적인 점검이 수행되었어야 함에도 불구하고 계기장치의 확인 테스트 및 방어적인 점검이 이루어졌다는 기록이 전혀 없었다. 그 당시 주기적인 조사, 테스트 및 이러한 핵심 계기장치의 기록보전을 확인할 어떠한 구조적 프로그램도 없었다.

계기 엔지니어들은 가열기 보호를 위해 고온 튜브벽 정지 시스템을 제공하였으며 이전의 운전에서는 어떠한 형식적인 승인이나 권한부여 시스템이 없이 정지온도가 조업자에 의하여 설정될 수 있었다. 아마도 (오늘날의 기준에 따르면) 초보적인 안전 계기 시스템이 문제가 되었었고 방해가 되었으며 졸속 개선의 희생자가 되었을 것이다.

정지 설정치는 계기의 설정치 범위의 최대값, 혹은 1600°F(870℃)로 잘못 올려져 있었다. (튜브금속 고온경보는 830°F(443℃)로 고정되어 있어야 했으며 정지온도는 850°F(454℃)이었어야 했다.) 조사팀은 제한된 버너정지 계기가 적절하게 점검되지 않았으며 필요한 고온 신뢰성 확인을 위해 테스트되지도 않았던 것으로 결론지었다.

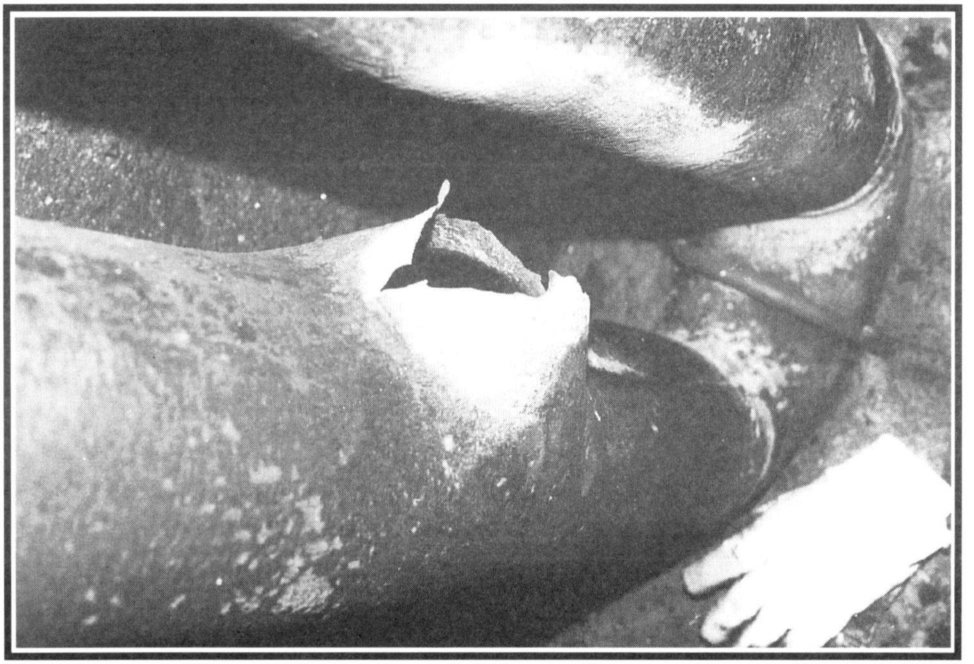

<그림 6-2 가열기의 튜브 균열>

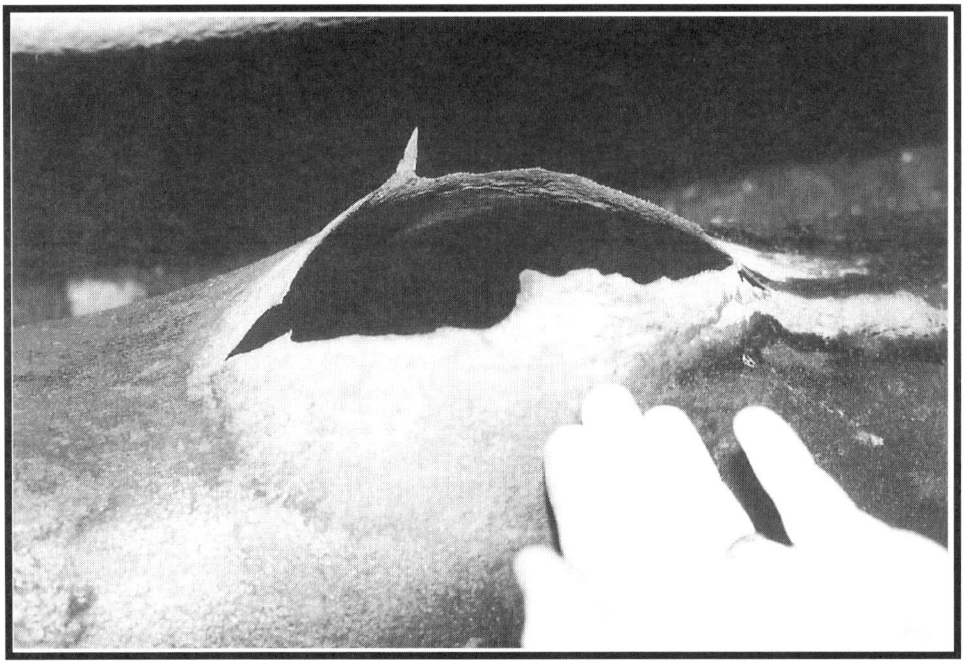

<그림 6-3 파손된 튜브의 근접사진>

오늘날의 공정안전운영 관점에서 본다면 인간적인 요소들과 설비관련 사항들이 모두 이 사고에 영향을 미쳤다고 말할 수 있을 것이다. 기체연소 가열기는 원래 공정에 근접해 있었다. 인간적인 요소들과 설비관련 사항들에 대한 자세한 논의는 이 책의 범위를 벗어난다. 그러나 타버린 설비들을 복구하는 임무를 부여받은 엔지니어링 팀은 재건된 가열기를 공정으로부터 가능한 대로 멀리 떨어지게 설치하였음을 주목할 필요가 있다. 아울러 인간적 오류가 주된 역할을 하였지만 신뢰할 만한 안전지침이 수반된 PSM 기계적 통합 프로그램의 적절한 적용은 인간의 오류를 상쇄시킬 수 있었을 것이다.

<그림 6-4 복구되어 다시 설치된 기체연료 가열기>

– 교훈 : OSHA의 PSM 규제에서는 무엇을 요구할 것인가?

오늘날의 세계에서 OSHA 공정안전운영 기준이 적용되는 공정 구역의 책임을 맡고 있는 공정안전 엔지니어들은 **다음과 같은 목적으로 설비를 조사할 것이다 :**

- *조업절차의 수정.* 대부분의 화학공정 조업은 18개월보다 적게 지속되며 장치의 몇 부분들에는 기록된 운전절차가 없다.
- *경보와 실책으로서의 핵심 공정안전지침.* 공정 재해 분석에서는 열전달 유체흐름 손실 경보 및 흐름손실 조건에 대한 버너연소 정지의 부재에 의문을 가질 수 있다.
- *어떤 형태의 변경운영 평가.* 그러한 평가는 누군가가 경보나 운전정지 설정치의 조정을 고려할 경우 수행되어야 한다.
- *테스트와 검사.* 이들은 핵심적인 경보와 운전정지 시스템의 적절한 설정치와 적절한 성능을 확실히 하기 위해 수행되어야 한다.
- *기록보전.* 기능공들의 훈련을 포함하는 각각의 검사 및 테스트에 대한 기록절차.

비싼 대가를 치른 다른 개스킷 오류

열교환기의 잘못된 개스킷 설치로 인하여 원유정제공장에 심각한 화재가 발생하였다. 그 장치는 정상적으로 운전되고 있었으며 열교환기를 세척하고 테스트한 운전정지 기간 후 약 6주 동안 매우 가연성인 나프타를 처리하고 있었다[4].

사양에 따라 나사모양으로 감긴 금속 석면 개스킷이 필요하였지만 압축된 석면 개스킷이 설치되었다. 이 개스킷이 손상되었고 누출이 발생하여 화재가 일어났다. 초기 화재에 의한 열로 인하여 인근의 수소교환기 플랜지가 열렸다. 증기가 분출해서 18 in (46 cm) 수소오일 라인에 충격을 가하여 파열시켰다. 이러한 파이프 손상으로 185 psig(1275 kPa)의 수소와 오일이 누출되었다[4]. 약 두 시간 후 화재는 약화되었지만 남아있는 연료를 소진하기 위해 그 이후 1시간 20분 정도 지속되었다. 이 화재로 인하여 전기 계장 시스템, 파이프, 그리고 강철 장치가 영향을 받았다.

이 화재의 결과 재발 방지를 위해 몇 가지 조치가 이루어졌다. 이에는 개스킷 설치에 대한 검토와 구매사양 절차가 포함되었다. 작업의 점검에 적절한 도면들이 만들어져서 새로운 설비 운용을 확실히 하고 플랜지 등급이 표시되도록 하였다. 이러한 조치들은 작업순환계획 수립자들과 감독자들에 의하여 검토되었다. 조립공들을 위한 개스킷 설치과정을 포함하는 재훈련 프로그램이 수행되었다. 개스킷 구매사양에는 이제 색깔 선택이 요구되고 있다[5].

압축된 석면 개스킷의 단계적 제거에 따른 다른 누출의 가능성

압축된 석면 개스킷은 120년 이상 사용되어 왔다. 이들은 고온에 강하며 많은 알칼리, 산, 산소, 고온의 수증기, 석유제품 및 유기용매들과 작용하지 않는다. 이들은 강하고 상대적으로 저렴하다. 많은 공장에서는 이들이 일반적인 개스킷 재질로 사용되어 왔다.

<그림 6-5 잘 정비된 장치의 누출에 의한 손상>

<그림 6-6 부적절한 개스킷에 의한 상부 로부터의 용융 가성소다 누출>

<그림 6-7 증발기 플랜지로부터 누출되는 가성소다에 의하여 형성된 고드름>

석면 섬유는 그러한 개스킷 내에 강하게 매여져 있다. 그러나 기능공이 이를 동력 와이어 브러싱으로 긁는다거나 부착 플랜지로부터 이들을 모래분사로 가는 것과 같이 이 개스킷들을 부적절하게 다룬다면 석면 섬유들은 공기중으로 날아갈 수 있다. 공기중의 석면섬유들과 분진들은 폐암, 석면 침착증, 늑막의 반점, 그리고 석면 물질을 취급하는 조업자들의 건강에 대한 심각한 위협들과 연관되는 잘 알려진 발암물질이다. 많은 산업국가들의 정부관료들은 압축 석면 개스킷의 제조와 공급을 단계적으로 줄이는 법안을 수립하였다.

실망스러운 일이지만 압축 석면 개스킷을 포괄적으로 대체할 만한 것이 없다. 많은 경우 두 가지, 세 가지, 혹은 보다 상이한 제한된 적용성의 대체제가 요구된다. 많은 대체 개스킷들은 이들이 대체하고자 하는 압축 석면 개스킷보다 비용이 3배에서 10배 정도 더 높을 것이다.

어떤 공장에서는 이전에는 모든 필요요건들이 압축 석면 형태의 개스킷으로 처리되었던 부분에 3가지나 4가지 형태의 개스킷 사용이 요구되고 있다. 고온의 경우 상대적으로 비싼 유연한 흑연 형태의 개스킷이 사용될 수 있다. 원유기반 용매, 산소, 그리고 염소와 같은 매우 다양한 공정의 경우 값비싼 테프론 형태의 개스킷이 요구될 수 있다. 비용이 다소 낮은 합성섬유로 만들어진 개스킷은 고무 블라인더와 함께 덜 가혹한 조건에 사용될 수 있다. 불행히도 어떤 개스킷들이 우연히 교체된다면 화학물질이 예기치 않게 누출될 수 있다. 오늘날 개스킷의 선택, 설치, 그리고 각 개스킷 형태의 제약사항들에 대하여 모든 정비인력을 교육시키는 데에 충분한 시간을 투입해야 할 심각한 필요성이 존재한다.

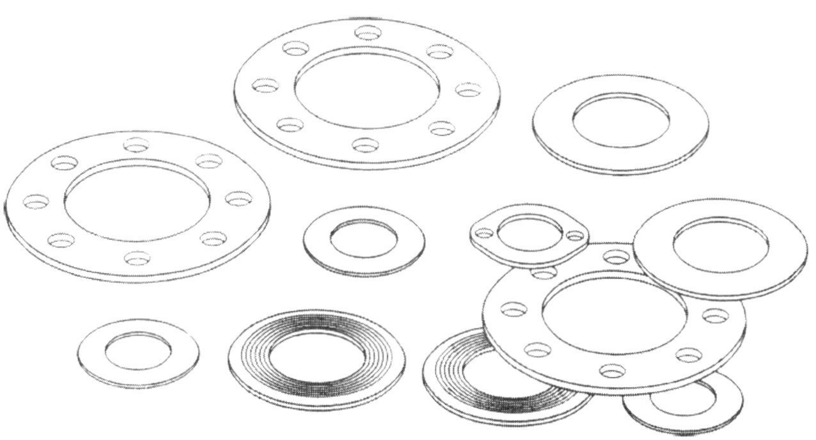

<그림 6-8 다양한 파이프 플랜지 개스킷. Warren Schindler의 승인 하에 전재>

다른 파이프 개스킷 대체문제

어떤 정유공장에서는 새로운 미국 법에 따라 압축 석면 개스킷의 단계적인 철폐작업이 이루어지고 있었다. 석면 개스킷들은 다년간 어떤 특별한 문제가 없이 사용되어 왔다. 대체작업 중에 그 회사는 개스킷들이 제작자의 온도한계 이내에서 사용된다면 비석면 대체 개스킷이 석면제품에서와 동일한 유체의 누출을 방지해줄 것으로 잘못 가정하였다.

유감스럽게도 4 in(10 cm) 파이프 대체 개스킷이 파손되어 어떤 정유공장 조업자가 황산에 의해 상해를 입었다. 산이 비석면 개스킷 재질의 아크릴 섬유들을 공격한 것이다. 석면 섬유들은 화학물질의 공격에 저항성을 지닌다.

다른 화학물질 제조사에서 다른 시간에 파이프 플랜지에서의 잘못된 개스킷 도입에 따른 예기치 않은 화재로 인하여 계획된 정지기간이 추가로 한 주일이 늘어났다. 운전정지를 위하여 반응기를 들어내고 이를 시운전하기 전에 용기의 6 in(15 cm) 파이프 개스킷들 가운데 일부를 교체할 필요가 있었다.

그 화학공장은 유연한 흑연 충진재가 있는 스텐레스강 나선형 개스킷과 운모-흑연 충진재가 있는 유사한 나선형 개스킷들을 모두 보유하고 있었다. 그 개스킷들은 비슷하게 보였지만 유도 고리에 서로 다른 색깔 인식표를 지니고 있었다. 사양 개스킷이 설치되었고 반응기가 시운전되기 시작함에 따라 가연성 유체가 새어나와 인화되었다. 이에 따른 손실은 매우 심각하여 시운전이 한 주일동안 지연되었다.

<그림 6-9 이해하기 쉬운 개스킷 보드의 도움에 의한 적절한 파이프 개스킷의 선정>

탱크보존 배기뚜껑에 부적절하게 적용된 태풍대처 절차

태풍의 바람과 이에 수반되는 강력하고 오래 지속되는 폭우는 종종 미국 걸프해안 화학공장들을 위협한다. 이들 잠재적으로 위험한 태풍들에 대하여 거의 매 여름마다 공장구역을 대비하는 것은 흔한 일이다.

이 공장의 장기 근속자들 가운데 일부는 태풍과 동반된 강한 바람이 대형 상압탱크 상부에 설치된 보존 진공/압력 뚜껑을 열어버릴 것이라는 생각을 갖고 있었다. 그들은 강한 바람이 뚜껑을 열어버리고 세찬 비가 수분이 없는 제품을 저장하고 있는 탱크로 유입될 것이라고 믿고 있었다. 어떤 저수분 화학제품을 보호하기 위해서 비의 유입기회를 줄이면서 움직임이 가능하게 하여주는 경첩이 달린 배기뚜껑이 제한되어 열리도록 잡아매는(혹은 붙들어 매는) 방안이 추진되었다. 태풍 후안이 1985년 상륙하게 되어 있었을 때 그 공장은 명백히 24 in(61 cm) 뚜껑을 완전하게 잡아맨 사람을 훈련시키지 않았다.

이 경우 의사소통이 제대로 이루어지지 않았다. 직경 100 ft(30 m)의 탱크가 운전정지되고 비어 있었으며 모든 공정라인들로부터 차단되어 있는 상태에서 보존뚜껑을 붙들어 맬 이유가 전혀 없었다. 조업에서는 질소 차단 시스템을 0.5 oz/in^2 게이지(22 Pa)의 정상적인 설정치로 남겨두었다. 원격 선적탱크는 몇 주일 동안 그 조건으로 유지되어 있었다.

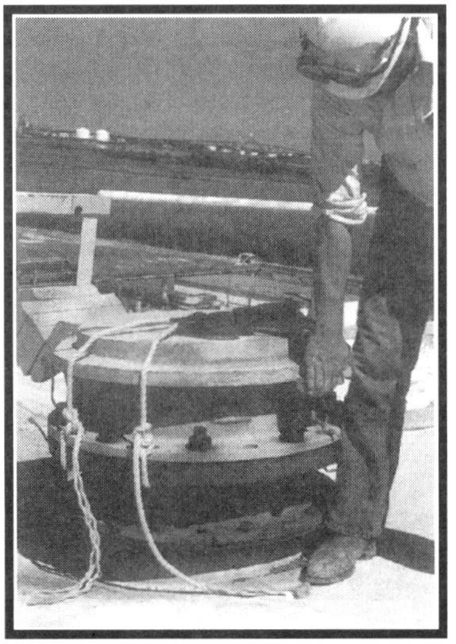

<그림 6-10 강한 바람에 저항하고 비의 침투를 막기 위해 부적절하게 묶여진 경첩 배기뚜껑>

9월 말 찬 기류 전면부가 그 지역을 통과하였다. 야간 온도는 약 50 °F(10 ℃)로 떨어졌으며 낮시간의 온도는 80 °F 정도(약 30 ℃)로 올랐다. 질소 시스템 압력이 0.5 oz/in^2 게이지(22 Pa)로 조정되었다고 가정하자. 탱크 내의 질소가 밤중의 가장 서늘한 시간에 55 °F(13 ℃)로 냉각되었다고 하자. 이제 대낮의 탱크 내 온도가 85 °F (29.5 ℃)에 도달했다고 가정하자. 밤에 탱크의 압력이 0.5 oz/in^2 게이지(22 Pa)였다면 한낮에 누출이 방지된 탱크 시스템의 압력은 14 oz/in^2 게이지(600 Pa) 이상이었을 것으로 기대할 수 있다. 이러한 14 oz/in^2 게이지 압력은 직경 100 ft(30 m)인 탱크의 기계적 설계압력의 거의 8배이었을 것이다[5].

한낮의 열로 기체가 데워져서 탱크 내에서 파괴적인 과압이 생성되었다. 태양에 의하여 가열된 팽창기체는 원뿔형 지붕과 옆 벽면의 상부 일부를 파손시켰다. 상부 수직벽의 강철판 몇 개의 교체와 지붕의 접합부 대부분의 재용접이 포함되는 상당한 수리가 요구되었다. 이 탱크의 주요 수리비용은 거의 56,000달러(1985년 미국기준)에 이르렀다.

<그림 6-11 졸속개선과 기후 변동으로 야기된 과압문제>

<그림 6-12 수리가 진행중인 대형 탱크>

배기밸브의 재설치 중에 문제를 일으킬 수 있는 배관공

전적으로 설명할 수 없는 이유로 어떤 기능공이 2-in 파이프로부터 1½-in 파이프로 배출을 줄여주는 파이프 접합을 이용하여 작은 부착 안전배기 밸브(SRV)를 재설치하였다. 이 SRV가 압축된 공기를 배기시켜 주는 것이라면 후압으로 재빨리 닫혀버릴 것이다. 이 장치는 다시 튀어 열리고 다시 급속하게 닫힐 것이다. 아주 짧은 시간 동안에 밸브는 스스로 파손될 것이다. 장착 안전배기부에서 유일하고도 부적절한 SRV 배출파이프에 대한 보고서가 있었다. 만일 SRV 배출관이 수평이고 시계 반대방향의 분사를 제공하기 위하여 90도의 L자형이 설치되어 있다면 SRV는 회전하다가 연결된 노즐로부터 이탈될 것이다.

<그림 6-13 축소된 배열관으로 다시 설치된 안전 배기밸브>

파이프 접합공의 다른 실수

파이프 접합공은 종종 역 채움 단절판을 위아래를 반대로 하여 설치하였다. 단절판 제조사양에 따르면 이는 대개 단절판의 분출압력이 제작자가 배출압력으로 보장해 주는 압력보다 50%가 더 클 것임을 의미한다. 그러한 사고들은 수많은 공장들에서 일어났을 것이며 이에 대한 말들이 많았겠지만 문서로 남겨진 것은 거의 없다.

공정설계 엔지니어들은 흔히 단절판을 반응기, 증류탑, 그리고 파이프의 1차나 2차

과압장치로 사용한다. 많은 화학물질 제조회사들에서 단절판은 특히 시스템이 부식성, 가연성, 발암성, 혹은 유독성 물질을 포함하는 경우 안전 배기밸브의 상류에 설치된다. 단절판의 초기 설계는 압력원으로부터 미리 돌출된 단절판을 사용함으로써 단절판 등급의 70~80% 까지 시스템의 조업을 허용하였다.

보다 새로운 단절판 설계, 특히 "역 채움 형태" 는 단절판의 90%까지 운전압력을 허용함으로써 조기 사고 및 이와 연관된 누출이 보다 적어졌다. 역 채움 단절판들은 가압 유체를 향해 돌출된 표면과 함께 설치된다. 이들은 널리 사용되지만 종종 위아래가 거꾸로 되어 설치되어 배기압력을 상당히 증가시킨다. 단절판의 적절한 설치를 확실히 하기 위해서는 가압 시스템을 바라보았을 때 인식 태그가 보여야 한다.

단절판의 위아래를 바꾸어 설치하는 단순한 실수는 잠깐 동안에 쉽게 이루어지며 과압보호 시스템 전체를 위험에 처하게 할 수 있다. 단절판 제조자 대표들과 엔지니어 및 조립자들은 적절한 단절판 처리를 논의할 수 있다.

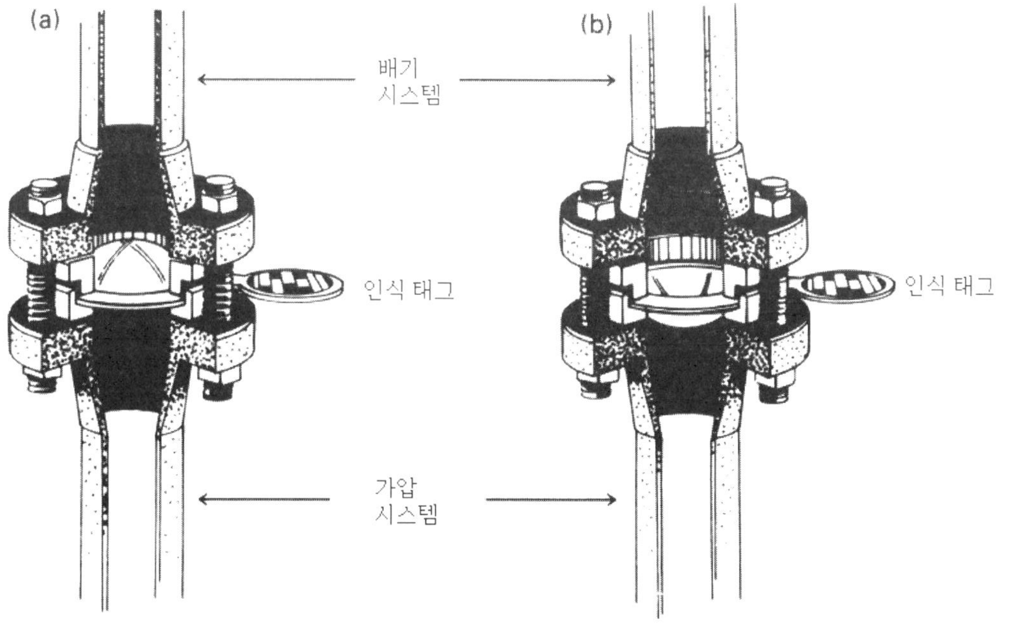

<그림 6-14 미리 돌출된 단절판의 적절한 설치와 역으로 뒤틀린 단절판의 설치>

진공배기장치로서 열린 배기장치에 대한 관심의 결핍에 따른 탱크의 부분적인 파열

미국의 따뜻한 남부에 있는 공장의 화학공정은 주기적으로 비교적 큰 두 개의 저압 32% 염산탱크로부터 산을 공급받고 있었다(**그림** 6-15 참조). 두 개의 둘레가 고무로 된 수평저장 탱크들은 직경이 12 ft(3.7 m)이고 길이가 약 40 ft(12.2 m)였다. 충진조업 도중의 증기에 대해서 물 흡수를 이용하는 작은 배기가스 세정기가 두 산 탱크 모두에서 사용되고 있었다. 그 가스 세정기는 직경이 약 28 in(71 cm)이고 높이가 12 ft(3.7 m) 정도로서 세라믹으로 충전된 작은 수직 용기였다. 상부가 평평한 이 세정기에는 배기공으로 작용하는 4 in(6 cm) 구멍이 있었다. 이 배기구로부터 충진조업 중에 공기가 시스템을 빠져 나갔으며 50 GPM(11.4 m^3/hr) 펌프에 의하여 주기적으로 공정으로 이송되는 산을 제거하기 위해 공기가 유입되었다.

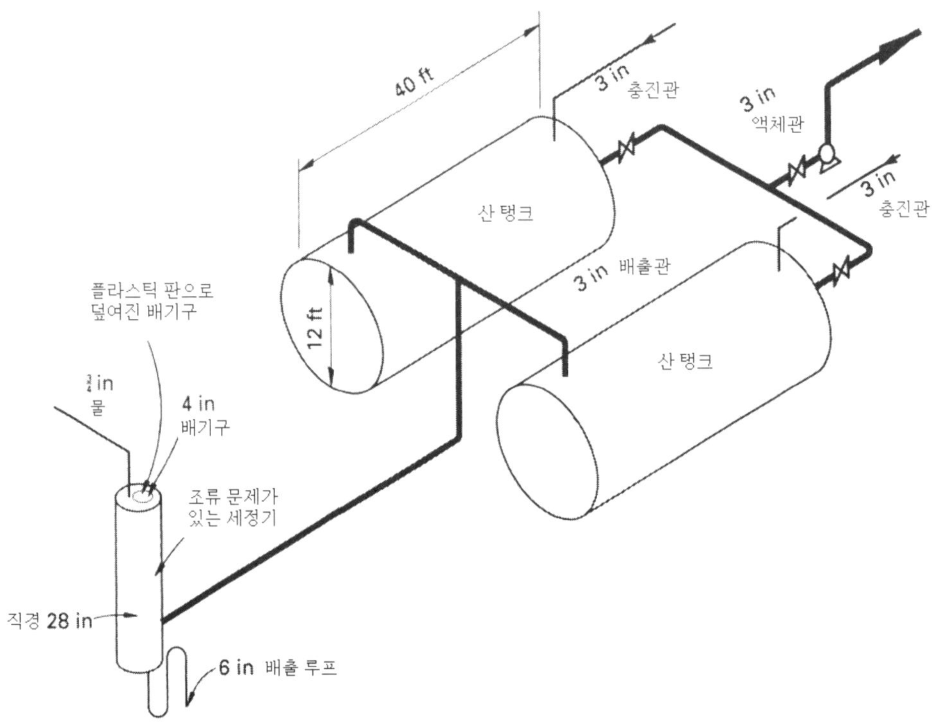

<그림 6-15 탱크가 부분적으로 흡입되기 전의 산 시스템. J. M. Jarnagin의 승인 하에 전재>

작은 세정기는 조업상 약간의 어려움을 나타내는 것으로 여겨졌으며 부분적으로 막혔던 것 같았다. 감독자는 사다리를 올라가서 배기구를 들여다 보고는 조류가 크게 번식하는 것을 관찰하였다. 감독자는 그 조류가 운전문제의 일부가 틀림없다고 여기고는 햇빛을 차단할 경우 그 조류들은 죽을 것이라고 생각했다.

그는 햇빛이 세정기에 유입되는 것을 차단하기 위해 작은 불투명 PVC 판을 개구부 위에 간단히 올려놓았다. 이렇게 함으로써 그는 자기도 모르게 배기구를 개선한 것이었다. 느슨하게 맞추어진 PVC 판은 산이 주기적으로 50 GPM(11.4 m^3/hr)의 유량으로 배출됨에 따라 공기가 탱크 내로 흘러들어가는 것을 제한시켰다(거의 흐름을 차단했다). 탱크 내부압력이 하강하고 한 탱크의 상부는 부분진공으로 인하여 빨려 들어갔다.

물 한 양동이로 파괴된 탱크

변경 시스템이 잘 운영되는 이름있는 화학회사의 운전팀은 2001년 봄 짧은 시간의 개선으로 21,000 갤런의 저압 수직탱크가 파열되었을 때 당황했다. 직경 12 ft인 용기는 5 갤런 양동이와 5 갤런도 안되는 물을 이용한, 의도는 좋았던 개선으로 파괴되었다. 폐기처분할 만한 것은 아무것도 없었다.

이 탱크는 궤도차로부터 주기적으로 강한 가성소다 용액을 공급받도록 고안되어 있었다. 파이프의 유입부는 용기의 상부로 연결되어 있었다. 일단 탱크차가 하역되면 하역장소로부터의 충진라인에 저압 수증기를 통과시켜 라인을 세척하고 운송라인이 어는 것을 방지하였다(**그림** 6-16 참조).

그러나 수증기 공정중에 일부 수증기와 공기가 넘침관으로부터 새어나온 미량의 가성소다를 포함하는 액적을 형성하였다. 수증기 공정중에 누군가가 바로 인근에 있었다면 벌에 쏘이는 듯한 감각을 경험하였을 것이다. 조업자가 보통의 5 갤런 플라스틱 양동이를 넘침관 두고 이를 물로 채웠다. 이러한 방법으로 수증기와 공기는 물을 통하여 방울로 나오면서 가성소다 액적을 잡아낸다.

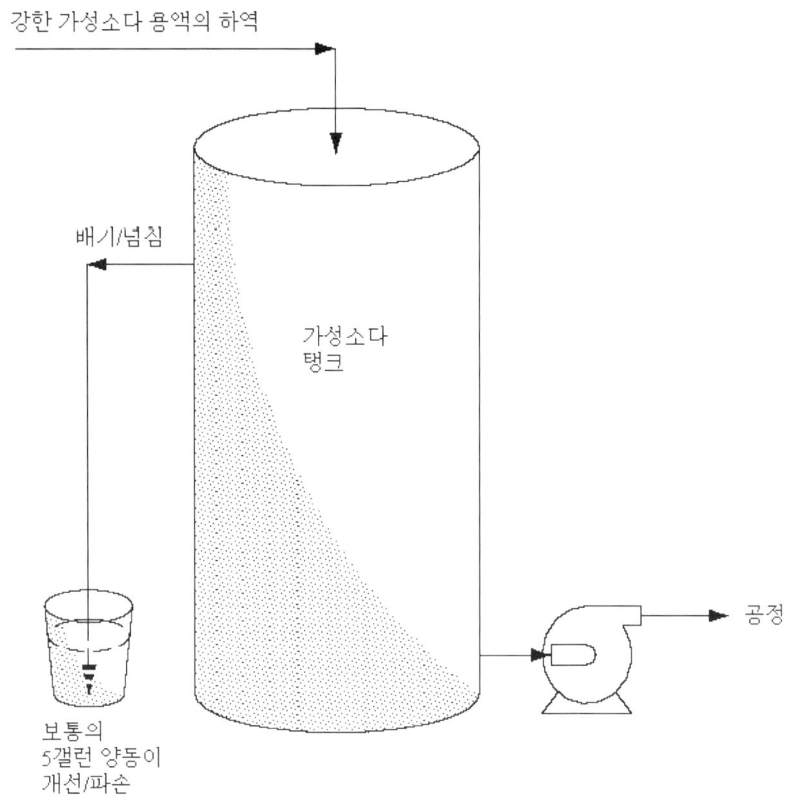

<그림 6-16 넘침흐름 관에 양동이가 설치된 가성소다 탱크. Manual David 의 승인 하에 전재>

그러나 넘침관은 또한 배기관으로도 작용하였다. 요약한다면 탱크의 내용물이 배출되는 과정에 있을 때 부분적으로 붕괴되었다. 넘침관 양동이의 물이 공기 흐름을 막았고 이로부터 야기된 부분진공이 너무나 강해서 탱크는 완전히 파열되었다.

손상된 탱크의 어느 부분도 재사용될 수 없었다. 대체 탱크의 재설치로 소위 "벌 쏘임" 의 방지가 향상되었다. 새로운 설치라인은 **그림** 6-17에 보인 바와 같다. 가성소다 유입라인은 바닥 부근으로 향하는 표준형 다리모양의 설계였다. 양동이는 적절히 고안되고 설치된 봉합 포트로 대체되었다. 포트의 수위는 아주 얕아서 어떠한 펌브배송 조작에서도 용기의 진공등급을 초과하지 않으면서 공기가 들어올 수 있었다.

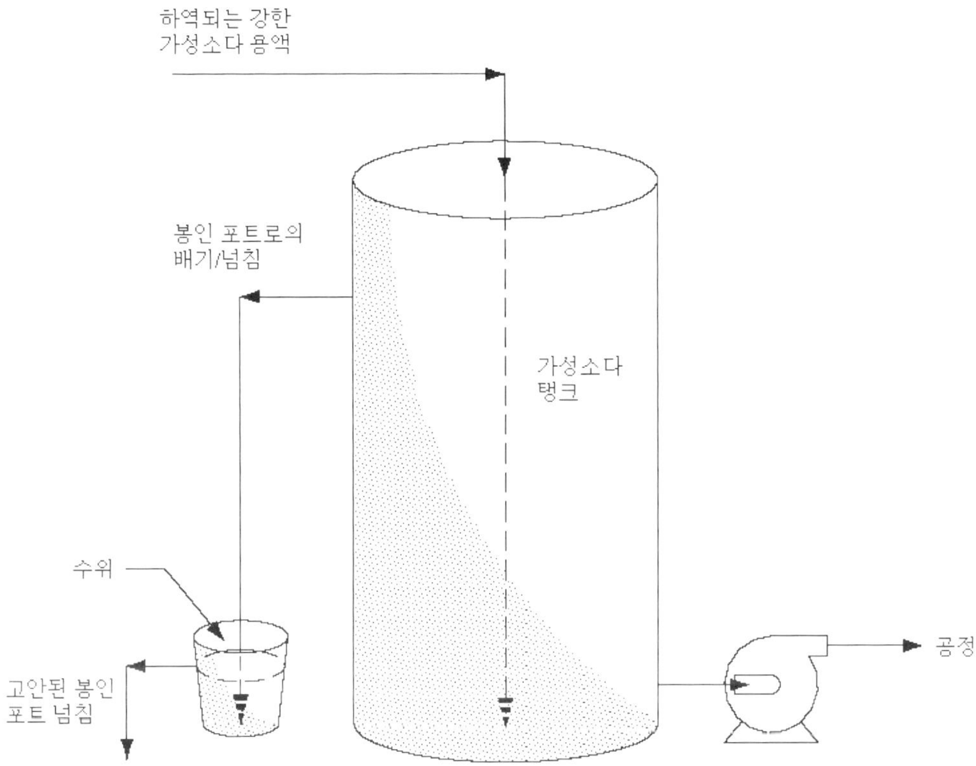

<그림 6-17 적절히 설계된 봉인 포트가 있는 재고안된 가성소다 탱크. Manuel David의 승인 하에 전재>

열린 배기구에 대한 고려의 결핍에 따라 두 생명을 앗아간 압력배출장치

혼합과 모장에 이용되는 지붕에 설치된 수평 탱크가 갑자기 폭발하여 두 명의 종업원이 희생되었다. 이 탱크는 용융점이 212 °F(100 ℃)인 왁스처럼 생긴 물질을 저장하고 있었다. 저녁마다 다음날의 운전을 위해서 조업자가 탱크를 다시 채웠다.

실린더형의 이 저압 수평탱크는 설계등급이 5 psig(0.3 bar)였으며 수증기 코일로 가열되었다. 탱크로의 수송라인은 수증기로 세척되었고 청결하게 유지하기 위해 단열되었지만 유입 전달파이프에 대한 열 세척 및 단열 시스템은 이상적인 것에는 미치지 못하였다. 유입 파이프는 몇 가지 경우에 있어서 세척할 목적으로 라인의 고립을 위해 이탈시켜야 했다(**그림** 6-18 참조)[7].

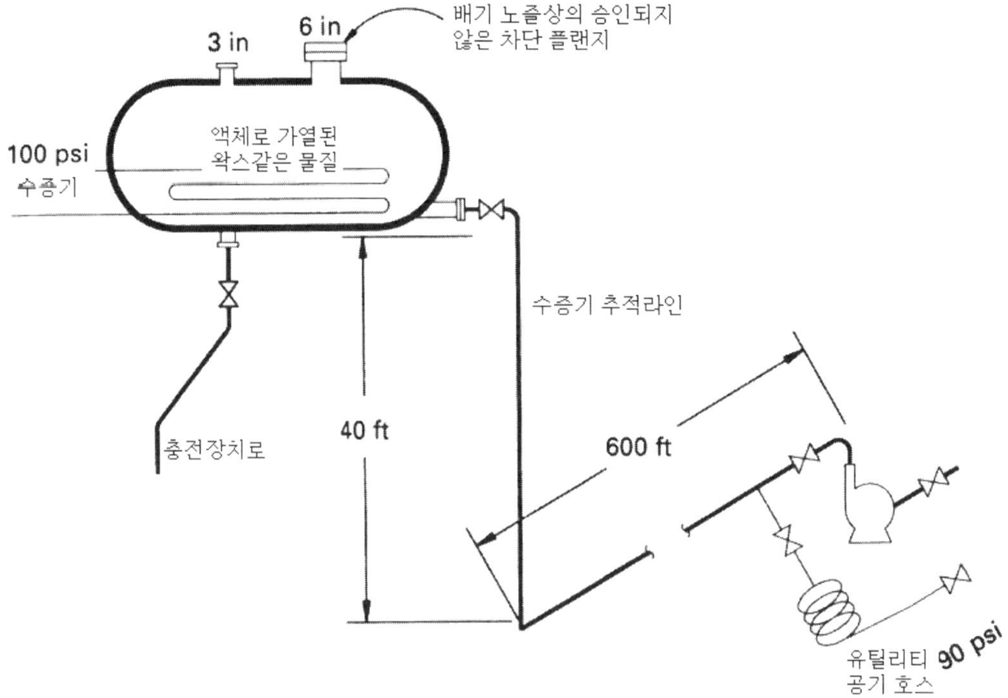

<그림 6-18 이동 전의 저장탱크의 폭발. J. M. Jarnagin의 승인하에 전재>

사전 절차는 이송라인이 운용되기 직전에 왁스 물질 이송관을 압축공기로 깨끗하게 하는 것이었다. 사고나던 날 저녁 한 조업자가 200 m(600 ft)의 공급관을 청소하기 위해 공기 호스를 90 psig(6 bar)의 공기 공급원에 연결하였다. 그 조업자는 위쪽 탱크로 걸어가서 공기가 탱크 배기구로 분출되는 소리를 들을 수 있는지 확인하고자 하였다. 그는 아무 소리도 듣지 못하였다. 그는 20 m^3(700 ft^3, 혹은 5,300 갤런) 탱크의 끝 부분에서 조업하고 있던 두 명의 정비공들에게 이를 얘기하고는 그의 감독자를 찾으러 떠났다. 바로 그 후 탱크의 한쪽 끝부분이 날아갔고 두 명의 정비공들은 40 ft(12 m)를 날아가 사망하였다[7].

도면에 따르면 직경 6 in(150 mm)의 열린 노즐은 원래 탱크 배기구로 간주되었다. 7년에 걸친 운전동안 이 6 in 플랜지는 차단되었고 사용되지 않던 3 in(75 mm) 노즐이 배기구로 작용하였다. 아무도 이러한 "짧은 순간의 개선"이 이루어진 것을 몰랐다. 많은 유사한 제품을 생산하는 이 공장의 다른 구역에서의 경험으로 3 in 배기공은 왁스로 막힐 수 있다는 것을 알았지만 6 in 노즐은 막히지 않았을 것이 거의 확실하였다[7] (**그림** 6-16 참조).

- 열린 노즐을 통한 탱크 배기구에 대한 교훈

열린 노즐은 일차적인 구조장치가 될 수 있으며 안전배출밸브와 마찬가지로 취급되어야 한다. 그러나 이번 사고는 물론 이전의 두 사고들에서 열린 배기구들은 언제나 안전배출밸브와 동등하게 취급되지 않았다. 어떤 공정 감독자나 화학공정 조업자도 계산을 해보도록 요구하지 않고 정비공에게 배출밸브를 더 작은 것으로 교체하도록 요청하는 것은 꿈도 꾸지 못했을 것이다[7].

구조장치로 작용하는 열린 배기구는 막히지 않은 것을 확실히 하기 위해 정기적인 검사항목으로 등록되어야 한다. 과압 보호의 목적으로 고안된 어떤 열린 배기구도 쉽게 차단될 수 있도록 설계되어서는 안된다는 것 또한 자명한 사실이다[7].

<참고문헌>

1. Lorenzo, D. K., A Manager's Guide to Reducing Human Errors—Improving Human Performance in the Chemical Industry, Chemical Manufacturers Association, Washington, D.C. July 1990, p. 16.
2. Sanders, Roy E., "Plant Modifications: Troubles and Treatment," Chemical Engineering Process, Feb. 1983, p. 76.
3. Sanders, R. E. and Wayne Spier, "Monday Morning Quarterbacking: Applying PSM Methods to Case Histories of Yesteryear," Process Safety Progress 15 No. 4, Winter 1996: pp. 189-93.
4. Sanders, R. E., D. L. Haines, and J. H. Wood, "Stop Tank Abuse," Plant/Operations Progress, Jan 1990: p. 63.
5. American Petroleum Institute, Safety Digest of Lessons Learned, "Safety in Unit Operations," sec. 2, Washington, D. C., 1979, pp. 94-95.
6. Mansfield, D., "An Explosion in a Cooling Water System," Loss Prevention Bulletin 94, Warwickshire, England: Institution of Chemical Engineering, Aug. 1990, p. 25.
7. Kletz, Trevor A., Learning from Accidents in Industry, Guildford, U.K.: Butterworth Scientific, 1998, ch. 7.

7장

컴프레서, 호스, 그리고 펌프가 연관된 사고

컴프레서, 호스, 그리고 펌프들은 매우 널리 이용되며 화학공장, 정유공장 및 터미널들에서 핵심적인 장치들이다. 이 장치들 각각은 안전한 방법으로 한 곳에서 다른 곳으로 화학물질들을 운반하여 준다. 각 요소들은 산업분야에 훌륭한 기여를 하고 있지만 이들 각각은 적절히 사양이 지정되어야 하며 올바르게 설치되고 유지되어야 한다. 이 장치요소들을 포함하는 몇 가지 사고들이 이하에서 다루어지고 있다.

왕복식 컴프레서

왕복식 컴프레서는 화학, 오일, 그리고 기체산업 분야에서 압축성 유체를 안전하게 이동시키는 데에 널리 이용된다. 대용량 변경의 처리와 고출력 압력의 생성에 있어서 왕복식 컴프레서는 다른 형태의 컴프레서들(예를 들면 원심력 및 로터리형)에 비해 유리하다[1].

적절히 설계되고 설치되고 운전된다면 이 컴프레서들은 잘 작용한다. 그러나 컴프레서의 흡입부로 유입되는 포화증기의 응축에 의한 액체와 연관된 문제점들에 대한 보고들이 있다. 대표적인 왕복식 컴프레서 설계는 흡입부의 액체 축적을 잘 견뎌내지 못하도록 되어있다. 컴프레서에 비압축성 유체가 도입되면 컴프레서 헤드가 날아가 버릴 가능성이 있다.

중요한 운전장치의 다른 부분들과 마찬가지로 조업자는 그 장치와 한계점들에 대한 세부 사항들을 이해하고 있어야 한다. Trevor Kletz는 최근의 그의 저서 *여전히 잘못 되어가고 있다*에서 많은 탁월한 짧은 사례들을 제시하고 있다. 그는 공정-공장 사고들을 메시지와 함께 깔끔하게 설명하고 있다[2].

Kletz는 왕복식 컴프레서를 포함하는 용기에 싸인 장치에 대한 사례를 제공하고 있다. 그 컴프레서는 시작부터 잘못 가동되었다. 배출밸브는 닫힌 위치에 있었으며 실린더 막대 둘레의 패킹이 날아가 버릴 때까지 압력이 증가되었다. 이 컴프레서에는 조업자가 조처를 취하도록 경고하여 주는 단순한 감시장치에 불과한 배출밸브가 설치되어 있었다. 그 감시장치는 장치의 전체 출력을 배출해주는 능력이 없었다. 오늘날의 기준으로는 이는 허용될 수 없는 설계이지만 이 예는 모든 장치에 대한 가능한 공정안전 정보의 필요성을 지지하여 주고 있다[2].

날아가 버린 컴프레서 물 재킷 조각

1977년 6월 아침 이른 시각에 컴프레서 헤드 물 재킷이 격렬하게 파열되어 떨어져 날아가 버렸다. 손바닥 크기의 금속 조각이 약 50 야드 정도 날아갔다. 이 금속파편은 공장내 도로와 개활지를 가로질러 날아가 저장탱크를 타격했다. 이 철 미사일은 대형 산 탱크의 사다리 뼈대 테두리를 구부렸고 산 탱크에 약간의 겉보기 손상을 야기시켰다[3].

그 추진체는 단순히 억눌려 있던 물과 수증기 압력이었다. 그 파괴적인 압력 누적은 컴프레서가 냉각수 흐름이 없이 5시간 이상 운전된 결과였다. 컴프레서 피스톤이 계속 운전됨에 따라 냉각수는 컴프레서 헤드의 물 재킷에 갇혀 있었다. 조사팀은 컴프레서 물 재킷의 붕괴는 운전조건의 결과였으며 컴프레서 헤드의 금속손상 분석은 불필요하였다고 결론지었다. 손실은 즉각적이고 제한되었으며 가스의 누출은 없었고 이 사고는 현장 응급팀의 주의를 필요로 하지 않았다. 다행히도 이 사고로 인한 인명피해는 없었다.

<그림 7-1 물 재킷이 파열된 왕복식 컴프레서>

<그림 7-2 컴프레서의 파열된 물 재킷의 근접모양>

- 컴프레서 시스템 세부사항

왕복식 컴프레서는 화학공장의 덮여진 격납고 아래에 옆으로 나란히 설치된 3개의 동일한 장치들 가운데 하나였다. 이 컴프레서들은 하루에 약 50톤의 산 기체를 25 psig로부터 175 psig로 압축시킬 수 있었다. 이 컴프레서는 300 RPM으로 운전되었으며 150 마력의 전기모터로 구동되었다. 30년 된 이 컴프레서는 처음에는 재킷에 냉각수가 흐르도록 설계되었다. 초기에는 3/4 in 밸브로부터 물이 공급되었다. 이 물은 컴프레서 재킷으로부터 유출되어 깔때기로 들어갔으며 따라서 조업자는 흐름을 눈으로 볼 수 있어서 물을 차단시키는 대책이 없었다[3].

처음 설치된 후 10여년 이상 지나서 지하수에 대한 의존성을 줄이려는 공장 전체에 걸친 프로젝트가 수행되었다. 냉각 시스템은 순환 냉각탑 물로 전환되었다. 당시에 컴프레서에는 냉각수 유입부, 배출부, 그리고 냉각수 배출 접합부에 수동으로 운전되는 3/4 in 수동밸브들이 설치되었다. 이들 세 개의 밸브들이 모두 닫힘 위치에 있다면 냉각수는 컴프레서 물 재킷의 제한된 공간에 갇힐 수 있다. 컴프레서 피스톤이 앞뒤로 움직임에 따라 재킷 내에 갇혀진 냉각수는 가열되고 이어서 가압되었다. 이러한 차폐 조건에 대한 온도경보는 없었다[3].

- 컴프레서 시운전 세부사항

어느 여름날 저녁 선임 조업자는 두 명의 훈련 조업자들과 함께 제 1번과 3번 컴프레서를 가동하여 대부분의 주간 교대 동안에 가동 정지된 장치에 원료를 공급하기 시작하였다. 시운전 과정의 두 번째 단계는 "컴프레서 물 재킷에 물을 넣는" 것이었다. 이 단계는 제 1번 컴프레서의 시운전 때에는 우연히 생략되었으며 온도는 천천히 상승했을 것이다. (대개 간단한 운전정지 동안에는 물 밸브들은 조작되지 않으므로 이는 체크되지 않았을 것이다.)

되돌아보면 그것은 간단한 실수였다. 냉각수 유입부, 유출부, 그리고 배출밸브들은 닫힌 위치에 있었다. 운전되는 컴프레서에 의하여 형성된 열 에너지는 컴프레서 물 재킷 내에 과압 조건을 생성하였다. 생성된 마찰 에너지는 물을 가열시켰으며 외부 컴프레서 헤드 물 재킷을 파열시켰다. 조사팀은 컴프레서 밸브 캡의 금속 리드 세척기가 녹아버렸고 밸브의 페인트 색이 탈색됨과 함께 고온임을 확인시켜 주었음을 파악하였다[3].

- 컴프레서 사고의 근본 원인들

사고의 근본 원인은 컴프레서 가동시에 냉각수 막힘을 해제시키지 못한 것이었다고 결정되었다. 장치 설계 또한 사고 발생에 주요 역할을 하였다. 운전과정에서 일단 하나의 단계가 생략되었다면 문제가 진전되는 것을 검지하거나 억제하기 위한 제어는 부적절하였다. 장치의 설계는 조업자에게 컴프레시의 고온조건을 경고하여 주기 위해 제어실에 경고나 온도지시를 제공하여 주지 않았다. 컴프레서 물 재킷에는 과잉압력을 배출시키기 위한 배출장치가 설치되지 않았다[3].

반복 발생을 없애기 위해 일련의 장치, 계기, 그리고 과정의 변경이 제안되었으며 수용되었다. 추가의 장치나 소프트웨어에 의존하지 않고 유사한 사고를 줄이는 한 가지 방법은 시운전이나 가동정지 과정의 각 단계가 종료되는 시간과 첫 글자를 필요로 하는 간단한 체크 목록을 엄격히 사용하는 것이다.

<그림 7-3 다시 설치된 왕복식 컴프레서>

플릭스보로 재앙에서의 물 호스

제 5장에서 논의된 바와 같이 영국 플릭스보로의 Nypro 공장에서 일어난 폭발은 전체 화학산업, 특히 유럽 화학산업에 지대한 충격을 생성하였다. 요약한다면 1974년 6월 1일의 이 폭발은 전쟁규모의 차원이었다. 폭발 에너지는 TNT 15톤의 위력과 대등하였다. 공장에서 28명이 희생되었고 36명이 상해를 입었다. 공장 외부에서는 1821 가구와 167개의 가게와 공장이 어느 정도의 손상을 입었다[4].

공장 개선의 위험에 대한 거의 모든 논의는 이 사고를 공장 개선에 대한 제어의 필요성을 보여주는 보기로 이용한다. 저자들은 거의 예외없이 6 ft 길이의 균열을 일으킨 5번 반응기를 우회하도록 부적절하게 설치된 직경 20 in(500 mm)의 파이프에 관심을 집중한다. 그러나 그 균열의 원인은 대개 단지 간략하게만 언급된다.

그렇다. 간단한 물 호스, 혹은 냉각수를 5번 반응기의 교반기 패킹 누르개로 향하게 한 것이 이 비극의 일차적 전조였다. 그 호스는 소량의 물줄기를 패킹 누르개로 유도시켜 소규모의 시크롤헥산 누출이 냉각되도록 하였다. 냉각수는 질산염을 함유하고 있었다. 불행히도 질산염은 스트레스 부식 균열을 도왔고 이로부터 5번 반응기에 균열이 생겨 이를 수리해야만 하였다[4]. 장치 위에 물을 붓는 것은 일단은 추가의 냉각이나 누출물질의 흡수를 제공하여 주는 일상적인 방법이었다.

호스의 사용에서 비롯된 보팔 비극

1988년 7월 스트리트 저널의 표지와 주요 기사는 환멸을 느낀 조업자가 호스를 가지고 짧은 순간의 공장개선을 시작하였다는 유니온 카바이드의 생각을 설명하고 있다.

✓그 기사는 다음의 세 문장들로 시작된다 :

> 추운 겨울밤 인도 유니온 카바이드 사의 불만을 품은 조업자가 수천 갤런의 유독성 화학물질을 보관하는 저장 탱크들이 있는 보팔 살충제 공장의 황량한 지역에 숨어들었다[6]. 그는 한 탱크의 압력 게이지를 제거하고 개구부에 물 호스를 부착한 다음 꼭지를 틀었다. 그가 몰래 사라진 후 두 시간이 지나 그가 전에 볼 수 없었던 재앙이 펼쳐지기 시작하였다. 탱크는 굉음을 내었다. 증기는 배출탑으로 유입되었다. 거대한 유독성 가스 구름이 밤하늘을 떠다녔다.
>
> 유니온 카바이드 사가 믿는 바로는 그러한 일련의 사고들은 1984년 12월 2일과 3

일 보팔에서 2,500명을 희생시키고 수천명 이상에게 상해를 입힌 가스 누출을 설명해 주고 있다. 그 회사는 -제 3 세계에서는 조잡한 협동작업이 아닌- 사보타주가 소위 역사상 최악의 산업 재해를 야기시켰다고 주장하였다[6].

다른 새로운 보도나 조사 보고서는 시스템 내의 물의 존재로 인하여 폭발적 반응에 이르렀다는 사실을 인식하고 있다. 그러나 몇 가지의 다른 보고서들에서는 물이 유입된 정확한 경로를 인식할 수 없었다.

부적절한 정비용 세정호스의 설치에 따라 야기된 문제

대형 옥외설비에서 일출 전에 두 화학공정 조업자들이 정비계획에 따라 파이프 헤더를 다루고 있었다. 잘 인정되고 잘 훈련되고 성실한 이 조업자들은 파이프 라인 세정을 준비하는 중에 유틸리티 공기 호스를 무심코 잘못된 파이프로 연결하였다. 그들은 인근의 라인으로 끌어당겨 연결하였는데 그 라인은 증발되는 산 액체로 가압되고 있었다. 이 작업으로 보다 고압의 (약 250~290 psi에서 이송되는) 산 액체가 (90~100 psi) 유틸리티 공기 시스템으로 역류하게 되었다. 이 실수로 300,000 달러 이상의 수리비가 소요되었으며 환경기관에 다수의 보고서를 제출해야 했다. 이는 간단한 실수였다고 결론짓는 것은 쉬운 일이지만 실은 그 이상이었다.

야간시간의 파이프 배열은 기하학적으로 현혹되기 쉬우며 인접 접합부의 밝은 노랑색 페인트에 대하여 녹 색깔의 밑칠로 감추어진다. 2층의 격자 아래에 3개의 병렬 2 in 파이프가 있었다; 각 라인에는 수증기를 마구 섞는 세정 연결부가 있었다(파이프 집합관에 대한 **그림** 7-4를 참조). 세 병렬 파이프 라인들 각각에는 세정을 위한 3/4 in 신속연결 접합부와 밸브들이 설치된 별개의 3/4 in 수평 세정 파이프 연결부가 있었다. 세정 연결부는 격자높이 근처에 위치하였다. 아울러 적절하게 라벨이 붙여진 3개의 직경이 4 in인 수직 병들이 있었다. 그러나 북쪽 병에 대한 세정 연결부는 중간 병의 바로 전면에 있었다. 중간병의 세정 연결부는 남쪽 병의 바로 전면에 있었으며 남쪽 병에 대한 세정 연결부는 동일한 밝은 노랑색으로 칠해지지 않았다. 조명은 허용할 수 있는 수준이었다[7].

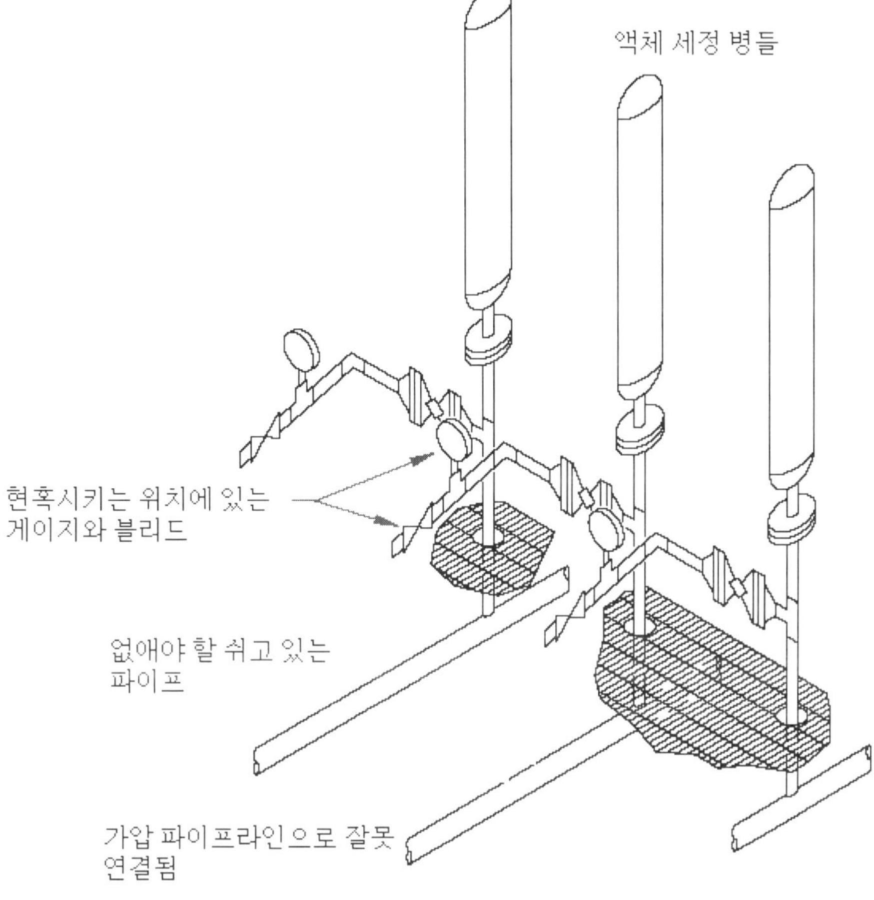

<그림 7-4 파이프 집합관. Manual David의 승인 하에 전재>

- 상황의 악화

정비를 위한 세정 파이프 작업은 이 장치에 경험이 많은 조업자들에게는 거의 습관적이었다. 대체적으로 파이프 세정은 일상적이며 큰 일이 되지 못한다. 그러나 이번에는 유틸리티 건조공기 시스템 또한 운전구역에서 계기공기를 위한 공기공급원으로 이용되고 있었다. 따라서 위의 부식성 물질은 계기 공기 시스템을 통하여 감시제어 시스템으로 역류될 수 있었다. 이 역류는 값비싼 계기의 손상을 초래하였다.

처음에는 운전구역 전체에 걸쳐 증기가 발견되었다. 밤에는 문제의 크기를 추정하기가 거의 불가능하였다. 누출원을 규명하기가 어려웠다. 훌륭한 조업자 대처기법으로서 조업자들은 세정과정을 중단하였다. 과정의 중단은 공급원을 고립시켰는데 당시에는 그들은 이를 알아차리지 못하였다. 헤더의 잔류 산 기체들이 공기 블리드와 세정 연결부로부터 스며나왔으며 누출은 4시간 이상 지속되었다. 일단 문제가 잘못된 호스 연결로 인식되자 상당한 양의 흩어진 화학물질이 흡입 시스템으로 회수되었다. OSHA PSM 목록 화학물질의 우연한 누출에 대한 공식적인 조사팀이 구성되었다. 이 팀의 멤버들에는 장치 감독자, 사고중의 응급조정자, 엔지니어링 서비스 감독자, 그리고 다른 몇 사람들이 포함되었다[7].

<그림 7-5 과압으로부터 파이프를 보호하는 팽창병>

– 부적절한 세정의 영향 및 결과

계장 공기 시스템으로의 산 기체 침투에 의한 분석기 및 계기들의 손상은 막대하였다. 수비비용으로 300,000 달러가 소요되었다.

✓조사팀은 다음과 같이 결론을 내렸다 :

- 이 사고는 자질있고 잘 훈련되었으며 믿음직한 조업자들의 인간적인 실수에 따른 결과였다. 조업자들이 호스 연결을 위해 접합부를 변경시키는 데에는 몇 단계들이 소요되었다. 파이프 배열은 기하학적 구조와 페인트 색 모두에서 현혹되기 쉬웠다. 야간의 조명 아래에서는 파이프 연결부는 더욱 잘못 인식된다.
- 계장 공기를 위한 100 psi 건조공기 시스템의 사용은 검토되어야 한다.
- 누출은 부식성 물질이 인간적 실수로 인한 유틸리티 공기 헤더로의 역류 및 유틸리티 공기 시스템으로부터 공급되는 계장 공기 시스템에서의 누출, 세정 및 새어나옴으로부터 비롯된 것이다.
- 세정 조업의 운전정지에 따른 조업자들의 신속한 대처는 비록 그것이 원인이었던 것으로 의심되지는 않았지만 공기 시스템 내로 유입되는 부식성 기체들의 양을 최소화하는 데에 기여하였다. 응급 대처팀에 의한 전문적인 대응은 매우 훌륭하였다[7].

<그림 7-6 남쪽 병 전면의 중간팽창 병에 대한 호스 연결을 보여주는 파이프 배열 근접사진>

– 이러한 부적절한 세정 사고에 대한 권고사항

✓조사 보고서는 다음과 같이 언급하고 있다 :

- 이 사고의 요소들이 공장 전체에 걸쳐 대규모 조업자 그룹에서 논의되어 그들에게 호스에서 발생할 수 있는 중요한 문제들과 이중 및 삼중 체크의 가치를 확실하게 상기시켜 주도록 한다.
- 이구역의 현혹가능한 모습을 줄이도록 상황을 개선시키고 그 장치에서 유사한 상황이 있는지를 체크한다.
- 100 psi 건조공기 시스템에 대한 연구를 수행하여 공기 시스템의 적절한 사용을 결정한다. 이 연구의 초점은 계장용 공기 공급원으로서의 건조공기 시스템의 습관적 사용을 배제시키려는 것이다.

비록 암시되기는 하였지만 조사 보고서는 현혹적인 모양에 기여한 파이프 설계자/설치자 및 설치를 검토한 사람들에 의한 인간적인 실수도 있었다는 사실을 구체적으로 언급하지 않았다. 이러한 형태의 상황들은 P&ID 상에서는 알 수 없다. 직관에 어긋나는 것으로 보이는 파이프 시스템과 상황들은 보다 쉽게 실수를 유도할 수 있다.

고압수소가 우연하게 질소 시스템으로 역류되어 발생한 폭발

Rande Grotefendt는 위에 언급한 것과 유사한 사고로서 350 psi 수소가 90 psi 질소 시스템으로 역류된 것에 따른 세정 사고를 다루고 있다. 이 사고는 폭발로 이어졌지만 아무도 다치지 않았다. 이하에서 2003년 10월 Mary Kay O'Connor 공정안전센터에서 발표한 Grotefendt의 "잘못된 것으로부터의 교훈 – 두 가지 사례" 를 요약해 볼 것이다[8].

고분자 공장의 운전정지 동안 조업자는 플러그를 제거하고 질소 세정 호스를 가압 시스템으로 연결된 고립용 차단밸브 바로 하류쪽 접합부에 연결시키는 임무를 띠고 있었다. 그 조업자는 대신에 잘못하여 차단밸브 바로 상류쪽의 350 psi 수소 시스템으로 이어지는 가압 접합부로 연결하였다. 다음 두 시간 동안 가연성 기체 분석기는 우연히 예기치 않은 장소에서 가연성 물질의 존재를 검출하였다. 조업자들과 감독자는 경보에 대처하였지만 어떠한 탄화수소도 검출하지 못하였다. 사고로부터 2시간 30분이 지난 뒤 최종 탈가스기에서 폭발이 일어났다. 자동 스프링클러 시스템이 작동되어 화재를 진압하였다[8].

이 회사의 접근방법은 이전의 사고에서 언급된 방법과는 약간 달랐다. 그 고분자 공장은 가연성 물질을 함유하는 파이프로의 어떠한 일시적인 연결에 대해서도 역류 방지를 위한 동력 체크밸브를 요구하는 절차를 수립하였다. 그 체크밸브는 양쪽 유체의 최대 설계 공정압력에 대하여 등급이 정해져야 했다[8].

호스는 과다한 남용을 견딜 수 없다

화학물질용 호스는 지정된 용도로 설계되어야 한다. 호스는 압축기체, 정유 제품, 용매, 대량의 화학물질, 산이나 염기와 같은 물질, 그리고 가연성, 유독성, 부식성, 초저온 및 기타 극한 성질들을 갖는 여러 화학물질들을 운반하는 데에 필요하다. 화학물질용 호스들은 트럭, 바지선, 그리고 선박의 선적 및 하역에 사용된다. 이들은 또한 사용이 중지된 장치를 우회하는 데에도 이용될 수 있다.

미국 표준으로 제작된 호스들은 4:1의 압력설계 안전인자를 갖는다. 이는 최대 허용운전압력(MAWP)이 호스의 최소 분출압력의 1/4이어야 함을 의미한다. 이 등급은 일반적으로 72°F 에서 지정되며 많은 사용자들은 운전온도가 증가함에 따라 호스 구조의 MAWP는 감소한다는 사실을 모르고 있다[11].

Stephen Van Pelt는 그의 논문 "안전을 위한 호스 장치의 선택 – 비용의 절감과 사고발생의 감소"에서 "호스 설비는 일반적으로 파이프 시스템에서 가장 취약한 연결부이다. 그 이유는 호스들을 대개 유연성을 향상시키는 재질로 만들기 때문이다. 유연한 관보다 단단한 시스템이 더 수명이 길다. 그러나 호스 설비는 잘못된 파이프 조정에 대응하고 많은 연결부분을 갖는 공정의 효율을 높이며 진동의 고립과 감쇄장치로 작용하기 위하여 유연성을 가져야 한다" [11]라고 언급하였다.

– 호스 선택 지침

호스 사양은 다수의 요구사항에 근거할 필요가 있다. 어떤 호스 기준에는 크기, 이송온도, 최대압력, 유체의 화학적 성질, 호스 재질, 그리고 말단 접합부들이 포함된다. 화학적 호스의 주요 성분들은 말단 접합부, 내부 코어, 압력/진공 강화, 그리고 보호용 외부덮개 들이다. 호스의 정확한 선택에 관한 사항은 이 책의 범위를 벗어난다[11].

- 호스 조합의 유지

호스는 사용 전에 주의깊게 검사되어야 한다. 부풀림, 뒤틀림, 혹은 파손된 덮개등과 같이 손상을 나타내는 명백한 신호는 즉시 살펴보아야 한다. 당연히 말단 접합부는 누출이 없이 꼭 맞는지 확인해야 한다. 운송되는 물질이 극히 가연성이거나 고도로 유독성이면 사용 전에 호스를 테스트해 보아야 한다.

원심력 펌프

원심력 펌프는 산업 운전에서 유체의 전달을 위해 넓은 범위로 응용되고 있다. 원심력 펌프는 신뢰할 수 있고 기계적으로 단순하다. 많은 화학공장들과 정유공장들은 각양각색의 액체와 슬러리들을 운반하여 주는 다양한 크기의 원심력 펌프들을 수백 개 이상 지니고 있다. 이러한 핵심적인 장치들은 물, 가연성 액체, 산, 염기, 그리고 대부분의 다른 유체들에서 이용된다.

원심력 펌프는 산업현장에서 잘 작용하지만 제대로 규격과 사양이 정해져 있고 올바른 재질로 만들어 졌으며 적절히 설치되었다고 하더라도 사고에 수반될 수 있다. 다음에 세 가지의 펌프 사고들이 제시되어 있다. 첫 번째 사례는 잘못된 펌프를 제거하기 위한 정비 도중에 일어난 폭발적 사고를 포함한다. 두 번째와 세 번째 사고는 조업중에 일어났다.

강물 펌프 파이프의 폭발

평범한 강물 시스템으로 보였던 무언가가 폭발했을 때의 놀라움을 상상해 보라. 어떤 화학회사는 세 개의 대형 강물펌프를 약 50년 동안 아무런 사고 없이 안전하게 운전하고 정비해 왔다. 펌프의 제거 중에 일어난 폭발과 상해는 완전히 예상 밖이었다. 그것은 수십 년간 어떠한 뚜렷한 변경이 없었던 펌프 시스템이었다[3].

분당 30,000 갤런의 수직 강물 펌프의 성능은 신통치 않았다. 조업자들은 축에 손상이 간 것으로 의심하고는 월요일 오전 6시 30분 경에 그의 가동을 정지시켰다. 그 날은 겨울이었으며 다른 펌프들이 냉각 소요량을 처리할 수 있었다. 펌프 작업은 다음 날 약 10시 30분 경에 시작되었다[3].

화요일 세 명의 숙련된 기능공들이 펌프 제거작업을 벌이고 있었다. 평판 볼트들이 제거되고 펌프 흡입부는 분리가 필요없었지만 강으로 매달려 있었기 때문에 3/8 in 물 패킹 누르개 분출관이 분리되었다. 용접공이 아세틸렌 불꽃을 사용하여 배출파이프를 지지하고 있던 30개의 볼트들을 절단시켰다. 용접공이 마지막으로 펌프 배출관의 직경 42 in 접합부를 절단하는 순간 물 펌프 배출 파이프 안에서 폭발이 일어났다. 폭발의 위력으로 용접공이 8 ft 이상 밀려 넘어졌다. 용접공은 얼굴과 가슴에 화상을 입었지만 눈에 뜨일 만한 흉터도 없이 몇 주 후에 작업장에 되돌아왔다. 인근의 두 기능공들은 폭발에 의한 파편으로 충격을 받았지만 심각한 상해는 입지 않았다[3].

기능공들과 감독자는 이 구역 내에 가연성 물질이 있다고는 알지 못했기 때문에 경악하였다. 나아가 시스템에 대한 이전의 고온 작업 테스트로부터 아무런 가연성 물질도 드러나지 않았다.

<그림 7-7 인근 강물펌프 시스템>

- 강물 시스템에 대한 세부사항

미국 걸프 코스트 지역에서 강물은 우기 중에는 깨끗한 물일 수 있지만 간혹 소금기가 있다. 강의 깊이와 수질은 강우량, 바람, 조류, 그리고 계절에 따라 좌우된다. 가을에는 조업자들은 펌프 유입구 망에서 종종 새우와 청게를 잡는다. 30,000 gpm 강물펌프는 5개의 펌프를 수용하는 펌프실 안에 있는 50년 전 설치된 원래 설계장치들 가운데 하나이다[3].

위에서 언급한 바와 같이 흠이 있는 펌프는 일출 전 월요일 아침 일찍 정지되었으며 기능공들은 화요일 약 10시30분 경에 작업을 시작하였다. 물 봉함 플러쉬가 분리되기 전에 약 28시간동안 펌프는 쉬고 있었으며 기능공들은 400마력짜리 전기모터를 분리하기 시작했다.

두 번째 날 오후에 두 기능공들과 용접공 한명이 배출 파이프로부터 펌프를 분리하는 임무를 부여받았다. 그 파이프에 어떠한 가연성 물질도 함유되지 않았음을 확실히 하기 위해 인근의 접합부에서 폭발미터 테스트가 수행된 후에 작업 승인이 떨어졌다.

펌프와 파이프는 “드레서” 접합으로 연결된다. 이들 “드레서” 연결부는 30개의 직경 3/8 in 볼트들로 지지되어 있다. 볼트들이 아세틸렌 불꽃으로 절단되면 연결부가 절단된다. 연결부는 기본적으로 직경 42 in의 짧은 파이프로서 너비가 약 9 in이며 1/2 in 두께의 강철로 만들어진다. 용접공이 불꽃을 이용하여 연결부 너비의 약 8 in 정도를 절단했을 때 스파크가 파이프 내로 들어갔다. 다음에 기계공이 12 파운드 해머로 연결부를 때려서 다루기 시작하였다. 강물에 이용되는 강철은 부식되므로 이러한 타격은 파이프를 깨끗이 하는 것에 도움이 된다.

다음에 용접공은 불꽃을 다시 붙이고 남아있는 부분을 절단하였다. 마지막 절단을 수행했을 때 스파크가 파이프 내로 분사되고 있었다. 용접공은 파이프로부터 달아나기 시작했으며 폭발이 일어나서 그는 8~10 ft 밀려나 넘어졌으며 까만 물질이 그를 뒤덮었다. 이 까만 물질은 아마도 검댕, 강물, 진흙, 그리고 금속 알갱이의 혼합물이었을 것이다. 폭발의 힘으로 무거운 펌프와 바닥 판(약 5톤)이 뒤로 날아갔고 빔이 휘어졌다. 180 파운드의 원통형 연결부는 폭발로부터 날아가 버렸으며 팽창되었다[3].

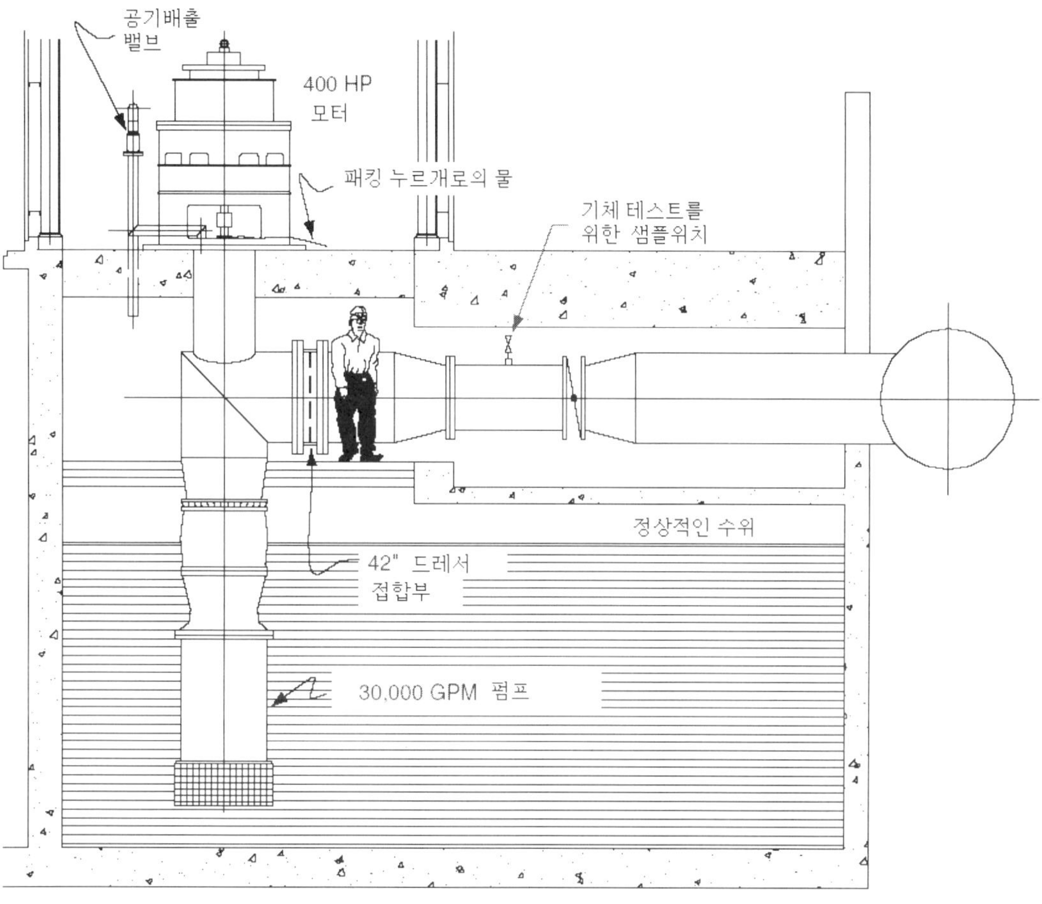

<그림 7-8 정상조건에서의 강물펌프 시스템. Manuel David의 승인하에 전재>

- 연료는 무엇이었는가?

어떻게 가연성 기체가 펌프/파이프 시스템으로 유입되었는가? 왜 폭발미터 테스트는 음성으로 나왔는가? 펌프 내의 연료는 무엇이었는가? 이와 유사한 작업이 과거 50년 동안 되풀이되었다. 왜 이런 사고가 하필 이 시점에 일어났는가?

다양한 분야로 구성된 조사팀이 목격자들을 면담하고 테스트들을 수행하였으며 증거에 따라 제대로 된 결론이 얻어졌다. 조사자들은 분석을 위해 폭발 미터(가연성 기체 검지기)를 계기상에 보냈다. 용접 토치램프 역시 조사되었다. 전문가들은 토치와 미터기가 모두 만족스럽게 작동됨을 확인하였다. 어떤 수중 생물이 부패되어 메탄을 형성하였다는 고려도 있었으나 이 사고에는 해당되지 않았다. 조사팀은 펌프 봉함부로 향해진 물 시스템으로부터 메탄이 연료중에 용해되어 있었던 것으로 결론지었다. 미량의 용해 메탄(약 0.02 부피%)이 펌프 패킹 누르개 상의 직경 3/8 in 관로를 통하여 흐르는 물 속에 축적되었다. 이 메탄은 강물 펌프가 정지되어 있던 28시간동안 포집되었다. 미국 걸프 코스트의 많은 지역의 물들에는 소량의 메탄이 함유되어 있다[3].

<그림 7-9 폭발중에 강물펌프가 어떻게 움직였는지를 보여주는 사진>

<그림 7-10 폭발중에 펌프 파이프 결합이 어떻게 풀어졌는지를 보여주는 사진>

- 가연성 기체의 존재가 왜 감지되지 않았는가?

파이프 배열의 구조에 따라 공기보다 가벼운 가연성 기체가 가두어졌다. 연결부는 직경이 42 in였으며 36 in 까지의 환형 축소기가 있었다. 이는 독특한 상황이었다. 메탄과 파이프 배열의 증거에 따라 조사자들은 가장 그럴듯한 상황을 알게 되었다. 축적된 기체의 양은 연결부에 존재하기에 충분했지만 배출 파이프의 테스트 위치에서는 그렇지 않았다(강물 펌프 시스템을 보인 그림을 참조). 저밀도 메탄은 펌프와 연결부의 상층부에서 별개의 층으로 떠다니기에 충분할 정도로 부유성이 있었다. 메탄의 밀도는 공기 중에서 약 0.6이다. 메탄은 코르크가 물에 떠다니듯 공기 상층부 위로 떠다녔다. 연결부의 마지막 절단이 이루어졌을 때 연소 근처 구역은 연료가 풍부했던 것으로 여겨졌다. 처음의 절단 후에 공기가 메탄을 대체하여 강력한 연소를 위한 충분한 혼합이 이루어졌다. 발산된 에너지는 메탄과 공기가 아마도 열적 혼합을 유발시킨 순간적인 완만연소에 의하여 잘 혼합되었던 것임을 암시해 주었다.

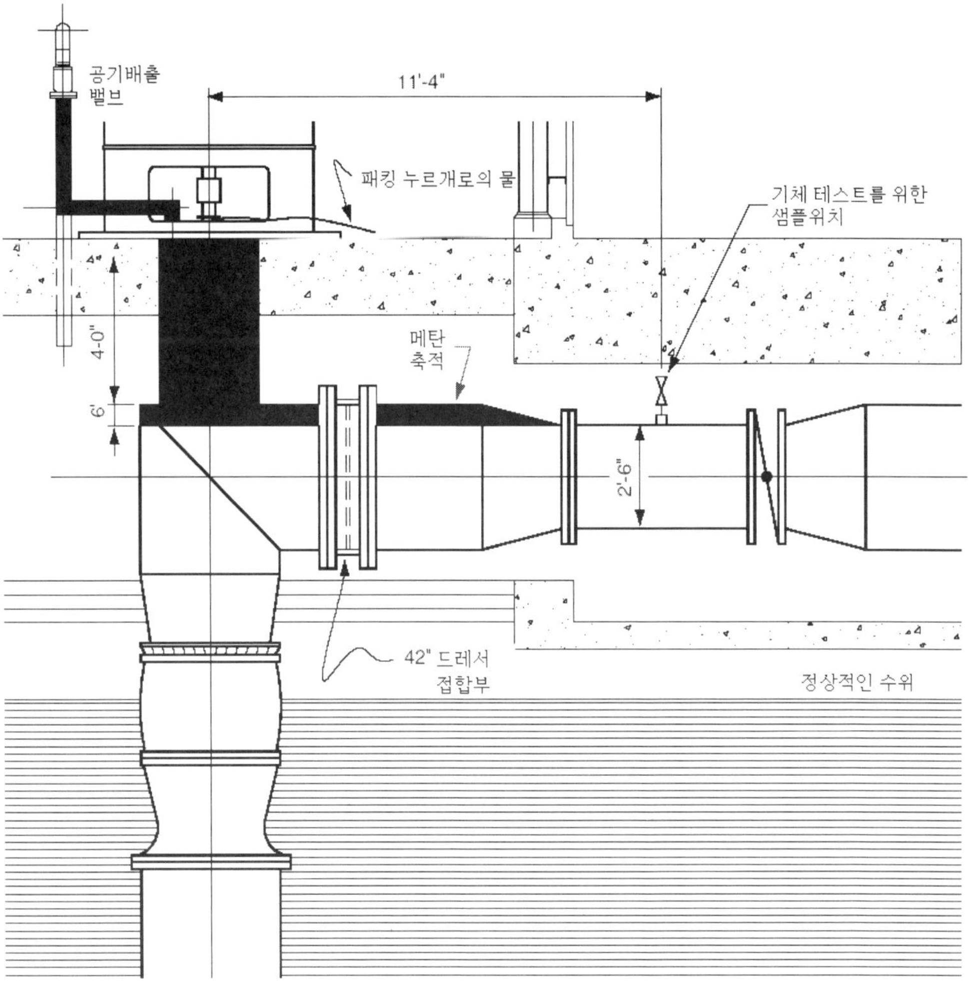

<그림 7-11 강물 파이프에 메탄기체가 어떻게 누적되었는지에 대한 도면>

- 보완조치

✓보완조치에는 다음 사항들이 포함되었다 :

- 윤활용으로 사용되던 지하수를 강물 흐름으로 대체
- 고온작업 테스트 샘플 위치를 절단위치에 더 가깝게 하고 파이프의 더 높은 곳에 설치
- 사고에 대한 세부 사항들을 화학공장 내의 기능공, 화학공정 조업자, 그리고 감독자들과 공유. 이 훈련에는 적절한 가연성 기체 검지 전략에 대한 강조가 포함되었다[3].

이 화학공장 내에서는 통상 지하수가 이용되고 있었다. 이 사고에는 기체 밀도, 가연성 한계, 그리고 샘플위치의 조정과 같은 기본적인 사항들이 포함되어 있기 때문에 이 사고의 교훈은 매우 독특하다. 그 회사는 다수의 회의를 열었고 그들의 권고사항들을 800여명의 정비 및 운전자, 엔지니어 및 감독자들과 공유하였다.

심각한 펌프 폭발로 놀란 조업자들

어떤 조업자들은 마치 두 레일차가 서로를 향해 달려오는 것처럼 들렸다고 보고하였다. 목격자들은 산산조각난 작은 펌프로부터 약 200 ft 떨어진 곳에 위치한 건물의 유리창이 덜컹거렸다고 말했다. 부상자는 없었다.

테네시 주의 화학물질 제조공장의 일부는 가동정지되어 운휴중이었으며 이를 다시 가동시킬 즉각적인 계획은 없었다. 어떤 장치는 아직 비워지고 세척되지 않은 상태였다. 그 시스템에는 50% 수산화나트륨(가성소다) 탱크와 이에 연관되는 원심력 펌프가 있었다. 그 펌프는 통상적인 1750마력 펌프로서 10마력의 전기모터로 구동되는 것이었다. 이 가성소다 펌프의 흡입 및 배출 수동밸브들은 모두 닫혀 있었다. 그러나 차단기 상자에는 여전히 동력이 들어왔다[12].

<그림 7-12 펌프와 기저 판이 없어진 펌프 용기. 이스트만 화학회사의 승인하에 전재>

조사자들은 어느 날 오후 어떤 계약자가 그 구역에 들어와 인근의 정비작업을 위한 준비로서 국부적 배기팬을 가동하고자 하였다. 펌프의 가동에 이용된 전기 스위치는 배기팬의 가동에 사용된 스위치와 동일한 형태의 것이었다. 스위치에는 라벨이 붙어 있었지만 표시는 알아보기가 힘들었다. 이 스위치들은 옥외의 가성소다 설치구역으로부터 50 ft 이상 떨어져 있었다. 펌프는 아무도 모른채 계속 작동되었다. 그곳에는 펌프가 가동되고 있음을 알려주는 아무런 계기가 없었다[12].

아무런 경보도 없이 큰 굉음이 창문을 흔들었다. 펌프 용기와 파이프는 뒤로 넘어졌다. 임펠러, 축, 그리고 베어링 케이스는 폭발에 의한 힘으로 날아가 버렸다. 모터와 바닥 판은 완전히 뒤집어졌다.

사고의 원인은 액체로 채워진 펌프를 가동시키고 상당한 시간동안 감지되지 않은 채 운전되도록 한 원격 시동버튼이었던 것으로 결정되었다. 갇혀진 액체는 계속 가열되고 팽창되고 비등하여 펌프를 파열시키기에 충분한 압력을 생성하였다.

<그림 7-13 인도로 날아가 버린 펌프 기저 판과 모터. 이스트만 화학회사의 승인하에 전재>

<그림 7-14 폭발을 보여주는 펌프 기저 판과 모터 및 임펠러가 있는 베어링 통의 위치. 이스트만 화학회사의 승인하에 진재>

대형 응축수 펌프의 폭발

2,600 gpm의 원심력 수증기 응축수 펌프가 폭발하여 주 수증기 시스템이 뒤집어졌다. 이 사고 전에는 공장 전체에 걸친 동력교란이 있었다. 동력이 단절된 펌프를 통하는 역류를 방지하기 위한 사전조치로서 조업자들은 흡입 및 배출밸브들을 수동으로 닫았다. 동력이 회복되었을 때 펌프는 완전히 고립된 채로 가동되었다. 펌프가 극적으로 날아가 버렸을 때 이와 연관되는 큰 파이프는 뒤틀려지고 회전자는 전기모터로부터 빠져 나왔다. 펌프 통의 5 파운드 조각은 응축수 펌프장으로부터 400 ft 이상 떨어진 곳에서 발견되었다. 수록된 사진은 모터의 회전자를 75 마력 전기모터 통으로부터 날려버린 폭발력을 보여주고 있다.

조사팀은 이 사고가 흡입 및 배출밸브들이 닫힌 채로 운전된 펌프 때문이었던 것으로 결론지었다[12].

<그림 7-15 심하게 손상된 응축액 펌프. 이스트만 화학회사의 승인하에 전재>

<그림 7-16 폭발로 분리된 응축액 펌프 모터. 이스트만 화학회사의 승인하에 전재>

<참고문헌>

1. Yi, Gong and Neville Wright, "Avoiding fatigue Failures in Reciprocating Compressors," Chemical Engineering, Dec. 2003, pp. 38-42.
2. Kletz, Trevor, Still going Wrong! Case Histories of Progress Plant Disasters and How They Could Have Been Avoided, Gulf Processional Publishing, 2003, p.122.
3. Sanders, Roy E., "Picture This! Incidents that Could Happen in Your Plant," Process Safety Progress, June 2002, p. 130,134.
4. Warner, Sir Frederick, "The Flixborough Disaster," Chemical Engineering Process, Sept. 1975, pp. 77-84.
5. Kletz, Trevor A., Learning from Accidents in Industry, Guildford, U.K.: Butterworth Scientific, 1988, ch. 11.
6. Hays, L. and Richard Koenig, "Dissecting Disaster," The Wall Street Journal, July 7, 1988, p. 1.
7. Sanders, R. E., "Designs that Lacked Inherent Safety: Case Histories," Journal of Hazardous Materials, Vol. 104, 2003, pp. 149-161.
8. Grotefendt, Rande and J. Wayne Chastain, "Learning From What Wrong - Two Case Studies," 2003 Proceedings of the Mary Kay O'Connor Process Safety Center Beyond Regulatory Compliance: Making Safety Second Nature Symposium, pp. 39-44.
9. Lake Charles American Press, Lake Charles, LA, August 8, 1998, pp. 1, 4.
10. Keltz, Trevor A., What Went Wrong? Case histories of Process Plant Disasters, 4th ed. Houston: Gulf Publishing, 1998, pp. 268-270.

8장

사양의 사용, 참조, 혹은 이해의 결핍

가장 최근의 실제적인 사양은 화학공장의 기술직 종사자들에게는 잘 알려져 있다. 그러나 때로는 사양서들은 공장의 다른 멤버들, 장치 공급자들, 혹은 건설 관련자들에게 꾸준히 전달되거나 적절히 관리되지 못한다. 제 2장, 4장 및 6장에서 다룬 사고들 가운데 많은 것들은 이 장에서 반복 소개될 수도 있다. 뒤이어 소개되는 사고들은 주로 명료하고 간결한 사양을 손쉽게 얻을 수 없었거나 아무도 이러한 핵심적인 설계나 운전기준을 참조하는 데에 시간을 들이지 않았기 때문에 일어난 것들이다.

조업 지침을 제시하지 않아 입은 $100,000 자산손실

요즈음에는 상당량의 고도로 유해한 화학물질을 처리하는 모든 화학회사들에 대하여 미국 법률에 의해 최신의 표준 운전과정이 요구되고 있다. 그러나 1970년대에 화학공장들이 계속 성장함에 따라 모든 회사들이 모든 독특한 상황을 다루는 최신의 절차들을 갖춘 것은 아니었다.

추운 겨울날 아침 우연한 화재로 미국 걸프 코스트 공장의 시운전이 중단되었다. 이 공장은 100,000 달러(미국, 1978)에 달하는 자산손실을 입었다. 그러한 막대한 손실을 야기한 것은 50 갤런(200 리터)도 안되는 가연성 열전달 유체였다.

운전지침 및 공고한 운전원칙의 결핍이 이 사고의 주된 요인이었다. 운전팀과 응급팀 간의 신속하고 결정적이고 협동적인 노력으로 손실이 어느 한계에 머물렀으며 다행히도 부상은 없었나.

반응기를 다시 가동시키려는 계획이 진행중이었다. 이 기체 반응기는 500°F(260℃) 이상의 시운전 온도를 필요로 하였다. 천연가스를 연료로 하는 가열기로부터 순환되는 가연성 열전달 유체로 열에너지가 제공되며 열전달 유체는 시운전 온도에 이르게 될 때까지 반응기 튜브들을 통하여 흐른다.

열전달 파이프 시스템은 간단하지 않다. 3개의 반응기들이 있었으며 열전달 시스템은 반응기의 가열과 냉각 모두에 사용되었다. 순환 유체는 반응기를 화씨 수백도로 가열시켜 반응이 시작되도록 한다. 일단 고도의 발열반응이 시작되면 순환 열 유체는 반응기로부터 열을 제거한다(**그림** 8-1 참조).

미국 남부의 이 공장에서 날씨는 평소보다 추웠다. 조업자들은 순환펌프의 배출구로부터 가스연소 가열기, 반응기, 그리고 순환펌프의 흡입구로 되돌아오는 시운전 루프를 통하여 유체를 흘려 보내고자 하였다. 그들의 노력에도 불구하고 유체 흐름을 성공시킬 수 없었다(**그림** 8-1 참조).

8 in(20 cm) 파이프 시스템 전체는 단열되었고 가열기 내의 가열 튜브들을 제외하고는 수증기로 세정되었다. 운전에서는 열전달 유체가 4개의 가열기 튜브 경로들에서 결빙되는 것으로 간주되었다. 각 경로에는 직경 4 in(10 cm)의 가열기 튜브로서 5 굽힘부 및 이와 대등한 72 ft(22 m)의 파이프가 있었다. 조업자와 운전팀은 상황을 논의하고 가열기 튜브 내의 물질을 천천히 녹이기 위하여 버너를 약하게 점화시켜 두기로 결정하였다. 이 방법은 몇 주일 이전의 시운전에서 성공적이었었다.

오전 약 8시 30분 경 조업자가 버너를 점화시켰다. 그는 연료유량을 조정하여 높이가 12 in와 24 in 사이의 불꽃을 만들었다. 오전 9시 30분 경 조업 감독자가 제어실로 돌아와서는 가열기로의 천연가스의 흐름이 눈에 띄게 증가한 것을 보았다. 즉시 팀원이 천연가스 유량을 현재 흐름의 약 1/4로 줄였다.

약 9시 45분 경 그의 차례를 수행하던 화학공정 조업자가 가열기 스택으로부터의 검은 연기와 화재의 발생을 보고하였다. 부근의 스프링클러 시스템이 작동하였고 응급팀이 호출되었다. 응급팀은 소방 호스를 설치하고 가열기 구조를 냉각시키기 시작하였다. 15분 이내에 가열기로부터의 화염은 진압되었지만 가열기 스택으로부터 검은 연기가 계속 새어나오고 있었다. 몇 분 후 약 5분동안에 걸쳐 화염이 스택 사이로 너울거렸다.

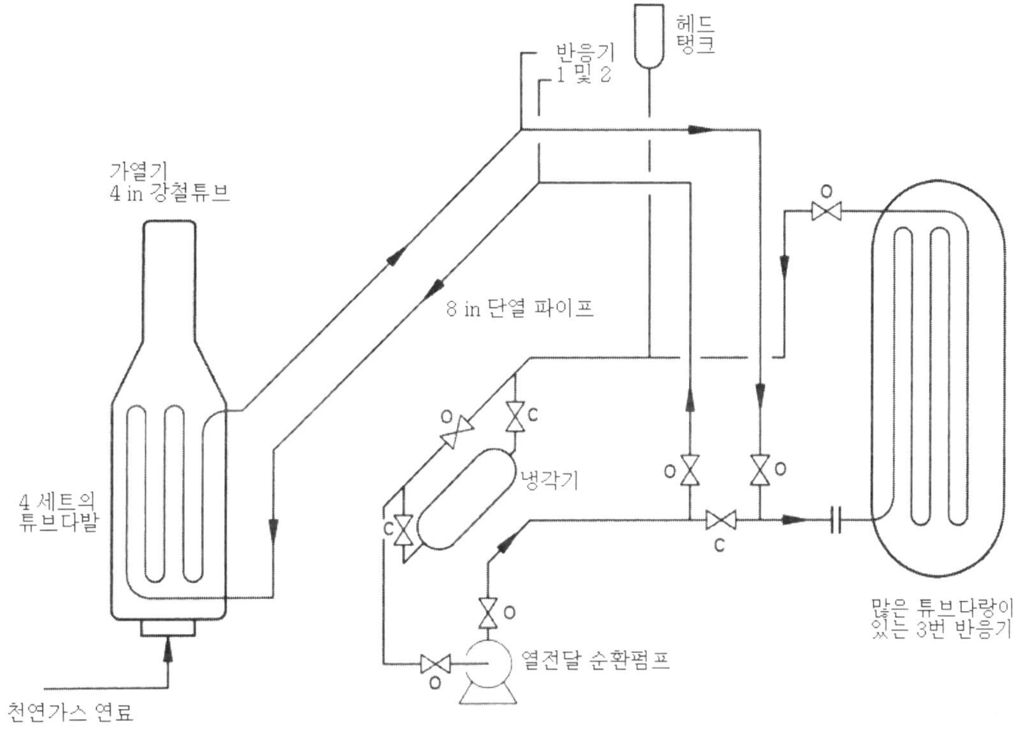

<그림 8-1 화재 직전의 열전달 시스템. J. M. Jarnagin의 승인하에 전재>

화재 조사자들은 오전 8시 30분과 9시 30분 사이에 누가 천연가스 유량을 증가시키도록 했는지 4명의 조업자들을 포함하여 아무도 찾아낼 수 없었다. 유감스럽게도 가열기로의 천연가스 공급라인의 유량 기록계는 적절하게 기록하지 않고 있었다. 따라서 가스 유량이 변한 정확한 시점이나 유량 자체도 확실히 알아낼 수 없었다.

화재 후에 가열기를 조사하는 동안 손상된 두 튜브들을 알아보는 것은 쉬웠다. 직경 4 in 튜브들 가운데 하나는 너비가 약 2.5 in(6.4 cm)이고 길이가 4.5 in(11.4 cm)인 균열이 난 채 거품처럼 부풀어 있었다. 다른 튜브의 손상은 더 작은 규모였다. 손상이 일어난 곳은 튜브의 하부 굴곡부로부터 약 6 ft(1.9 m)인 위치였다.

- 조사자들은 무엇을 찾아냈는가?

조사자들은 다음과 같은 조건들이 화재의 원인으로 작용했던 것으로 결론지었다.

- 가열기의 결빙 튜브들을 녹이는 것에 대한 기록된 지침이 없었다.
- 조업자들은 가열기를 통하는 흐름이 이루어지기 전에 주 버너를 점화시키는 것의 위험을 충분히 알고 있지 않았다.
- 가열기 시스템은 화염 운용에 대한 보완과 보험에서 권장된 튜브 보호 수단에 따라 설계되지 않았다.
- 가열기 튜브 내부에는 탄소가 축적되어 있어서 어떤 경로들에서는 흐름이 제약을 받았다. 보다 고온의 열속 구역에 있는 튜브들 가운데 외부가 얇아진 것들이 있었다.

<그림 8-2 상부가 열림에 따라 화재가 발생하고 여전히 액체는 담겨있다. 영국 화학공학회의 승인 하에 전재. 이 사진은 영국 화학공학회의 위험 워크숍 모듈 3 "화재와 폭발"로부터 얻을 수 있다.>

저압 탱크에 대한 폭발 완화

상부가 닫힌 저압 탱크 내에서 증기-공기 연소에 대한 폭발안전은 통상적인 탱크 보존이나 다른 경량 보호로 이루어질 수 없다. 저압 탱크의 안전 특성들에 대한 잘 작성된 간단한 설명은 화학공학회의 *손실 방지 편람* 제 32권에서 찾아볼 수 있다[4].

지붕은 찢어 열리면서 벽이나 바닥은 그 구조를 유지하는 정도의 과압 조건이나 폭발을 경험한 저압 탱크들에 대한 보고서와 사진들은 많이 있다[5.6. 그리고 7]. 관련된 화재의 대부분은 탱크 내부에 국한되어 있었다.

<그림 8-3 원유탱크의 거대한 부유지붕에서 일어난 화재. 영국 화학공학회의 승인 하에 전재. 이 사진은 영국 화학공학회의 위험 워크숍 모듈 6 “공정산업에서의 응급상황의 방지, 제 1권”으로부터 얻을 수 있다.>

가압용기 차폐볼트 수리에 따른 무해한 굉음

1992년 8월 미국의 어떤 화학공장 안에서 네 바퀴 트레일러에 설치된 대형의 이동형 모래분사통에서 굉음이 들렸다. 그 큰 통의 직경 10 in 신속차폐 뚜껑이 손상되고 빠른 감압이 일어났다. 손실은 볼트 몇 개의 분실 정도로 하찮은 것이었고 아무도 부상을 입지 않았다. 용기 형태는 공정 용기는 아니며 OSHA 공정안전 운영 규제에 의하여 다루어지지도 않는다. 그러나 이러한 값싼 교훈은 원래 장치사양에 의존하는 것과 적절한 용접절차 및 수행의 중요성에 대한 탁월한 보기를 제공하여 준다[8].

<그림 8-4 휴대용 모래분사통은 사양에 맞지 않았고 뚜껑은 날아가다.>

모래분사통에 대한 이 사례는 미국 화학공학회의 승인 하에 전재되었다. 이 사례는 1996년 *Chemical Engineering Progress*지의 "월요일 아침의 지도: 작년의 사례들에 대한 PSM 방법의 적용" 에서 처음 소개되었다[8].

페인트공은 125 psig(860 kPa)의 내부압력으로 설계된 직경 5 ft, 높이 6 ft의 휴대용 수직 압력용기를 사용하였다. 통상적인 "작업을 위한 적합도" 조사 후에 공업용 규격의 용기와 트레일러는 밝은 색으로 칠해졌다. 상부에 설치된 10 in 충진노즐 장치를 새것으로 하기로 결정되었다.

4개의 볼트가 신속개폐 충진뚜껑을 지지하고 있었다. 그 볼트들의 외부는 부식되어 얇아졌으며 이들의 교체가 필요하였다. 사양에 충분히 맞는 새 볼트들을 주문하여 접수받았다. 의도는 좋았지만 사려깊지 못했던 사람이 작업을 빨리 추진하려고 하였다. 그는 지지핀들을 절단하고 볼트 전체를 교체하는 대신 단순하게 열처리된 B7 못을 용접하였다.

수리 후에 페인트공은 휴대용 공기압축기를 가동하였다. 모래통의 압력이 증가하였다. 아무런 경보도 없이 그 구역의 조업자들은 커다란 굉음을 들었다. (용접시의 열로 경화되고 단단해진) 4개의 볼트들 가운데 3개가 떨어져 나갔다. 모래통 충진뚜껑은 열려 날아갔다.

다행히도 그 뚜껑은 짧은 사슬로 매여 있었으며 날아가 버리지는 않았다. 압축공기가 새어나감에 따라 큰 쉿소리가 들렸다. 이러한 관례에 벗어난 수리가 유해 화학물질이 포함된 시스템에서 이루어 졌다면 분명 더 많은 좋지 않은 문제들이 일어났을 것이다. 훌륭한 기계적 조립 훈련과 잘 작성된 수리절차의 고수는 이러한 형태의 곤경을 방지하는 데에 도움이 될 수 있다.

- 활용되지 않은 파이프 사양

주요 화학공장들에서 파이프 시스템의 변경은 빈번하게 이루어진다. 이 절은 파이프 사양들이 엄격하게 이용되지 않았던 파이프 변경을 수반하는 사고들을 다루고 있다.

<그림 8-5 모래통의 손상된 신속차폐볼트의 근접도>

활용되지 않은 파이프 사양

주요 화학공장들에서 파이프 시스템의 변경은 빈번하게 이루어진다. 이 절은 파이프 사양들이 엄격하게 이용되지 않았던 파이프 변경을 수반하는 사고들을 다루고 있다.

- 손상점 생성을 도운 라인 테스트를 위한 소규모 파이프 개선

정우공장 조업자들은 배출헤더 위에 1 in (2.5 cm) 연결부에서 눈에 뜨일 만한 누출을 발견하였다. 누출원을 더 잘 살펴보기 위하여 누출부 둘레의 단열재를 조심스럽게 제거하는 동안에 기능공은 사태를 악화시켰으며 장착된 접관과 밸브가 날아가 버렸다. 뜨거운 오일 슬러리(670 °F(354 ℃))가 그 구역에 분무되었으며 무거운 탄화수소 액적의 짙은 구름을 형성하였다. 오일은 공기중으로 90 ft(27 m) 이상 분무되었으며 액적은 정유공장의 상당한 지역을 덮었다[9]. 오일 액적 구름이 형성된 직후 조업자들은 장치의 가동정지를 시작하였으며 경보팀은 화재-물 모니터를 시작하였다. 탄화수소 액적은 장착된 접관이 날아가 버린 후 약 10분이 지나 점화되었다. 담당자들은 약 90분 동안에 화재를 진압하였다. 운좋게도 유출된 오일 가운데 단지 일부만이 연소되었다.

이전의 개선 동안에 계약자는 파이프 라인을 테스트할 목적으로 연결부 및 접관을 설치하였다. 정유공장 조업자들 가운데 어느 누구도 이러한 장착된 연결부에 대하여 알고 있지 않았다. 정유공장의 파이프 사양에서는 파이프 라인의 단열 이전에 그러한 접관 및 장착된 플러그를 연결부 내로 용접한 것의 제거를 요구하고 있었다[9].

조업자들은 단열재 아래 감추어진 파이프에 이와 같은 잠재적인 놀라게 하는 요소가 더 있는지 의문을 가졌다. 정유공장은 유사한 문제들을 피하기 위하여 추가로 감추어진 위험요소를 없애기 위한 두 단계 프로그램을 마련하였다. 있음직한 파이프라인 위험목록이 구성되었고 기술직원들은 각 조업구역을 돌아다니며 조사하는 감독자를 수행하였다. 장치 감독자는 조사를 도왔다.

- 파이프 지지의 변경에서 파이프 사양을 따르지 않음

엔지니어링 팀은 시운전 이전의 상온으로부터 약 700 ℉(370 ℃)에 이르는 운전조건 사이의 온도를 처리하기 위해 용매 반응기 파이프 시스템을 설계하였다. 파이프는 유연해야 하며 가열과 냉각 동안에 장치에 가해지는 응력을 최소로 하기 위해 스프링 지지대와 팽창 연결부가 그 파이프에 설계되었다[11].

처음 몇 년 동안의 운전에서 조업환경은 가장 부적절하게 칠해진 금속에 가혹하였으며 부식의 위험이 언제나 존재하였다. 1970년대의 바쁜 시기에 용매 장치의 조업 및 정비팀은 이러한 스프링 고정대의 필요성을 충분하게 인지하지 못하였다. 스프링 고정대가 약화됨에 따라 공장 정비원들은 고정대를 제거하고 파이프를 단단하게 지지시켰다[11].

이 결정은 심각한 실수였다. 이 구역의 많은 열교환기들은 부식에 대한 저항성이 좋지만 부서지기 쉬운 흑연재질로 제작되었다. 1981년 1월의 다른 문제들로 인하여 EM 겹고 증발된 가연성의 열전달 오일이 정상적으로는 비가연성 용매와 산 가스들만을 함유하고 있어야 하는 시스템으로 유입되었다. 흑연재질 응축기 헤드가 파열되었고 가연성 열전달 유체의 증기구름이 유출되어 점화되었고 상층부에 강한 화재가 발생하였다. 부상은 없었지만 자산 손실은 500,000 달러(1981년 미국)를 초과하였다.

<그림 8-6 도로에서 본 용매공장의 화재. G. O. Heintzen의 승인하에 전재>

화재는 주간의 늦은 교대시간에 일어났다. 들어오던 저녁 응급팀이 신속하게 대처하였으며 주간 교대조들을 도와 6,000 gpm(380 리터/초)으로 공급하는 소방호스와 소방수 분사 시스템의 조작을 수행하였다. 화재는 약 25분 후에 진압되었다.

문제가 된 스프링 고정대의 제거에 필요한 약간의 정비에 대한 변경은 고려되지 않았다. 이는 그 팀이 사양을 이해하지 못했기 때문이다. Trevor Kletz는 종종 말하였다: "사람들은 그들이 모른다는 것을 모른다." 사람들이 파이프 사양을 모르기 때문에(그리고 언제나 기억할 수 없기 때문에) 모든 사양들은 항상 얻을 수 있어야 하며 계속 보완되어야 한다(**그림** 8-6, 8-7, 8-8 참조).

<그림 8-7 3층 구조물의 반응기 구역에서 일어난 강력한 화재. G. O. Heintzen의 승인하에 전재>

<그림 8-8 화재에 대처하는 응급팀. G. O. Heintzen의 승인하에 전재>

가연성 액체의 이송을 위해 설치된 플라스틱 펌프

1980년 대 후반 공압구동 격막펌프는 주요 화학공장에서 산으로 오염된 물을 처리하는 데에 널리 이용되고 있었다. 이 플라스틱 펌프는 웅덩이 옆에 설치되어 다양한 조건에서 사용될 수 있다.

✓다목적 격막펌프는 다음과 같은 이점을 갖는다 :

- 압축공기나 압축질소로 조작되며 전력공급이 필요없다.
- 우수한 흡입압력을 제공하며 저유량 조건도 쉽게 처리할 수 있다.
- 회전축이 없으므로 봉합부가 없다.
- 폴리사불화에틸렌은 무게가 가볍다.
- 펌프/모터 배치문제가 없어 크기가 작다.
- 건식 운전이 가능하다.

이러한 이점들과 함께 많은 응용에 있어서 정비 기술자들은 이 펌프를 고려하는 것이 쉬웠다. 화학공장의 몇몇 장치들에서 어떤 플라스틱 격막펌프들은 가연성 액체를 이송하도록 잘못 설치되었다.

이들 폴리사불화에틸렌(PTEE) 펌프는 관련되는 플라스틱 팽창 연결부와 함께 설치되었는데 이는 제안자들이 이점에만 현혹되어 있었기 때문이다. 아무도 가연성 액체 처리에 있어서의 그 펌프의 적합성에 대하여 의문을 품지 않았다. 플라스틱 펌프들은 그저 "화재에 안전" 한 것은 아니다. 이 펌프들은 격렬한 탄화수소 화재에 취약하다. 플라스틱과 같은 내장물질의 존재는 주변 장치들의 내장된 기계적 조립부분을 위험에 빠뜨릴 수 있다.

<참고문헌>

1. Institution of Chemical Engineers, "Furnace Fires and Explosions," Hazard Workshop Module005. Rugby, U.K. (available as a training kit with 23 35mm slide, booklets, teaching guides, and related materials).
2. Kletz, Trevor A., Critical Aspects of Safety and Loss Prevention, London: Butterworth, 1990. p. 183.
3. Institution of Chemical Engineers, Loss Prevention Bulletin: Articles and Case Histories from Process Industries Throughout the World32, 1981:pp. 13-14.
4. Ibid., pp. 2-5.
5. Sanders, R. E., D. L. Haines, J. H. Wood, "Stop Tank Abuse," Plant/Operations Progress 9 no. 1,Jan. 1990: pp. 61-65.
6. Institution of Chemical Engineers, "Fires and Explosions," Hazard Workshop Module 003(available as a training kit with 45 35mm slides, booklets, teaching guides, and related material).
7. Institution of Chemical Engineers, "Preventing Emergencies in the Process Industries, "Hazard Workshop Module 006 (available as a training kit with 60 35mm slides, a videotape, booklets, guides, and other related teaching materials).
8. Sanders, Roy and Wayne Spier, "Monday Morning Quarterbacking: Applying PSM Methods to Case Histories of Yesteryear, "Chemical Engineering Progress 15 no. 4, Winter 1996: pp. 192-93.
9. American Petroleum Institute, Safety Digest of Lessons Learned, Section 2: Safety in Unit Operations, Washington, D.C., 1979, pp.45-46.
10. Griffin, M. L., "Maintaining Plant Safety through Effective Process Change Control," 23d Annual Loss Prevention Symposium, Houston: AIChE, 1989.
11. Sanders, R. E., "Plant Modifications: Troubles and Treatment," Chemical Engineering Progress, Feb. 1983: pp.76-77.
12. Institution of Chemical Engineers, "Safer Piping -Awareness Training ofr the Progress Industries, "Harzard Workshop Module 12 (available as a training kit with 105 sliders, a video, teaching guide, and related material).
13. Mahoney, David, Large Property Damage Losses in the Hydrocarbon-Chemical Industries-A Thirty year Review, 16th ed., New York: Marsh & McLennan, M & M Protection Consultants,1995.
14. Kletz, Trevor A., Critical Aspects of Safety and Loss Prevention, London: Butterworth, 1990, pp. 122, 123, 183.
15. MacDiarmid, J. A. and G. J. T. North, "Lessons Learned Form a Hydrogen Explosion in a Process Unit, "Plant/Operations Progress, April 1989: pp. 96-99.

9장

"가상적 상황" 에 따른 개선과 실제적 문제해결

"가상적 상황" 에 따른 개선 - 안전조사를 수행하면서 위험을 과장하지 말자

Jeff L. Joseck, Trevor A. Kletz, 그리고 인터넷 상의 미지의 저자는 이 장의 첫 번째 부분에서 서로 다른 재치있는 이야기들을 나누고 있다. Jeff는 웨스트버지니아의 큰 화학공장에서 일하는 유능한 엔지니어이다; Jeff Joseck의 글은 여러 한전관련 회의들에서 공정 안전에 관한 토론과 관심을 불러 일으켰다. 이 글은 또한 독자들이 허용 가능한 위험과 최소 위험에 대하여 생각해 보도록 솜씨있게 쓰여졌다.

Trevor Kletz는 당대에 가장 많은 저작을 발표한 손실방지 엔지니어로서 9권의 공정안전관련 서적들과 100편 이상의 기술논문들을 출판하였다. 이 장에서 Kletz 교수의 주제는 우리가 늘 사용하는 현대의 합성물질들 가운데 일부는 태초부터 확보가 가능했으며 일부 보통물질들은 위험 검토 측면에서 탐구되고 있다고 가정하고 있다. 이들은 문제에 대한 우리의 관점이 때로는 얼마나 관심이 지나치며 얼마나 폭이 좁은지를 보여주는 Kletz의 가장 고전적이고 명료한 예시들이다.

이들 3개의 짧은 글들은 익숙하지 않은 조건들의 위험을 과장하기가 쉬우며 인간은 그를 둘러싼 많은 위험들과 함께 편안하게 살아가는 것을 배워 왔다는 사실을 잊기 쉽다는 것을 보여준다. 본인은 그들의 글들을 자유롭게 인용하도록 허락해 준 데 대하여 저자들에게 감사를 드린다.

첫 번째 글은 원래 1976년 왕립화학산업(ICI) 안전뉴스레터에 기고되었으며 후에 1990년 *안전과 손실방지의 핵심적 관점*[1]에 전재되었다. 이 글에서 물은 순수한 형태로는 알려져 있지 않았으며 – 바다도, 강도, 호수도 없다 – 최근에야 그 순수한 형태가 발견되었다고 가정하고 있다.

반대에 부닥친 진화제 - "화재뿐 아니고 인명을 살상할 수 있다"

ICI는 기존의 사용범위를 증가시켜 주는 새로운 화재 진화제의 발견을 발표하였다. WATER(놀랍고 완전한 진화제)로 알려진 이 제재는 오래 전부터 사용되어 온 BCF(미국에서는 할론)와 건조분말과 같은 기존 제재를 대체하기보다는 보완시켜 준다. 이 제재는 특히 건물, 목재 야적장, 그리고 창고 등에서의 화재 처리에 적합하다. 대량을 필요로 하지만 생산비용이 비교적 저렴하며 약 100만 갤런 정도의 양이 응급상황에 대비하여 교외지역 및 위험도가 높은 시설물 근처에 저장되도록 의도된 것이다. BCF(할론)와 건조분말은 보통 가압하에 저장되지만 WATER는 개활지 웅덩이같은 저장소에 보관되며 호스나 휴대용 펌프에 의해 화재 장소로 운반된다.

ICI의 새로운 제안은 이미 안전과 환경단체들로부터 강한 반대에 직면하고 있다. Connie Barrinner 교수는 누군가 머리에 한 양동이의 WATER를 뒤집어 씌운다면 3분 정도의 짧은 시간에 치명상을 입을 것이라고 지적하였다. ICI가 제안한 저장소 각각은 50만개의 2갤런들이 양동이를 채우기에 충분한 WATER를 보관할 것이다. 채워진 각 양동이는 100회 정도 사용될 수 있으므로 하나의 저장소에는 영국의 전체 인구를 모두 사망시키기에 충분한 양의 WATER가 있는 것이다. 이런 규모의 위험은 이득이 어떻든 간에 허용되어서는 안된다고 Barrinner 교수는 말하였다. WATER가 통제되지 못한다면 플릭스보로나 세베소의 재앙은 비교할 수 없을 정도로 하찮은 것이 될 것이다. 화재는 물론 사람까지 없앨 수 있는 화재 진압제를 어디에 사용할 것인가?

지역 관리는 가장 엄격한 사전조치가 따르지 않는 한 그 지역에서의 WATER 저장소 건설승인 계획에 강하게 반대할 것이라고 말했다. 개활지 웅덩이는 확실히 허용될 수 없었다. 사람들이 거기에 빠지는 것을 무엇이 막아줄 것인가? 내용물이 누출되는 것을 무엇이 방지해 줄 것인가? 최소한 WATER는 누출방지용 콘크리트 벽으로 둘러싸인 강철 가압용기 안에 저장되어야 할 것이다.

소방대의 대변인은 새로운 진화제의 필요성을 알지 못했다고 말했다. 건조분말과 BCF(할론)로 대부분의 화재에 대처할 수 있다. 새로운 진화제는 어떠한 가능한 이득보다도 큰 위험을 특히 소방대원들에게 안겨줄 것이다. 그 제재가 강한 열에 노출되었을 때 무슨 일이 일어날 것인지 우리는 알고 있었던가? WATER는 발효성 음료의 성분인 것으로 보고되었다. 이는 소방대원이 증기로 질식될 수 있을 것임을 의미하는 것인가?

바깥 친구들은 그들이 WATER의 샘플을 얻었으며 그것이 옷감을 줄어들게 하는 것을 발견했다고 말했다. 면에 대해서 그러하다면 사람에 대해서는 어떻게 될 것인가?

어제 하원에서 내무장관은 그 치명적인 신물질의 시판을 금지할 것인지에 대한 질문을 받았다. 내무장관은 그것이 명백히 주된 위험물이므로 지역 관리들은 승인을 내리기 전에 보건안전청으로부터 조언을 취해야 할 것이라고 응답했다. 충분한 조사가 필요하며 주요 위험물 그룹들은 보고서를 내도록 요청받을 것이다.

WATER는 프랑스에서 EAU라는 이름으로 시판되고 있다.

공정 안전운영 퀴즈

Jeff Joseck은 유니온 카바이드의 엔지니어이다. 그는 다음에 소개할 재치있는 퀴즈를 고안했으며 친절하게도 전재를 허락하였다. 이 퀴즈는 공정안전 엔지니어나 손실방지 엔지니어가 허용 가능한 최소 위험에 대하여 생각해 보도록 자극을 주고 있다. 이 장의 스타일에 더 잘 맞도록 Jeff의 퀴즈에 약간의 변화를 주었다.

- 공정 안전운영 문제는 위원회에 제시된다

공정안전 관점에서 다음과 같은 조업을 고려하여 보자. 내일 공장에서 이 조업을 급히 수행해야 한다.

기본적으로 이 조업은 가연성 액체를 탱크로 이송하는 것이다. 액체의 온도는 40~50°F 이며 기화점은 −20°F 이하이다. 유체의 전기 전도도는 충분히 낮아서 정전기가 생성되지 않는다.

그 탱크에는 불활성 덮개가 없으며 공기 중으로 배기되고 화염 포집기는 설치되어 있지 않다.

유입구의 연결부는 이송동안에 액위보다 위에 있으며 이를 쉽게 변경시킬 수 없다.

탱크는 강철이지만 고정된 접지는 없다; 이송관/호스 연결에서 접지가 이루어질 것으로 기대되고 있다.

접수탱크의 액위 지시계는 이송 중에는 작용하지 않을 것이다. 별도의 고액 스위치가 연동되어 탱크가 채워지면 이송이 중단된다. 이송된 양은 분산 시스템에서 감지될 수 있지만 지정되지는 않는다.

이들은 이송을 위해서 가장 안전한 운전조건은 아니다. 그러나 이러한 상황이 주어졌다면 이는 내일 계속 작업을 진행함에 있어서 허용할 만한 위험일 것이라고 생각하는가?

➤➤ 공정안전 위원회는 이 제안을 거부하였는가?

✓위원회가 "아니다" 라고 했다면 다음은 고려해 볼 만한 추가의 정보이다 :

- 고액위 연동은 믿을만한 것이라고 입증되어야 한다. 일주일에 적어도 한 번은 그 기능을 테스트해야 한다는 주장들이 있다.
- 탱크는 이미 동일한 물질의 일부를 함유하고 있다.
- 이송량은 적다(100파운드보다 많지만 1000파운드보다는 적다). 따라서 탱크 이송보다는 드럼을 채우는 것과 같다.
- 이 탱크는 과거에 아무런 사고 없이 수백 번 이상 이 물질로 채워졌었다.
- 공장 운영자는 이 조업을 알고 있으며 이를 묵인한다.

➤➤ 이 절차는 허용될 수 없는 위험으로 판단되었는가?

"그렇다" 라고 말한다면 주유소에서 자동차에 기름을 채울 때 이 조건들에 대하여 어떤 예외들을 취할 것인가? 앞의 "이송조업" 은 실제로는 공장의 펌프에서 자동차의 가솔린 탱크를 채우는 것이다.

"차의 가솔린 탱크를 채우는" 것을 반대하는 일차적인 이유는 단순히 이것이 표준으로 채택된 안전원칙을 위배하기 때문이다. 처음의 질문인 "이는 허용 가능한 위험일 것인가?" 에는 주어진 정보에만 근거할 경우 "그렇다" 라고 답할 수 없다. "탱크 채우기" 를 안전하게 하여 주는 통상적인 검사, 설계표준, 그리고 물리학을 이해하거나 사고의 낮은 확률을 암시하는 과거에 의존할 필요가 있을 것이다. 이를 알지 못한다면 보수적이어야 할 것이며 위에 언급한 대로의 가솔린 탱크 채우기는 허용될 수 없는 것이다.

➤➤ 이 퀴즈의 목적

이 퀴즈는 공장이 가연성 액체를 포함하는 탱크의 불활성화를 주중단하는 것을 간접적으로 제안하도록 의도된 것은 아니었다. 이는 우리가 과정과 설계기준에서 안전 사전조치들을 재평가하도록 제안하는 것은 아니었다; 이와 반대로 이 연습은 그들의 중요성을 강조하고 있다.

공정안전 전문가들은 공정 위험을 그들의 능력이 닿는 한까지 이해하고 제어해야 한다는 책임감이 확고해야 한다. 그러나 그러한 공정안전 관련자들은 허용 가능한 위험과 최소 위험 사이의 차이를 인식해야 한다는 이차적인 책임감을 지니고 있다. 그 차이는 윤리와 경제성의 문제이다.

의문시된 새로운 섬유 생산방법

다음에 이어지는 뛰어난 글은 Trevor Kletz가 작성하였으며 1978년 12월 ICI 안전뉴스레터에 게재되었다.

- 문제가 생긴 새로운 섬유 : "땅을 이용하는 과량의 폐기물 처리가 불가능"

새로운 섬유의 생산을 위해서 수백만 파운드를 투자하려는 ICI와 다른 화학회사들이 제안은 이미 광범위한 반대에 직면하고 있다. 산업화의 개화기 때부터 사용되어온 나일론, 폴리에스테르 및 다른 섬유들은 통상저인 화학공장에서 생산되는 반면에 WOOL(Wildlife Origin Oily Ligament)로 알려진 새로운 섬유는 특별히 배양된 Ovis종 뒤에서 자라게 될 것이다.

새로운 섬유에 대한 반대는 그 생산을 위해 요구되는 광대한 면적의 토지에 중점을 두고 있다. 1년에 100만 파운드의 나일론이나 폴리에스테르가 1 에이커 정도에서 생산될 수 있지만 같은 양의 WOOL은 적어도 25,000 에이커의 평평한 땅이나 이보다 넓은 면적의 언덕배기 토지를 필요로 할 것이다.

한 번은 국가농민연맹과 장미 연합회가 개발 반대를 위해 연대하였는데 공청회가 요구되었다. RSPCA는 동물의 '산업화'에 항의하였으며 동물들이 우리로부터 흩어지면 어떤 일이 일어날 것인지를 질문하였다. Ovis 종은 유순하지만 인간을 포함하는 모든 동물 종들은 간헐적인 공격성 개체를 생성해 낸다. 그 와중에 의류산업체들은 품질제어의 중요성을 지적하였으며 소위 "천연"제품으로 필요한 일관성이 얻어질 수 있을 것인지의 여부에 의문을 가졌다.

화학공장의 공정 조업자들은 전통적인 생산설비로 운전되는 공장들을 대체시키는 설비를 운전하게 될 것으로 여겨진다. 조업자들이 제어실로부터 200야드 이상 걸을 것으로는 기대되지 않는다는 가정하에 제어실은 400야드 간격으로, 즉 33 에이커당 한 개가 배치되어야 할 것이다. 1년동안의 운전에서 100만 파운드 생산을 위해서는 750개 이상의 제어실이 소요될 것이다. 따라서 건축비용은 통상적인 공장보다 훨씬 더 높을 것이므로 새로운 공정은 특히 제어실이 과거보다 강력하게 구축되는 요즈음에는 비경제적이 될 것이다.

새로운 섬유에 대한 가장 큰 저항은 그로부터 발생하게 될 폐기물 처리문제이다. 동물들로부터 대량의 배설물이 쌓일 것이며 이를 수집하여 버려야 할 것이다. 보건위생에 대한 위험들이 충분히 고려되었는가? 폐기과정에서 메탄 및 폭발의 위험이 발생될 것인가? 생산에 이용되기에는 동물들이 너무 나이가 들었을 경우 어떻게 될 것인가? 그 경우 동물들은 식용으로 사용될 수 있을 것으로 제안되었으며 그 고기는 구우면 맛이 매우 좋다는 주장이 있다.

실제적인 문제해결

개선의 검토를 위해 "최선"의 방법을 찾고자 하는 경우 주위의 다른 사람들이 더 학구적이고 노력이 소요되는 과정을 선택하더라도 가장 실제적인 접근방법을 찾는 데에 주저하지 말라. 예를 들면 어떤 엔지니어들은 화염운영 시스템이 허용 가능한 위험 인지를 결정하기 위해 사고나무를 구성하고 사고비율을 평가하는 데에 며칠 동안의 노력을 들이기도 한다. 좀 더 실제적인 다른 엔지니어들은 국립화재보호연합 및 산업보험회사들로부터 화염운영 시스템의 수용 가능한 방법에 대한 조언을 구한다.

어떤 다른 경우에서는 엔지니어들이 잠재적인 누출원을 추정하는 것을 돕기 위해 길고도 복잡한 파이프망에 대한 플랜지들을 헤아렸다. 그들은 상존하는 부식의 위협에 의한 누출을 줄이기 위하여 어떤 프로그램들이 진행 중인가를 알아보기 위해 정비 점검에 대한 추정을 얻는 데에 시간을 더 잘 소비했을 것이다.

Alexander Calandra는 1968년 미주리주 세인트 루이스에 있는 위싱턴 대학교 물리학과 교수였는데 강의실에서 어떤 물리학도에 대한 얘기를 들려 주었다. 그 학생은 실제적이었고 장난꾸러기였지만 그의 독특한 능력을 인정해주지 않는 대학교육 시스템 안에 갇혀 있었다.

한 물리학도와 그의 장난스런 방법

이 일화는 "핀 위의 천사"라는 제목의 Alexander Calandra의 글에서 취한 것으로서[2] 1969년에 간행된 그의 책 "*기초과학과 수학의 교육*"에서 발췌한 것이다. Calandra는 그의 동료로부터 논란이 된 시험문제 채점의 판정을 도와 달라는 요청을 받았다. 그 물리학 강사는 그의 학생이 쓴 정답이 0점을 받아야 한다고 생각했다. 그 학생은 만점을 받아야 한다고 주장했지만 학교측에서 문제에 대한 실질적인 접근방법에는 흥미가 없다고 느꼈다. 이전에 그 강사와 학생은 공평한 조정자가 시험문제를 검토해야 한다는 것에 동의했으며 검토자로서 Calandra를 선택하였다. 그는 동료의 사무실로 가서 시험문제를 살펴보았다.

논란이 된 시험문제는 "기압계를 이용하여 큰 건물의 높이를 정하는 것이 어떻게 가능한가?" 였다.

그 학생의 답은 다음과 같았다: "기압계와 긴 줄을 건물 꼭대기로 가져간다. 줄을 기압계에 잡아매고 기압계를 인도까지 내린다. 건물 옆으로 늘어뜨려진 줄의 길이를 재면 그 값이 건물의 높이이다."

Calandra는 동료에게 그 학생이 완전하고 올바른 답을 제시했다고 말했다; 따라서 조정자에게는 그 학생이 만점을 받은 것으로 보였다. 곤란에 처해진 강사는 그 답에 대하여 높은 점수를 준다면 그 학생은 물리학 과목에서 높은 학점을 받게 될 것이라고 Calandra에게 주의를 주었다.

그 강사는 물리학에서의 높은 학점은 그 학생이 물리학 원리에서 우수한 능력을 보였음을 의미해야 하는 것이지만 위의 답과 몇 개의 다른 답들은 그러한 능력을 확인시켜 주지 못했음을 염려하였다.

Calandra는 강사와 학생 모두에게 학생이 강사의 사무실에서 동일한 문제에 대하여 답을 작성할 또 다른 기회를 가질 것을 권고했다. Calandra는 그 답이 물리학의 어떤 기법을 보여주어야 하며 6분 이내에 완전한 답이 작성되어야 한다고 학생에게 충고했다.

4,5분 후에도 학생의 답안지는 비어 있었다. Calandra는 학생이 포기를 원하는지 물었다. 학생은 "아닙니다. 저는 어떤 답이 '최선의' 답인지를 정하려고 노력하고 있습니다" 라고 대답하였다.

학생은 신속하게 답을 갈겨썼다: "기압계와 스톱워치를 건물 꼭대기로 가지고 가서 지붕 가장자리에 기울어 선다. 기압계를 떨어뜨리고 스톱워치로 떨어지는 시간을 잰다. 다음에 공식 $S=\frac{1}{2}at^2$을 이용하여 건물의 높이를 계산한다." 조정자는 이 답을 동료에게 보냈고 그 학생은 이 답에 대하여 거의 만점을 받았다.

그 학생의 학점이 정해진 후 Calandra는 호기심에 가득 차서 그 학생이 생각하고 있던 다른 답들에 대하여 물어보았다. 그 학생은 "기압계를 이용하여 건물의 높이를 결정하는 데에는 여러 가지 방법들이 있다. 예를 들면 태양이 내리쬐는 날 기압계를 세우고 기압계의 그림자와 건물의 그림자를 잰다. 간단한 비례관계를 이용하면 높이가 계산될 수 있다" 라고 대답하였다.

학생은 계속 말했다: "잘 작용할 매우 기본적인 측정절차가 있다. 기압계를 계단 바닥에 세우고 꼭대기에 선을 그린다. 계단을 오르면서 기압계의 길이를 표시해 간다. 표시의 수를 세고 기압계의 길이를 곱하면 건물의 높이가 된다."

"좀 더 정교한 방법은 기압계를 실에 잡아매는 것이다. 이를 단진자처럼 흔든다. 길과 건물 꼭대기에서 'g' 값을 계산한다. 두 'g' 값의 차이로부터 적어도 원리상으로는 건물의 높이가 계산될 수 있다." 그 학생은 미소 짓고는 그는 통상적인 대기압 비교에 따른 정답을 알고 있었지만 이는 최선의 실질적인 답도 아니고 가장 정확한 답도 아니라고 말했다. "무엇이 최선의 방법인가?" 라고 학생에게 질문해 보았다.

재능있는 그 학생은 장난스럽게 대답하였다: "건물의 높이를 구하는 최선의 가장 정확한 방법은 기압계를 건물 감독자 사무실로 가져가는 것이다. 문을 노크하고는 '감독자님, 건물의 정확한 높이를 제게 말해주기만 하신다면 여기 좋은 기압계를 선물로 드리겠습니다.' 답이 없는 편이 더 나을 수 있다."

이 세상에서 우리는 간단히 건물 감독자에게 전화를 걸면 즉시 정확한 정보를 얻게 되는 경우에 "최선의" 해결책을 결정하려고 노력을 들이고 애를 쓴다.

<참고문헌>

1. Kletz, Trevor A., Critical Aspects of Safety and Loss Prevention, London: Butterworth, pp. 342-43.
2. Calandra, A. "Angeles on a Pin," AIChE Journal 15 no. 2, 1969: p. 13 (excerpted from The Teaching of Elementary Science and Mathematics, ACCE Reporter, Ballwin, Missouri, 1969).

10장

화학공정 안전에서의 기계적 통합의 역할

고도로 위험한 상당한 양의 화학물질들을 다룰 경우 상식 및 OSHA 공정안전 운영표준에 따르면 "기계적 통합" 을 효과적으로 처리할 형식적인 방법이 있어야 할 것이 요구된다. OSHA 공정안전 표준의 기계적 통합요소의 필요성에 대한 이해를 얻는 것은 많은 회사들에게는 성가신 일이었다. 어떤 기관들에게는 용인은 지치게 하는 도전이었다.

✓이후의 절들에서는 기계적 통합에 대한 심층적 관점과 유익한 통찰 및 실질적인 세부사항들을 제시하고 있다 :

- 기계적 통합에 대한 정의를 제시
- 표준으로부터 정규적인 핵심적 발췌를 제공
- 기계적 통합 규제의 준수 실패에 대한 수많은 OSHA 인용통계와 정규적인 강화노력의 요점을 제시
- 기계적 통합에 대한 산업적 관점과 조사 및 테스트에 대한 세부 사항을 제공
- 장치의 치명적인 위험분류를 정의
- 진동감지 프로그램을 포함하는 펌프 및 컴프레서에 대한 기계적 통합 프로그램의 소개
- 단열문제에서의 부식을 포함하여 파이프, 가압용기, 저장탱크, 그리고 공정 파이프에 대한 기계적 통합 프로그램의 소개
- 안전배출장치와 안전핵심 기계들에 대한 기계적 통일성 프로그램을 소개
- 다양한 기계적 통합 활동을 보여주는 수많은 사진들을 제시
- 추가의 자료가 바람직할 경우 효과적인 보조문헌들의 자세한 목록을 제공

화학공장에서의 기계적 통합

화학공장에서 *기계적 통합*은 무엇을 의미하는가? 한 가지 정의는 모든 위험 화학물질을 장치와 파이프 시스템 내에 확고하게 포함시키기 위한 일반적으로 용인되고 인정된 우수한 엔지니어링 기법의 사용이 될 것이다. 이는 강력한 운영 지원, 기록된 절차, 그리고 실습을 통하여 이루어진다.

✓즉 :

- 표준에 맞추거나 이를 초과하기 위한 설계에 의하여,
- 적절한 재질을 이용한 조립, 적절한 건설과 설치기법의 사용 및 테스트에 따른 장치 적합성의 확인에 의하여,
- 장치는 운용에 적합한 채로 유지됨의 확인에 의하여

이루어진다.

장치는 효율적인 주기적 검사, 테스트, 그리고 재생 프로그램을 통하여서만 운용에 적합한 채로 남아있을 수 있다는 것은 기본이다.

화학물질 제조자 연합회는 기계적 통합을 "공정장치의 항시적인 통합을 유지하기 위해 기록된 절차의 수립과 실현" 으로 정의하고 있다. 공정장치의 기계적 통합은 절차의 기록된 프로그램, 훈련, 검사, 그리고 우수한 엔지니어링 기술과 응용 가능한 코드 및 표준, 사양, 그리고 제조업체의 권장사항들에 바탕을 둔 억제/예측 정비를 통하여 확인된다.

설계와 설치에서의 기계적 통합

규제에 관한 이 절에서는 *품질보증*이라는 용어가 나타난다. 품질보증은 특히 새 장치에 해당된다. 장치의 초기설계, 파이프, 그리고 계기설계는 물론 장치의 구성 및 설치와 관련된 기계적 통합문제는 이 책의 범위를 넘어서며 많은 참고문헌들을 필요로 한다. 설계에서의 개략적인 관찰이 필요하다면 1995년 간행된 *고도로 독성인 물질들의 처리와 운영 핸드북*을 검토해 볼 것을 고려하여 본다[2]. 이 핸드북은 공정장치에 대한 설계와 운전조건에 한 장을 할애하고 있으며 코드, 부식에 대한 기본사항, 저장, 불활성화, 그리고 다양한 부류의 장치에 대한 특정정보에 관련된 실제적인 정보가 담

겨있다. 아울러 이 핸드북은 파이프와 계기에 대한 설계시의 고려사항들을 살피고 있으며 밸브, 개스킷, 팽창연결부, 그리고 계장에 대한 설계개념들을 다루는 기본적 사항들에 대한 훌륭한 정보를 제공하고 있다.

나아가 미국 화학공학회는 *매우 독성인 위험물질의 안전한 저장과 처리에 대한 지침*을 출판하였다[5]. 그 책의 장 제목의 하나인 "파이프 시스템과 저장의 설계" 에서는 용기의 설계, 저압탱크 지침, 파이프 설계, 그리고 다른 적절한 설계 고려사항들에 대한 정보를 제공하고 있다. 아울러 이 책은 6페이지 이상의 유용한 참고문헌들을 제시하고 있다. 또한 200개 이상의 개별적 코드와 표준들이 열거되어 있는데 이는 신참 엔지니어들의 유용한 자료원이다[5].

기계적 통합의 규정 강화

1995년 OSHA는 다른 어떤 PSM 요소에 대해서보다도 기계적 통합에 대하여 더 많은 인용을 하였다. 1996년 기계적 통합은 조업 절차에 가까운 두 번째였으며 공정 위험 분석 바로 앞에 위치하였다. 1997년 5월 화학공정 안전보고서[6]는 OSHA의 승낙 프로그램 감독자인 John Miles의 다음과 같은 언급을 인용하고 있다: "조업절차와 기계적 통합은 보다 중요한 표준부분들 가운데 두 가지이며 우리들은 이에 대한 위반을 찾아내고 있다."

그 화학공정 보고서는 1996년 OSHA 공정 안전운영 표준하의 1296개 인용들을 검토하였다. 이상하게도 화학물질 제조공장은 인용의 통상적인 목표가 아니었다. 분석에 따르면 PSM 위배로 인용된 회사들의 75% 정도는 화학물질 제조업체나 화학물질 사용자에게 할당된 지역(혹은 표준산업코드 - SIC 코드)으로부터 유래되지 않았다. 운전절차, 공정 위험분석, 그리고 표준의 기계적 통합요소들은 1996년 가장 많은 횟수의 인용을 보였다.

펌프/컴프레서에 대한 기계적 통합 프로그램

고도로 위험하거나 가연성 물질들을 다루는 경우 송풍기, 컴프레서, 그리고 펌프와 같은 핵심적인 회전장치의 신뢰성이 높은 중요성을 지닌다는 사실은 자명하다. 고장이 발생할 경우 결과의 영향이 가장 큰 회전장치는 자질있는 사람이 기록된 절차에 따라 조사하고 테스트해야 한다. 기능공들은 특별한 기술적 훈련을 필요로 할 수도 있다.

- 회전장치는 다양한 검사방법을 요구한다

회전장치의 검사는 "방지정비 프로그램" 으로 수행될 수 있는데 이는 장치와 기계의 거동은 공정 흐름의 출력이나 장기간 운전에 바탕을 둔 일종의 통계적 평균을 따르는 것임을 확신하게 하여준다. 방지정비(PM) 프로그램 – 장치의 계획된 주기적 검사 – 은 예기치 않은 문제들의 발생을 줄여준다. 방지정비 프로그램들은 종종 원치 않는 시간에 사고가 일어나고 생산을 방해하며 고치는 데에 더 비용이 드는 것으로 입증된 이전의 오래된 파손정비 프로그램들보다 수행이 더욱 효율적이다[2].

PM 프로그램들은 장치들이 일정 기간마다 정지되어 마모, 청결, 그리고 조립 및 성능한계에의 순응에 대하여 검사를 받을 것을 요구하고 있다. PM 프로그램들은 장치의 운전을 방해하는 문제로 비화되기 전에 작은 이상을 감지하여야 한다. 그 방법은 만족스러울 수 있지만 아무런 이상도 감지되지 않는다면 비용이 소요될 수 있다. 우수한 PM 프로그램을 지니고 있음에도 불구하고 심각한 손상이 발생하기 전에 비정상적인 파손 부분이 감지되지 않을 수 있다. 나아가 PM 검사과정은 재조립 중에 종종 실수를 유발시킬 수 있다[2,9].

성공적인 회전장치 "예측정비 프로그램" 은 몇 가지 요소들을 필요로 한다. 대표적인 요소들에는 잔류 금속입자들을 검지하기 위한 오일 분석이 수반되는 효과적인 윤활 프로그램, 과거 정비기록, 기술자의 고급훈련, 그리고 데이터 운용 컴퓨터의 사용들이 포함된다[10].

1980년대 초반의 연구는 예측정비 프로그램이 방지정비 프로그램보다 비용면에서 더 효율적인 것으로 보고하였다. 이 연구들은 PM 프로그램들이 기계 1마력당 약 11~13 달러의 비용이 소요됨에 비해 예측정비 프로그램은 마력당 단지 7~8 달러가 소요되는 것을 보였다[11].

혁신적인 예측정비 프로그램들은 대형 산업체의 200명 이상에 대한 1992년 봄의 전화설문조사에서 논의되었다. *Plant Services* 잡지는 그 결과를 1992년 10월 핸드북에 출판하였다[12]. 이 조사결과는 진동분석과 오일분석이 가장 빈번하게 이용되는 예측정비 검지기법인 것을 확인해 주었다. 서모그래피는 세 번째로 널리 쓰이는 방법이었다. 초음파 및 마모입자 분석(페로그래피)은 빈도는 덜하지만 정규적으로 사용되었다.

효율적인 예측정비 프로그램들은 다수의 속성들을 포괄한다. 그러나 회전장치 예측정비에 대한 핵심은 광범위한 진동감시와 분석 프로그램이다. 기계상태나 운전의 변화는 거의 언제나 기계가 손상되기 오래 전에 쉽게 검지될 수 있는 진동변화를 야기한다.

- 화학공정 조업자의 역할

화학공정 조업자는 정규 업무중에 일상적으로 검사를 수행한다. 그들은 장치를 육안으로 검사한다. 운전자들은 대개 소리와 느낌을 이용하여 펌프와 컴프레서들의 운전상태를 결정한다. 대부분의 공장들에서 조업자들은 윤활제의 첨가, 진동기록의 수집, 전문가 호출, 혹은 정비를 위한 장치의 제거를 포함하는 적절한 행동을 취하도록 훈련받는다.

<그림 10-1 화학공장 승인 조정자는 조업자, 공정, 그리고 주변 사회를 보호하기 위한 효과적인 기계적 통합 프로그램을 지원한다.>

- 정비 및 검사자의 역할

"등급 1" 과 "등급 2" 로 간주되는 회전장치들은 예측정비 프로그램의 대상들이다. OSHA 표준에 따르면 공정장치의 현행 통합 유지에 관여된 각 조업자들을 훈련시켜야 한다. 단지 유능한 사람만이 "등급 1" 과 "등급 2" 의 펌프와 컴프레서에 대한 정비를 (기록된 절차에 따라) 수행할 수 있다. 펌프와 컴프레서들의 기계적 통합을 확신시켜 주는 데에 이용되는 절차들은 일상적인 기능공들이 정상적으로 읽을 수 있도록 쓰여져야 한다. 장치의 이름이나 일련번호, 날짜, 기계/검사자의 이름, 그리고 결함 들을 포함하는 검사나 테스트의 결과를 제공하여 주는 후속 보고서들이 작성되어야 한다.

✓OSHA 감사 지침은 다음과 같은 사항들이 질문되어야 한다고 열거하고 있다[3]:

1. 검사와 테스트들은 프로그램에 포함된 공정장치의 각 항목에 대하여 수행되는가?
2. 검사와 테스트 빈도는 제작자의 권고와 우수한 엔지니어링 관례에 부합되는가? 운전 경험에 따라 필요하다고 결정되면 검사와 테스트는 더 자주 수행되는가?
3. (공정안전정보에서 정의된 바와 같은) 한계를 벗어난 장치의 결함들은 안전운전의 보장을 위해 필요한 수단이 취해져야 하는 경우 이후의 사용 이전에 안전하고 시의적절한 방법으로 고쳐지는가?

제작자의 권고사항이나 윤활유 프로그램과 같은 중요한 기계적 통합사항들은 장치와 용도에 따라 매우 특수한 처리를 필요로 한다. 비록 이 주제는 이 장의 범위를 벗어나며 이후로도 다루어지지 않겠지만 공장 내 진동프로그램을 조사하고 서모그래피의 사용을 간단하게 검토할 것이다.

- 어떤 화학공장 진동 프로그램에 대한 개요

1992년 6월 *Vibrations* 지에 실린 John Hawkins의 글은 루이지애나 레이크 찰스에 있는 PPG 산업지구의 250 에이커 구역에 대한 2,100세트 이상의 회전장치를 다루는 예측정비 프로그램을 소개하고 있다[9]. 이 진동 프로그램은 1971년에 시작되었으며 기계 운전조건의 미세한 변화는 어떤 사고가 발생되기 오래 전에 독특한 진동패턴을 생성한다는 원리에 바탕을 두고 있다. PPG 장치 세트들은 크기에 있어서 작은 공정펌프들로부터 대규모 컴프레서에 이르며 수증기 터빈 및 80 메가와트의 초과부하 등급 대형 가스터빈구동 발전기들을 포함한다.

공정펌프들은 공정에서 요구되는 산, 염기, 액체염소, 액체 염화수소, 그리고 다른 위험유체들을 포함하는 다양한 액체들을 이송시킨다. 이 구역의 컴프레서들은 기체염소, 무수 염화수소, 냉동제, 그리고 압축공기들을 이송시킨다.

세 명의 잘 훈련된 전일근무 분석자들이 PPG 산업구 진동그룹의 감독팀을 구성하고 있다. 그 기술자들은 독자적인 학습, 동등한 지원, 주기적인 공장 외부 훈련, 다년간의 경험 및 진동연구기관에의 참여를 통하여 그들의 기술을 연마한다. 그 프로그램은 감독, 분석, 그리고 보호와 같은 세 가지의 기본적인 요소들을 지닌다.

➤➤ 자동화된 진동감시

상당한 경영 원조와 25년 이상의 경험으로 PPG는 비용절감형 진동 프로그램 모델을 창출하였다. 이로부터 고정된 진동감지 센서, 경보, 그리고 주요 핵심적인 회전장치(대형 터보 발전기 세트 및 핵심적인 대규모 원심력 컴프레서들을 포함)에 대한 운전정지 시스템들이 제공된다. 현대적이고 상업적으로 획득 가능한 수동 진동데이터 수집 모듈은 보다 작은 유닛들로부터의 정보 획득을 위한 비용절약형 경로를 제시하여 주며 그 프로그램을 성공적으로 만들어 준다. (이전에는 PPG는 휴대형 계기로부터 데이터를 모으기 위해 연필과 패드를 사용하여야 했다.)

최신 데이터 수집 유닛을 처음 프로그램한 후에는 모듈의 표시창이 감독경로 상의 장치의 각 부분에 대한 설명을 순서대로 제공하여 준다. 계기 판독으로 고무된 진동 검사자는 표시창에 나타난 운전장치로 걸어가서 지시된 베어링이나 다른 데이터 지점에 탐침을 꽂는다. 분석자가 버튼을 누르면 모듈은 진동 수준과 임의의 필요한 분석 데이터를 잡아낸다. 그 데이터 수집기는 사전설정 경보값과 수집기 스펙트럼 데이터를 근거로 하여 문제가 되는 세트를 인식한다. 장치 위치에서 일단 데이터 수집이 완결되면 프로그램은 자동적으로 다음 위치에서의 데이터 수집기능으로 전진한다.

감독 모듈에 내장된 기능에는 장치 세트 목록들을 훑어보는 기능과 기술자가 유용한 코멘트를 제공할 수 있는 기능들이 포함된다. 기술자는 프로그램된 목록으로부터 정렬을 필요로 한다, 바닥이 지지를 필요로 한다, 혹은 파이프가 뒤틀렸다 등과 같은 코멘트들을 선택할 수 있다. 기술자는 또한 짤막한 설명문을 입력할 수도 있다.

진동 검사자는 회전장치의 각 구동부분에 대한 데이터를 읽을 수 있다. 진동 감지는 진동의 가장 흔한 요인인 "불균형"을 검지할 수 있다. 적절한 감지로 기계가 운전되는 동안 오정렬이 검사될 수 있다. 오정렬의 원인으로 마모와 파열, 온도, 그리고 부적절한 정비를 들 수 있다. 일상적인 감독에 따라 느슨함, 진전된 마모와 균열, 손상된 기어, 그리고 잘못된 베어링들도 검지할 수 있다.

<그림 10-2 냉각수 펌프를 판독하는 진동 기술자>

<그림 10-3 냉동 컴프레서를 판독하는 진동 기술자>

<그림 10-4 진동 데이터 획득모듈을 지닌 회전기계 전문가의 근접사진>

➤➤전산화된 보고서와 프로그램의 이점

일단 진동 데이터가 모아지면 기술자는 감독 및 요약 보고서의 작성을 위한 최소한의 노력을 필요로 한다. 운전 장치로부터의 진동의 신호는 독자적인 컴퓨터 프로그램을 이용하여 다음과 같은 세 가지 수준의 운전으로 분류될 수 있다: (1) 부드러움, (2) 중간정도, (3) 거침.

검사팀은 두 경영보고를 위한 보고서를 작성한다. 진동 검사자들은 장치 소유자와 구역 정비 감독자에게 자세한 감독 보고서를 배포하여 보정조치가 계획될 수 있도록 한다. 또한 검사자들은 중간급 경영층을 위한 요약 보고서를 제공한다.

PPG에서 진동 검사자들은 2,100 세트의 장치들로부터 27,000 데이터 위치에서 데이터를 수집한다. 방대한 양의 데이터는 처리를 위해 2 기가바이트의 하드 디스크를 갖는 펜티엄 컴퓨터를 필요로 한다. R. W. LeBlanc은 다수의 사례를 통하여 예방적인 진동 프로그램의 이점을 설명하였다. **그가 열거한 진동감독 및 분석의 성공적 사례들에는 다음 것들이 포함된다[10] :**

- 안전하게 연기될 수 있다면 정비를 연기. 어떤 고가의 수증기 터빈/발전기 장치는 6년마다의 가동정지가 계획되어 있었다. 진동감독과 분석방법을 통하여 얻은 데이터를 바탕으로 정비 사이의 기간은 자산 보험회사의 동의에 따라 연장되었다.
- 수리가 효율적이고 효과적이도록 하기 위하여 진동 진단을 통한 기계문제들의 근원에 정비노력의 초점을 맞춤. 어떤 점검요청에는 진동 기술자에게 200마력 모터로 구동되는 팬이 포함되었다. 구역 정비원은 그 설비를 매끄럽게 운전할 수 없었기 때문에 그 큰 모터를 정비공장에 보낼 것을 고려하였다. 진동 기술자는 문제가 팬의 단순한 불균형인 것으로 진단했으며 이는 균형추를 이용하여 쉽게 해결되었다.
- 완전히 파손되기 전에 기계 정비를 필요에 따라 계획하고 준비함으로써 큰 손실과 안전 위험을 피함.
- 기계 정비의 질을 확인. 진동 프로그램은 회전장치가 올바르게 수리되었으며 남아있는 문제는 없다는 확신을 가져다 줄 수 있다.
- 공장 전체에 걸쳐 공통적인 문제와 해법을 인식하고 서로 나눔.

회전 및 정지장치를 위한 서머그래피

1960년대까지는 상업적 서머그래피의 사용은 공장 운전에서는 매우 제한되어 있었다. 85 파운드가 나가며 110볼트의 전력공급을 필요로 하고 액체질소 냉각이 요구되는 장치는 유용한 열화상을 얻는 데에 최상의 장치였다[13].

지난 10여년 동안에 걸쳐 이루어진 적외선 이미지 시스템에서의 상당한 기술적 진보로 인하여 서머그래피가 유용한 예측정비 도구로 부상하였다. 오늘날 어떤 적외선 캠코더 카메라는 무게가 10파운드도 채 못된다.

✓1995년 *Plant Services* 잡지의 글을 인용하여 보자 :

> 서머그래피의 진정한 능력은 문제를 신속하게 파악하고 감지할 수 있게 하여 주며 핵심적인 결정수립 정보를 가시적 형태로 제시하여 줌으로써 경영층이 이해하기 쉽게 하여 준다는 데에 있다. 일반적으로 통칭되는 적외선 이미지 시스템들은 … 요소나 공정의 보이지 않는 열적 패턴의 영상을 만들어 준다. 이러한 열적 패턴은 이를 이해하기만 하면 장치나 공정의 운전조건을 감시하는 데에 사용될 수 있다[14].

<그림 10-5 적외선 카메라를 가진 검사자가 검사창구를 통하여 주기적으로 가열로 튜브 온도를 검지하고 있다.>

모든 장치와 대부분의 공정 및 거의 모든 건물들은 다른 온도에서 눈에 보이지 않는 열이나 적외선 에너지를 방사하는 요소들을 지닌다. 누구나 보일러, 뜨거운 변환기, 그리고 뜨거운 모터 근처에서 열을 느낄 수 있다. 서머그래피는 눈에 보이지 않는 적외선 열 방사로부터 서모그램이라 불리는 영상을 생성하는 장치이다. 오늘날 카메라의

우수한 이미지 시스템은 1/2°F나 이보다 작은 정도의 조그만 온도차도 식별할 수 있다. 서머그래피는 기대되는 정상 온도보다 더 뜨거운 전기적 및 기계적 요소들을 신속하게 식별해 내는 비접촉 방법이다[13, 14].

카메라의 민감도를 높이고 스크린을 통하여 온도 프로파일을 지닌 동료를 보는 것은 독특한 경험이다. 이 계기는 너무나 민감해서 벽에 댄 손을 뗀 후 1분 정도 뒤에 벽에 남아있는 손바닥 자국도 볼 수 있다.

서머그래피는 전기 시스템, 기계장치, 내열/단열, 수증기 분배 시스템, 그리고 건물 및 지붕 등에서 발견되는 문제들에 유용하다. 그 기술은 결빙되거나 삽입된 라인을 찾는 데에 도움이 될 수 있으며 탱크의 액위를 결정할 수도 있다. 어떤 회사들은 가열로 튜브에 서머그래피를 사용하여 열점을 찾아냄으로써 튜브 손상을 더 잘 예측하려고 시도하고 있다.

서머그래피는 다양한 업체들에 의하여 다년간 전기분배 시스템에 사용되어 왔다. 회전 장치에의 사용은 아직 보편적이지는 않지만 마찰문제가 있는 구역을 찾아내는 데에 이용될 수 있다. 잘못된 베어링, 부적절한 윤활, 오정렬, 노후된 요소, 그리고 다른 신뢰성을 희생시키는 문제들에 의한 마찰로부터 과다한 열이 생성될 수 있다[13].

회전하는 기계적 요소들에 대한 한계 이외의 온도는 보통 제작자가 설정한 값에 근거한다. 적외선 서머그래피 검사 프로그램으로 이익을 볼 수 있는 펌프와 컴프레서 장치에는 모터 기어, 베어링, 축, 연결부, V-벨트, 감개, 컴프레서, 진공펌프, 그리고 클러치들이 포함된다.

서머그래피는 진동 프로그램과 유사한 잇점을 제공하여 준다. 정해진 정비의 계획과 일정수립을 도와줄 수 있다. 이는 자본투자를 보호하고 검사 및 진단을 가속화시키며 정비작업을 조사하는 데에 있어서 가치있는 도구이다.

어떻게 시작할 것인가? 한 가지 제안은 서머그래피 전문가를 고용하여 검토를 수행하게 하는 것이다. 가치있는 정보에 놀랄 것이며 현장 서머그래피 팀의 필요성을 평가할 수 있을 것이다. *Plant Services* 지는 "장치가 아닌 서머그래피 전문가와 프로그램의 구조는 프로그램의 성공에 가장 큰 영향을 미친다. 서머그래피 초보자는 종종 수주일 동안의 시운전 중에 이미지 장치에 지불한 것보다 더 많은 문제해결책을 보고한다. 투자에 대한 회수가 그리 나쁘지 않은 편이다." [14] 라고 말하고 있다.

파이프, 가압용기, 저장탱크, 그리고 공정 파이프를 위한 기계적 통합 프로그램

이 절에서의 기계적 통합의 관점은 존재하는 정체적인 화학처리공장 장치와 파이프를 포괄한다. "장치" 에는 저장탱크, 가압용기, 건조기, 열교환기, 반응기, 소성로, 탑, 여과기, 포트 등이 포함된다. 이진에 언급한 바와 같이 이 절에서는 장치가 적절한 코드와 표준, 공장의 사양, 그리고 우수한 기술로 설계되고 조립되었다고 가정하고 있다. 아울러 기능공들은 자질이 있으며 조립 재질은 (필요할 경우) 인가를 받았고 테스트와 검사 서류는 유지되고 있다고 가정한다.

새로운 탱크 조립에 대한 "적절한 코드" 는 ASME VIII 가압용기 코드, 상압 탱크에 대한 API 650, 가압 파이프에 대한 ANSI/ASME B31.3 코드, 국립 화재보호연합 코드, 튜브형 교환기 제조자 연합 표준, 자산보험안내, 그리고 임의의 지역이나 연방정부의 요구사항들이 포함된다.

- 단열 아래의 부식 — 작년의 흔적

1960년대와 1970년대 동안에 많은 공장 설계자들은 단열 아래의 부식에 대한 잠재적인 문제에 대하여 관심이 없었다. 그 결과 오늘날의 탄소강의 문제가 있는 접합이나 얇은 녹, 스텐레스 강의 염소 스트레스 부식에 의한 균열, 그리고 다른 감추어진 금속 손실이 단열 아래에서 발견될 수 있다. 이러한 감추어진 금속 손실은 흘림이나 새어나옴, 혹은 균열을 유발시킬 수 있으며 이는 환경오염, 독성물질의 유출, 혹은 상당한 양의 가연성 물질이 배출되어 화재나 폭발에 이르게 할 수 있는 조건에 도달하게 할 수 있다.

물의 침입이나 산 증기의 유입, 그리고 공정의 누출은 단열장치에 부식문제를 독려하여 주는 위협들 가운데 일부이다. 열적 단열 시스템이 방수인 경우는 있다 해도 아주 드물며 단열재로 싸인 강철이나 합금재질은 단속적으로 젖어있고 건조되어 있다. 단열된 용기를 지지하는 선반이나 파이프, 사다리, 혹은 보도를 지지하기 위한 단열 용기 위의 선반은 물을 포집하는 트랩으로 작용할 수 있다.

엔지니어들은 직접적인 개방이나 모세관 작용에 의하여 물이 단열부분 내로 스며드는 것을 줄이거나 없애기 위해 설계 단계 중에서와 금속장치의 수명이 다할 동안 특별한 주의를 기울여야 한다. 단열부분을 덮고 있는 기상/증기 재킷은 비, 물방울, 그리고 조업자의 세척활동에 대한 일차적인 차폐막을 제공하여 준다. 이 차폐는 파이프 위를 걷거나 불량 정비, 그리고 기상문제로 손상될 수 있다. 초기의 설계에서는 강철 바로 위, 혹은 오일기반 초벌 밑칠 바로 위에 단열재를 설치하는 것이 관례였다. 국립 부식 엔지니어 협회(NACE)에 따르면[15] 가장 심각한 부식문제들은 염소함유, 혹은 설파이드 함유 환경의 공장들에서 가장 잘 일어나는 것으로 보였다. 부식 문제들은 많은 강우량, 높은 습도, 그리고 염분-공기 환경에서 더욱 악화되었다.

<그림 10-6 조립/정비 공장에서 검사자가 새로 정비된 열교환기가 공장에 도착했을 때 검사 임무를 수행하고 있다.>

NACE 연구에 따르면 가장 심각한 부식문제는 140°F와 250°F 사이(60℃~120℃)의 단열에서 발생되었는데 이 온도는 너무 낮아서 유입되는 물이 신속하게 증발되어 날아가 버릴 수 없었다. 물의 비등점보다 높은 온도에서는 다른 부식문제가 발생될 수 있다. 유입되는 물에는 염소 및 다른 부식성 원소들이 함유될 수 있어서 이들이 농축되어 부식 균열을 야기시킬 수 있다[15].

심각한 부식이 처음 알려졌을 때 많은 엔지니어들은 보다 우수한 표면처리와 밑칠이 필요하다고 여겼다. 당시엔 무기 아연이 흔히 선택되어 탄소강 밑칠에 사용되었는데 그 위에 단열재가 씌워지도록 되어 있었다. 1970년대에 미국 걸프 코스트의 어떤 부식 엔지니어들은 무기 아연의 존재가 부식을 가속화 시키는 것 같다고 생각하였다.

✓어떤 NACE 작업그룹은 다음과 같이 보고하였다[15] :

- 무기 아연 밑칠은 단열 하에서는 비록 위에 코팅이 되었다 할지라도 성능이 우수하지 못하였다.
- 촉매 에폭시 코팅은 장시간 노출에 있어서 젖은 단열에 대한 충분한 고온 저항성이 결핍되어 있었다.
- 140°F에서 250°F(60℃~120℃) 범위의 온도에서 젖은 단열로 둘러싸일 수 있는 탄소강에 대한 최선의 코팅은 에폭시 페놀과 아민 경화 콜타르 에폭시 제재이다.

스텐레스 강이 단열재로 싸여있을 경우에도 염소 스트레스 균열부식 문제가 있었다. NACE 문건은 스텐레스에 대한 보호 코팅을 다루고 있으며 스텐레스강 및 탄소강에 대한 모래연마 및 코팅적용 지침을 제공하고 있다.

화학공장 안에서 젖은 단열에서의 부식문제를 없애기 위하여 설계 엔지니어, 조업 감독자, 그리고 정비기능공들은 **다음 것들을 포함하는 어떤 일상적 업무에 초점을 맞추어야 한다** :

- 모든 새로운 설치에 대한 적절한 코팅 시스템을 제공
- 잠재적인 수분침투 가능부분 주변의 구역에 있는 파이프나 장치들의 단열을 제거하고 주기적인 검사를 수행
- 기상 차폐막과 단열부에 대한 기계적 손상을 신속하게 수리
- 스텐레스강에 대한 아연, 카드뮴, 혹은 아연이 풍부한 코팅의 사용을 회피. 저온에서 운전되는 스텐레스 시스템조차도 화염이나 용접정비에 의해 우연히 가열될 수 있으며 스트레스 균열을 야기할 수 있다.
- NACE 출판물 6H189를 숙지

단열부가 있는 장치와 파이프에 대한 외부 검사의 정도와 빈도는 위치에 따라 다르다. API 570 파이프 검사 코드는 다음과 같은 주의사항을 추가하였다: " '단열 검사 프로그램 하의 부식' 의 정도는 그 지역의 기후에 따라 크게 좌우될 수 있다; 따뜻한 해안지역은 매우 능동적인 프로그램을 필요로 할 수 있지만 보다 서늘하고 건조한 내륙지역에서는 포괄적인 프로그램을 필요로 하지 않을 수 있다." [16]

가압용기와 저장탱크의 검사

OSHA 공정안전법의 기계적 통합 부분의 의도는 재앙이 될 만한 유출을 금지하거나 줄이려는 것이다[1]. 장치 분류 시스템은 그 법의 요구사항이다. 이 장의 앞부분에서 세 가지 부류들을 포함하는 간단한 시스템들이 정의된 바 있다. 다음은 가압용기와 저장탱크에 대한 그 절의 주요 부분이다.

핵심적인 결과 - 분류 1. 저장 장치로서 그 손상으로 위험물질의 통제할 수 없는 재앙적 유출이 발생되어 화재나 폭발이 야기될 수 있는 장치. 그러한 장치의 사고는 인근의 고속도로나 지역 구성원을 위한 대피호의 차폐, 인명상해, 사망, 혹은 주요 자산이나 생산손실 등을 포함하는 환경적 유출의 가능성을 수반하게 될 것이다. "분류 1" 가압용기와 저장탱크들은 고도로 독성이거나 위험한 물질을 저장하는 장치들이다. 이들 저장 시스템은 우선권을 기반으로 어떤 효율적인 방법에 따라 일상적으로 검사되어야 한다.

심각한 결과 - 분류 2. 그 사고가 위험한 물질의 통제될 수 없는 유출을 야기시킬 수 있어서 그 구역 외에서의 문제는 최소이면서 화재나 폭발을 일으킬 수 있는 상황을 유도할 수 있는 저장장치. 그러한 사고는 환경적 유출, 자산이나 생산손실, 혹은 다른 생명을 위협하지 않는 상황들을 포함하는 심각한 조건들을 유발시킬 수 있다. 이 장치는 우선권이 약간 낮다. 그러나 그 장치는 또한 정기적인 스케쥴에 따라 검사되고 테스트되이야 는데 승인에 따라 유연함이 허용될 수 있다.

정상적인 결과 - 분류 3. 그 사고가 기록할 만한 환경적 유출이나 사람에 대한 상해를 포함하는 심각한 조건을 발생시킬 수 없는 모든 다른 저장장치. 그러나 그러한 사고는 어떤 자산손실이나 생산중단을 유발시킬 수 있다.

1989년 6월의 *API 510 가압용기 검사 코드 - 정비, 검사, 등급, 그리고 변경*은 "소유자/사용자" 규약이며 우수한 검사 판정기준이다[17]. 어떤 나라, 지방, 그리고 주들에서는 정부 담당자가 가압용기를 검사할 것을 요구하고 있다. 그러한 경우 정부기관 규칙이 표준 검사기준이 되어야 한다.

- 용기의 외부 검사

용기의 통합을 확실히 하기 위해서 운전중인 용기에 대하여 육안에 의한 외부 검사(혹은 운전중 검사)가 정기적으로 이루어져야 한다. 이러한 검사의 빈도는 대부분의 화학공장에서 화학공장 대기의 가혹도를 기준으로 매 2년과 매 3년 사이에서 장소에 따라 정해져야 한다. 그러나 API 510은 매 5년 마다의 주기도 허용할 것이다.

육안에 의한 외부 검사는 흔히 검사 시점에 존재하는 접근성과 가시성의 정상적인 물리적 한계에 따라 이루어진다. 보통 단열의 제거에 있어서 "표시기" 조건이 보다 근접한 조사를 보증하지 않는 한 빈번한 외부 검사 도중에 발판이나 승강기는 이용되지 않는다. 그 경우에서 탱크의 어느 부분으로의 접근성에 대한 어려움은 완전한 검사를 방해할 정도로 허용되어서는 안된다.

추가의 조사를 필요로 하는 어떤 형태의 부식이나 손상에 대한 감지, 혹은 이에 대한 의혹이 잇는 경우에는 검사자는 보다 광범위한 검사나 다른 형태의 검사를 권고하는 것이 권장되고 있다.

<그림 10-7 여전히 안전하게 독성 물질을 처리하는 잘 관리된 가압용기(30년 이상 오래됨)>

- 용기의 내부 검사

내부 검사를 잘 대체할 만한 것은 없다. 위험 화학물질의 잔류물이 쉽게 제거될 수 있다고 가정하면 내부 검사는 쉽게 이루어질 수 있으며 상대적으로 비용이 적게 든다. 내부 검사는 용기의 가능한 취약성이나 원치 않는 누출로 발전할 수 있는 어떤 조건들을 파악하는 데에 필수적이다. 이는 부식이 균일하게 생기는 용기는 거의 없기 때문이다. 대체로 내부 검사는 2년에 한 번에서 10년에 한번 사이의 빈도로 이루어진다. 정확한 빈도는 그 장치의 과거 역사와 미량 성분의 영향을 포함하여 처리되거나 저장되는 화학물질의 부식 성질에 따라 결정된다.

어떤 회사들은 특히 내부 검사를 위한 비용이 드는 준비작업 용도의 *위험-기반 검사*(RBI)를 이용하고 있다. RBI는 신뢰성과 범용성을 얻어가고 있는 방법이다. 기관은 기대되는 내부 부식 속도를 바탕으로 사고의 결과와 실패의 가능성을 고려함으로써 제안된 검사 빈도를 계산한다. 그 방법은 위험 행렬을 이용한다.

내부 검사는 용기에 대한 폭넓은 시각을 제공하여 준다. 직접 "육안으로" 용기를 관찰하는 것은 탱크 외부로부터의 두께의 판독에 근거한 어떠한 제한된 판단보다도 더 잘 상황을 드러내어 줄 수 있다. 가시적 조사는 대개 용기 운전의 적합도를 확실히 하여 주기 위해 이용되는 단 하나의 가장 중요하고도 보편적으로 용인되는 방법이다. 우수한 내부 기시적 검사는 균열, 돌출부, 운전 축적물, 부식 생성물, 마모 형태, 그리고 다른 손상에 대한 셀과 헤드의 조사를 포함해야 한다. 다양한 능동적인 화학적 운전에서 가속화된 부식 및 다른 금속 손실의 경우 용접 조인트와 열에 영향을 받는 부분을 조사하는 것이 중요하다. 흔히 용기의 내부 벽에 대하여 나란하게 위치하며 검사자로부터 멀리 비치는 밝은 플래쉬 불빛을 사용하면 금속 손실이나 벽의 뒤틀어짐을 가시적으로 인식하는 데에 도움을 얻게 될 것이다.

만일 용기가 단열되지 않거나 라이너를 지니지 않는 경우에는 외부로부터, 혹은 내부에서 D-미터를 사용하여 벽의 두께를 테스트할 수 있다. 이 도구는 신속하고도 용이하게 파이프나 용기의 벽 두께를 측정할 수 있다. D-미터는 일반적으로 검사자들이 좋아하는 도구이다. "D-미터" 라는 이름은 간단한 휴대형 *디지털* 초음파 두께 측정기를 의미하는 기술자들의 약어이다. 흔히 용기와 장치에 대한 부식 패턴은 균일하지 않으므로 내부로부터 두께를 조사하는 것이 최선이다. 용기들의 기계적 통합을 확실하게 하는 다른 검사방법들에는 금속 표면 근처에서의 균열을 위한 자기입자 조사, 표면으로 확장된 균열이나 핀 구멍의 확인을 위한 염료투입 조사, 라디오그래프 조사, 초음파 방출 테스트, 그리고 압력 테스트 등이 포함된다.

➤➤ 금속 초음파 두께 검사기의 함정

많은 기관들은 D-미터의 사용에 크게 의존하고 있다. D-미터는 용기 벽과 파이프의 잔류 두께를 측정하기 위한 비교적 저렴한 휴대형 디지털 초음파 두께 게이지이다. 초음파 벽-두께 측정은 기술에 있어서 레이더나 소나와 흡사하다. 초음파의 분출은 탐침을 통하여 재질 내루 방사되며 반대편 벽에서 반사된다. 반사된 것이 되돌아오는 데에 걸린 시간간격은 벽 두께이다.

<그림 10-8 탱크 유입 전에 용기의 대기 샘플을 취하고 차단을 조사하는 조업자>

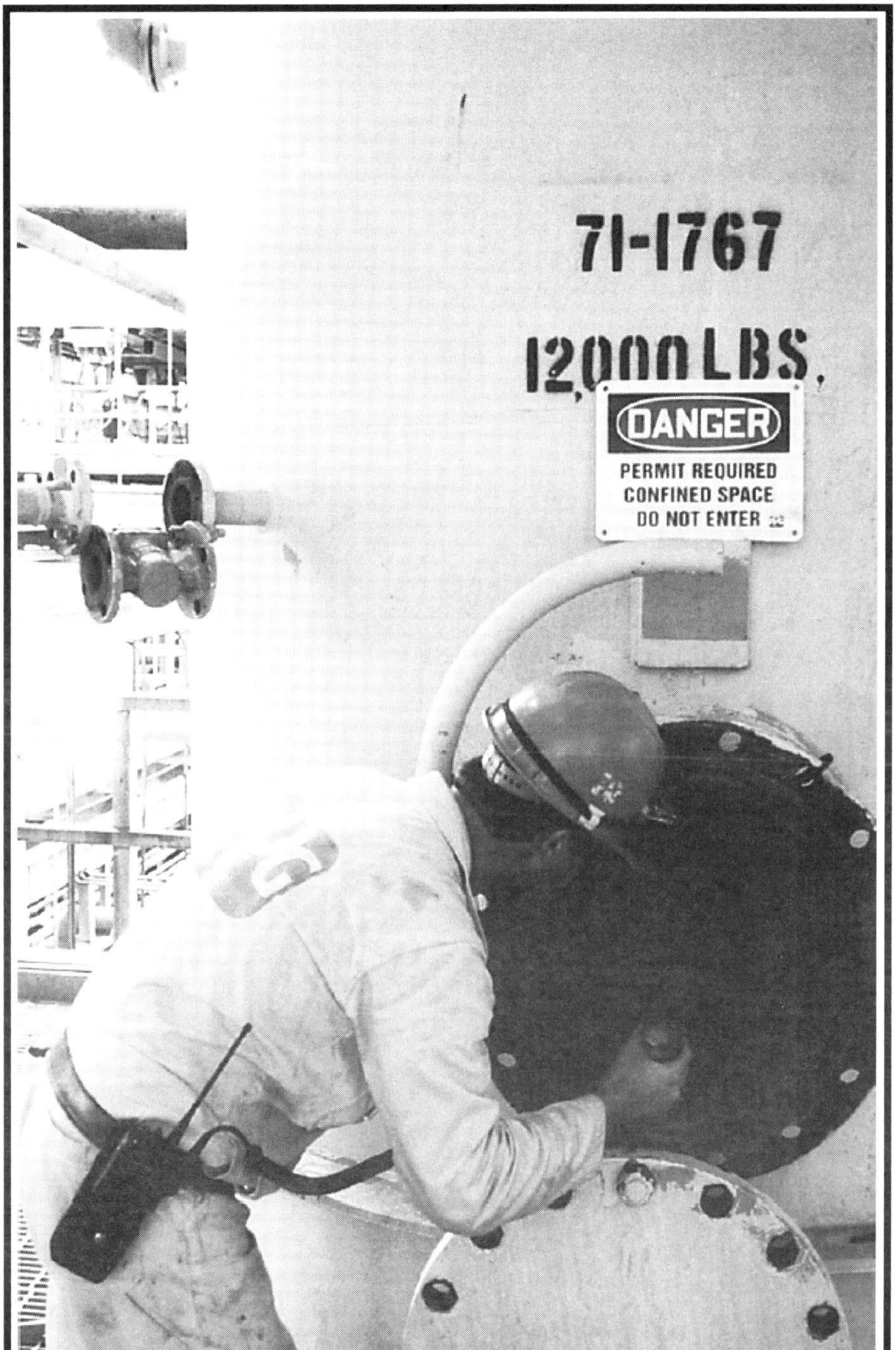

<그림 10-9 용기의 초기 평가를 수행하고 사다리, 발판, 혹은 외등과 같은 특수 검사 항목의 필요성을 결정하는 가압용기 검사자>

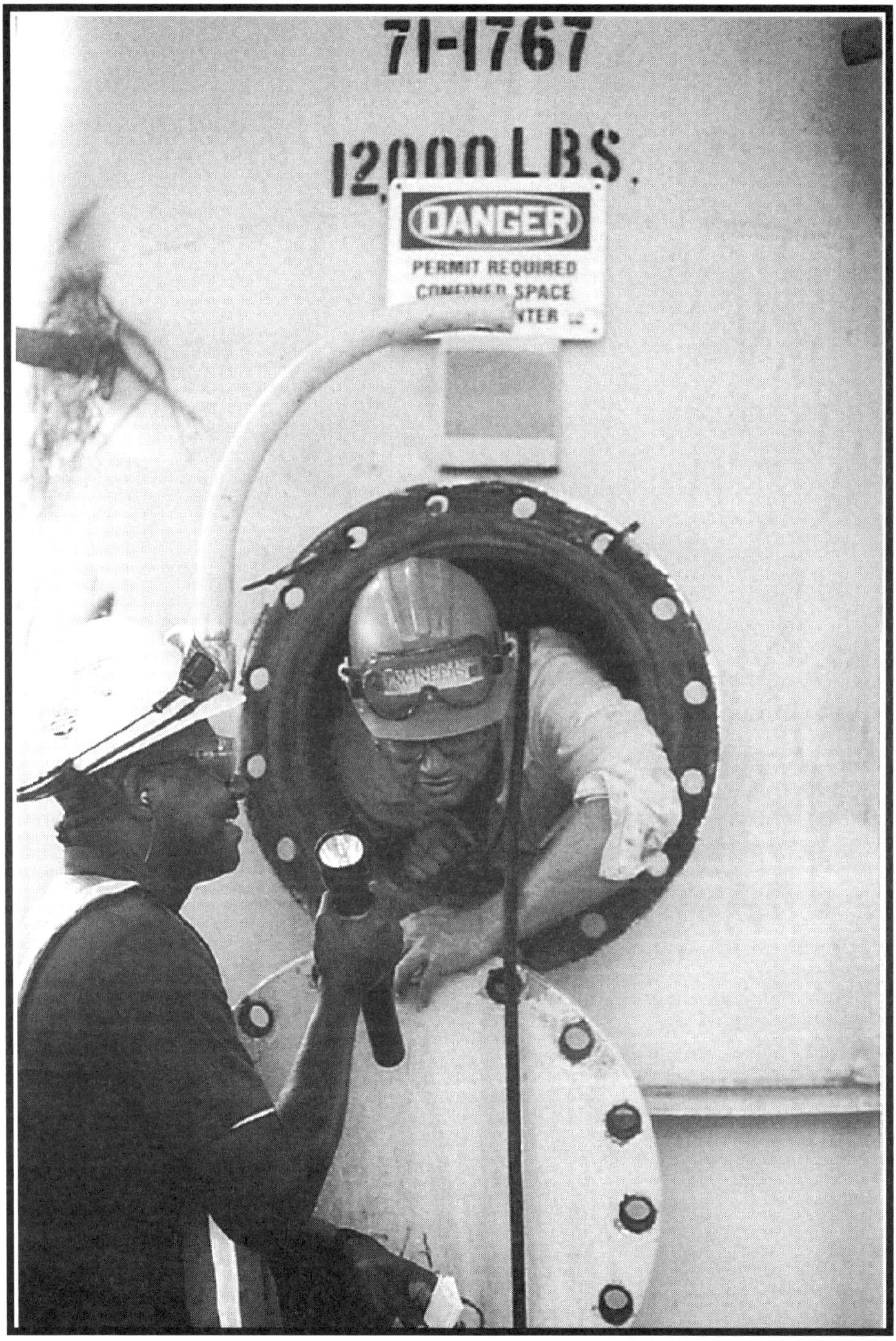

<그림 10-10 용기가 차단되고 테스트되고 세척된 후 가압용기 검사자가 막힌 공간으로 들어가고 있다. 검사는 여전히 육안 관찰에 의존하고 있다.>

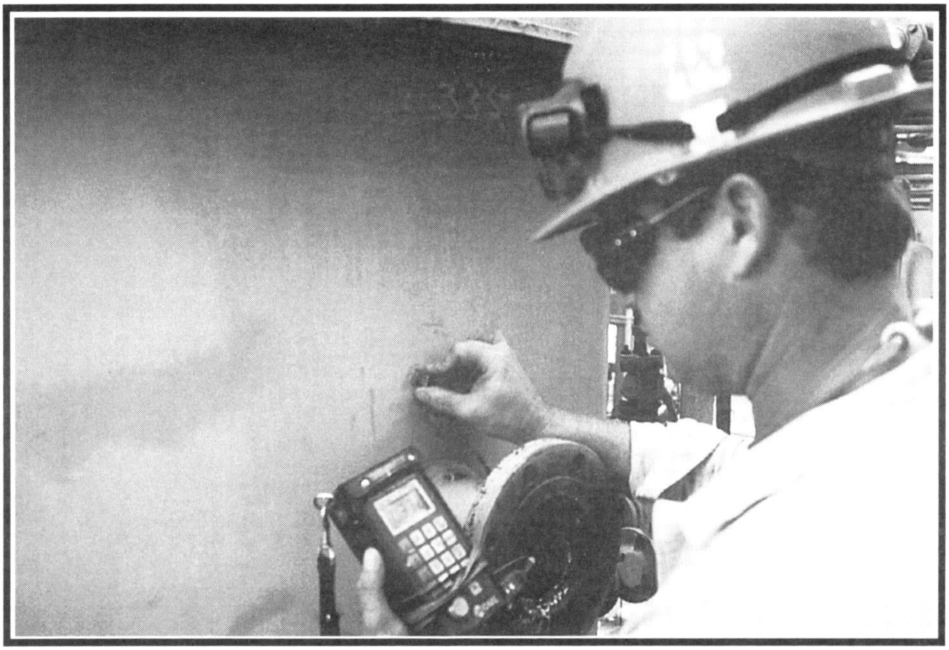

<그림 10-11 금속 파손을 겪은 노즐 근처에서 용기의 벽 두께를 확인하는 검사자>

D-미터 탐침(보통 전환기로 불린다)은 신호를 보내고 이를 잡아낸다. 음파는 공기 중에서는 잘 진행하지 못하므로 연결제(물, 그리스, 글리세린 등)를 사용하여 전환기와 샘플되는 재질 사이의 공기를 대체시킨다.

✓남서부 루이지애나의 유능한 규약 전문가이며 조립자, 공장 소유자, 그리고 보험회사들의 오랜 용기 검사자인 Gary Waggoner는 다음과 같은 요령을 제시하였다 :

- D-미터를 사용하는 경우 가벼운 페인트 코팅은 별로 영향이 없다. 그러나 무거운 페인트 코팅은 두께 지시값을 실제 페인트 두께보다 더 크게 증가시킴으로써 부정확한 판독을 야기시킬 수 있다.
- 측면의 금속 표면에 탐침 세트를 맞추는 것은 표면이 너무 거칠 경우 표면으로의 음파 전달이 방해받을 수 있다.
- 탐침 위치의 반대편에 구멍을 내는 것은 음파를 굴절되게 함으로써 전환기로 되돌아오는 것을 방해할 수 있다. 달라진 눈금으로 사용자가 혼돈에 빠질 수 있으며 실제 두께의 결정을 어렵게 하고 쉽게 오차가 생길 수 있다.
- 용접 근처의 용기 외부의 벽 두께를 측정하면 정확한 값을 얻을 수 없을지도 모른다.

용접부나 열에 영향을 받는 구역에서 최악의 내부 부식이 일어나는 경우가 흔치 않은 것은 아니다.

- 침식이나 부식의 조그만 고립부분을 찾는 것은 때로는 건초더미에서 바늘을 찾는 것과 유사하다. 조사 패턴의 밀도에 따라 고립된 얇은 구역은 쉽게 빠뜨리거나 그냥 지나칠 수 있다.
- 180°F 이상의 고온 금속의 두께를 테스트하는 것은 대개 특수 전환기와 연결제를 필요로 한다.
- 이러한 고유의 결점들에도 불구하고 D-미터는 그 사용의 손쉬움, 낮은 초기비용, 저렴한 유지비용, 그리고 신속한 결과 때문에 앞으로도 매우 널리 쓰이게 될 것이다.

➤➤ 광역 테스트 - 용기의 가압 테스트

구조적 통합을 테스트하는 한 가지 널리 쓰이는 방법은 수력 테스트의 사용이다. 대체로 새로 조립된 용기, 혹은 큰 수리를 거친 용기는 최대 허용 설계압력의 150%에서 수압을 이용하는 수력 테스트를 거친다. 많은 경우 ASME 규정은 수력 테스트를 요구하고 있다.

<그림 10-12 붕괴된 용역회사 진공트럭은 부적절한 기계적 통합 프로그램을 보여준다.>

구조적 통합에 대한 테스트와 미세한 누출에 대한 테스트에는 간혹 두 가지의 서로 다른 접근방법이 요구된다. 때로는 튜브판 안에 수백 개의 튜브들이 있는 열교환기와 같은 시스템에서 누출을 찾아내는 것이 필요하다. 수력 테스트로부터의 물의 흘림은 보기가 어렵거나 보정이 힘들 수 있다. 다른 경우에서는 수분이 허용되지 않는 개스킷 시스템을 테스트할 필요가 있을 수 있다.

공압 테스트가 해답이 될 수 있다. *그러나 매우 조심해야 한다!* 검사자들은 종종 공기압력으로 가압될 수 있는 어떤 시스템에서 누출을 조사하기 위해 1 부분의 액체 세재를 10 부분의 물과 혼합한 분무 용액을 사용한다. 안전을 위해서 공압 테스트는 5나 10 psig까지로 제한되어야 하며 테스트되는 가장 취약한 성분의 최대 허용가능 조업압력의 25%보다 크지 않아야 한다. 검사자의 육안과 비누물로 채워진 정원 분무기는 누출이 없는 열교환기에 대한 효과적인 검사도구가 될 수 있다.

탱크 제작자들과 탱크 검사자들은 비누물을 사용하여 저압탱크 바닥의 새롭게 수리된 용접부를 검사한다. 그들은 공통적으로 진공상자를 사용하여 탱크 바닥의 겹친 자리를 조사한다. 검사팀은 용접부 겹친자리의 짧은 부분을 비눗물로 입힌다. 검사자는 유리창을 갖는 주문제작한 사각형 상자를 비눗물이 묻은 용접부 겹친자리 위에 올려놓는다. 압축공기를 이용하는 특수 설계된 공기 추출기가 상자를 비워낸다. 비누 방울이 상자에 나타나면 검사자는 수리를 위해 흠이 있는 용접부에 표시를 한다.

저압 탱크의 검사는 1991년 1월 *API 표준 653 탱크 검사, 수리, 변경, 그리고 재조립*에서 충분히 다루어지고 있다[18]. 이 짧고도 실제적인 소책자는 검사자 자격, 탱크 바닥 부식에 대한 고려, 그리고 이와 관련되는 주제와 같은 항목들을 다루고 있다. API 653의 부록 C는 운전 중인 탱크의 검사에 대한 4 페이지의 조사목록과 내부 검사를 위한 7 페이지의 점검목록을 제공하고 있다.

- 어떤 화학공장의 가압용기 운영 프로그램

텍사스 주 프리포트의 다우 화학공장은 수년 전 가압용기 운영 프로그램의 세부 내용들을 공유하였다[19]. 다우 텍사스 가압용기 프로그램은 25년 이상 다듬어져 왔으며 12,000개 이상의 가압용기를 다루었다. 오늘날의 PSM 기계적 통합요소에 따라 의심할 여지없이 다우의 프로그램은 여기에서 논의된 훌륭한 노력을 훨씬 뛰어넘는 것이었다.

<그림 10-13 진공상자와 비누물을 사용하여 저압탱크 바닥 용접부의 누출을 조사하는 검사자들>

➤➤ 용기설계 검토 및 등록

다우 케미컬 텍사스공장 가압용기 검토위원회는 용기가 ASME 규례 및 다우의 공학사양의 요구사항에 맞는지를 결정한다. 가압용기가 이 요구조건들을 충족시키면 다우는 우일한 인수 번호를 부여한다. 그러한 가압용기는 상용 조립공장에서 제작되어 (냉동장치나 공기 컴프레서와 같은) 패키지 장치의 한 부분으로 접수되거나 다우의 제작공장에서 제작된다[19].

만일 용기가 다우 케미컬 회사 외부에서 제작된다면 청구서는 공학사양에 익숙한 다우 구매자에게 전달되어야 한다. 이 구매자는 고객 제작 구입 중개인의 인도 아래 작업한다. 과정에서는 계산과 제작도면의 검토에 책임이 있는 가압용기 "설계자"가 모든 사양, 도면, 그리고 청구서들을 승인할 것을 요구하고 있다.

이 과정들은 제작을 시작하기 전에 각 용기가 적어도 두 명의 다우 조업자들과 제작공장 조업자들에 의하여 검토되는 것을 확실히 하고 있다. 가압용기 검사자는 제작을 추적하면서 회사 사양들이 충족되고 ASME 규정 고려사항들이 이루어지는 것을 확인

한다. 검사자는 아울러 부식연구를 위해 일련의 벽 두께 측정이 이루어지도록 배려한다. 따라서 용기가 사용되기 전에 적어도 3명의 다우 종업원들이 그 작업의 질의 다양한 측면들을 조사한다[19].

<그림 10-14 응축기 튜브의 상태를 조사하는 검사자. 물 처리가 불충분하면 물 쪽의 부식이 일어날 수 있다.>

가압용기 검토 부문(PVRS)은 지수 번호를 부여하고 모든 용기들에 대한 현재의 기록과 검사 상태를 유지하는 서비스 기관이다.

✓PVRS 파일은 다음 사항들을 포함한다 :

- 제작자의 데이터 보고서
- 등록 양식
- 실제 두께측정 보고서
- 허용가능한 최소 두께 계산
- 배기 시스템 설계계산

✓아울러 대표적인 소유자 파일에는 다음 사항들이 포함된다 :

- 매각자 계산
- 공장 테스트 보고서
- 제작소 도면
- 육안검사 보고서

➤➤ 용기의 정비, 개선 및 다른 상태의 변경

이 시스템 하에서 Dow 장치 소유자들은 다음 가운데 어느 하나가 발생되면 상태의 변화를 보고하도록 되어 있다 :

- 용기의 재등급
- 응급 배기 요구조건의 변경
- 운용의 변경
- 상당기간 동안의 운휴 후에 재가동
- 압력 함유 부분에 대한 정비나 개선

용기의 압력 함유 부분이 최소 허용 가능한 것보다 작은 두께까지 침식되거나 부식된다면 어떤 조치가 취해져야 한다. 흠이 있는 부분은 재처리되거나 혹은 그 장치에는 새로운 조건에 부합되는 보다 낮은 압력등급이 부여될 것이다. 용기가 재등급되면 엔지니어는 배기 시스템을 검토한다[19]. 용기에 대한 다우 케미컬 시스템은 십여년 전에 보고된 바와 같이 오늘날의 OSHA 기계적 통합 요구사항을 충족시키기에는 매우 실제적인 방법인 것으로 여겨진다.

"회사 내의" 안전배기밸브 테스트

감지되지 않은 부식, SRV의 퇴적, 혹은 SRV의 유입이나 유출구의 퇴적등은 설정치와 구제 유량에 나쁜 영향을 미칠 수 있다. 부적절하게 지정되거나 설치되거나 관리되어 온 대기 장치는 감지되지 않는 부식과 퇴적에 특히 취약하다.

루이지애나주 레이크 찰스의 PPG 산업공단의 큰 화학회사는 약 2,200 개의 독립적인 안전배기 밸브들과 과압보호를 위한 보존(압력/진공) 배출구에 의존하고 있다. 이러한 대규모 공장은 다수의 독특한 재질과 부식 과제들을 갖는다. 하루에 거대한 양의 포화 소금물(NaCl)이 공장으로 운반되며 수천 톤의 염소가 생산된다. 남부 루이지애나 주의 습기 아래에서 공장 전체를 순회하는 염, 염소, 가성소다 부산물, 그리고 염화수소 기체가 공정 장치를 공격할 수 있다. 염화비닐 단량체와 염화용매와 같은 다른 생성물들은 "O"-링과 개스킷 용으로 독특한 탄성체를 필요로 한다.

PPG 레이크 찰스는 사용자들이 안전배기 밸브들의 부적절한 사양과 테스트에 의하여 경험하고 있는 문제들을 공개적으로 논의한 최초의 화학공장들 가운데 하나였다. 새로운 안전밸브에 대한 전문적 지식은 제작자들로부터 얻을 수 있다; 규격화 방법은 다양한 설계자들과 사용자들에 의하여 만들어 졌으나 아무도 실제적인 SRV 테스트와 SRV 부식문제를 출판하지 않았다.

수년에 걸쳐 PPG 레이크 찰스는 확보한 사안들을 다수의 기관들과 공유하였다. 일련의 기술 보고서[8, 24, 25]들은 진전과 문제들을 제시하였다. 검사자인 고 Warren H. Woolfolk는 1974년 최초로 PPG의 SRV 테스트 프로그램 조정자가 되었다. 그의 일차적인 책임은 SRV들이 적절하게 설정되고 설치되고 테스트되는 것과 충분한 기록이 유지되고 있음을 확인하는 것이었다. 그는 SRV 제작자들로부터 정보를 모았으며 집중화된 기록보전을 도왔고 공학 사양들을 향상시켰다.

Woolfolk는 SRV 테스트 설비의 적합성에 대하여 관심을 가지게 되었는데 이들 설비는 많은 상용 SRV 테스트와 수리공장과 대부분의 화학공장들에서 공통적으로 사용되었다. 대표적인 테스트 스탠드는 1/4 in(0.6 cm) 튜브에 의하여 압축공기 실린더로 연결된 고정 테이블로 이루어졌다. Woolfolk는 실제 공정조건을 모사하기 위해 상당한 양의 공기를 이용하여 배기밸브의 테스트를 위한 서지 누적기로 실험하였다.

상당한 부피의 기체로 SRV를 테스트하던 수 년 후에 Woolfolk는 1983년 미국 화학공학회의 손실방지 심포지엄에서 "공정안전 배기밸브 테스트" [24]를 발표하였다. 출판된 논문은 많은 관심을 불러일으켰다; 그는 1986년 화학제조연합을 위한 수정된 버전을 출판하였다. 그러나 1980년대 후반에 다수의 미국 화학공장들은 압축공기 실린더에 연결된 여전히 초보적인 고정 테이블을 사용하고 있었다.

- 안전배기밸브 테스트 장치의 선정

미국 기계공학회(ASME)는 안전배기밸브를 적절히 테스트하기 위해서는 충분한 양의 기체가 필요하다는 것을 알고 있다. ASME가 약간의 잘 정의된 지침을 제공하기 전까지는 관심있는 화학회사가 부피 테스트를 위한 자체의 기준을 개발하려고 하거나 다양한 SRV 제작자들로부터 현재의 데이터를 수집하고자 할 수 있다. 제한부피 테스트는 간혹 실패해서 독특한 "SRV의 신속개방" 에 이를 수 있다. 만일 밸브가 실제로 "개방" 되는 대신에 단지 "부글부글" 거리기만 한다면 어떤 SRV에서는 내부 부품들이 뒤틀려서 누출에 이를 수 있다[25].

부글부글거리는 점은 좀처럼 "신속개방" 압력과 같은 압력이 되지 못한다. 대부분의 스프링 부하 안전배기 밸브는 설성이나 신속개방 압력의 90~95 %에서 부글부글거린다. 달리 말하면 어떤 SRV들은 5~10 % 높게 설정될 수 있으며 스프링이 잘못되는 경우에는 20%나 그 이상까지의 보다 큰 오차가 발생될 수 있다. 부글거림은 SRV가 완전히 열려서 인식판 흐름용량을 배출시키는 것을 보장해 주지 못한다.

Woolfolk는 제한된 테스트를 수행하여 PPG의 소요 누적기 부피를 추정하였다. 그는 몇 개의 폐기밸브들을 누적기로 사용하여 다양한 SRV들을 테스트하고 최적크기의 누적기를 결정하였다. 너무 큰 누적기는 압축공기용으로는 비용이 들 수 있는 반면에 과소크기 탱크는 SRV가 적절히 반응하도록 하여주는 데에 필요한 부피를 제공하지 못할 것이다.

Woolfolk는 500 psig(3450 kPa 게이지) 등급의 $3ft^3$(85 리터) 테스트 탱크는 3 in "L"형 오리피스 SRV를 포함하여 정상적인 송풍링이 설정된 SRV에 대한 대표적인 신속개방 작용을 제공할 것이라고 추정하였다. "T" 오리피스 밸브를 포함하는 보다 큰 SRV의 경우 Woolfolk는 마찬가지로 500 psig(3450 kPa 게이지) 등급의 $15ft^3$(425 리터) 테스트 탱크를 선택하였다. 그는 이 공장의 고압 SRV 테스트를 위하여 3,000 psig(20,700 kPa 게이지) 등급의 $4.4ft^3$(125 리터) 테스트 탱크를 선택하였다. 아울러 그는 어떤 특별한 경우에 SRV를 공기압적으로나 수력학적으로 테스트하는 데에 사용될 수 있는 보다 작은 5,000 psig(34,500 kPa 게이지) 등급의 $1/3ft^3$(9.4 리터) 테스트 탱크를 선택하였다. 후에 진공 및 저압 사용을 위해 추가로 $6.5ft^3$(184 리터) 탱크가 고안되고 설치되었다. 자체 테스트 설비의 설치를 고려하는 공장은 누적기 탱크들의 수와 크기에 대한 공장의 독특한 상황에서의 특정된 수요를 주의깊게 파악하여야 한다.

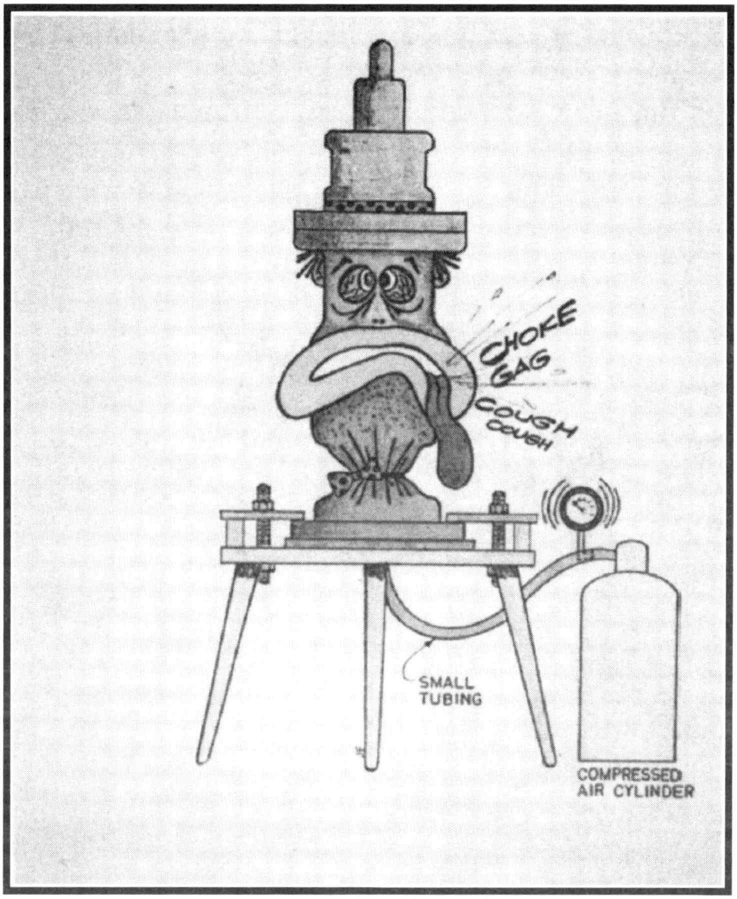

<그림 10-15 테스트 스탠드에서 충분하지 못한 부피유량으로 테스트되는 안전 배기밸브의 그>

모든 테스트 누적기(가압 용기)들은 테스트 테이블 아래에 직접 설치되었다. 이 용기들은 상부와 하부가 2:1의 타원형 헤드로서 수직으로 설치되었다. 상부 헤드는 테스트되는 SRV 유입구와 대등한 크기의 둥근 출구 노즐을 지니고 있었다. 보다 작은 오리피스 SRV들을 테스트하는 데에는 SRV와 대등한 개구를 갖는 링 모양의 적응판들이 사용된다. 이러한 배열은 밸브로의 흐름을 마르게 할 가능성을 줄여준다.

Woolfolk는 각 탱크의 감압에 대한 각 SRV 테스트 후에 배출공기의 모멘텀으로 습기, 파이프 퇴적물, 혹은 다른 외부 물질이 축출되는 것을 확실히 하여주기 위한 누적기 감압 파이프를 고안하였다. 그 감압 파이프는 누적기의 하부 점에 연결되어 있다[25].

PPG 산업공단은 대형 부피 테스트 스탠드로 SRV를 테스트하는 것은 많은 이점을 가짐을 알았다. 보다 대규모의 공기 에너지 공급으로 점진적인 압력상승이 가능해졌고 테스트 게이지의 보다 용이한 판독이 가능해졌다. 잘 연마된 노즐과 대좌들은 대형 부피 스탠드에서의 테스트 중에 서로 부딪히지 않도록 보호된다. 실제 운전상황을 더 잘 모사하는 보다 큰 부피 테스트 장치는 대좌의 높이 측정을 가능케 하고 운동 부분들이 적절히 배열되도록 하여준다.

<그림 10-16 동적 테스트를 위한 안전 배기밸브 테스트 스탠드>

부피-공기압 테스트에 의하여 기술자는 부적합한 대체부속품에 의한 흠집, 부정확한 기계조립, 부식, 혹은 약한 스프링 들을 검지할 수 있다. 이 문제들 각각은 테스트 후의 누출이나 부분적 상승, 혹은 이른 부글거림과 같은 특징들에 의하여 발견될 수 있다. 설정압력에 대해 너무 강하게 스프링을 잘못 설치하는 것과 같은 잘못은 약간의 기울어짐이나 덜컥거리는 소리로 검지될 수 있다. 유능한 SRV 테스트 기술자는 이러한 형태의 테스트 장치로 흠을 잘 찾아낼 수 있다.

<그림 10-17 장치로부터 SRV를 제거하는 기술자. 테스트를 위해 밸브를 보내기 전에 기술자는 인식표 상의 유입 및 유출부 파이프 요소들의 상태를 기록한다.>

– 안전 배기밸브 테스트와 정비 절차

몇 다스 정도만의 SRV들을 지닌 소규모 화학공장들은 도움을 얻기 위해 구역의 SRV 테스트와 정비소에 의존해야 한다. 대규모 화학공장들은 기술자들을 위한 훈련과 장치에 투자를 원하는지의 여부를 결정해야 하고 SRV들을 적절히 유지하기 위해 여분 부품들의 재고를 위한 지본을 승인해야 한다.

<그림 10-18 장치로부터 접수한 그대로인 안전 배기밸브를 조사하는 잘 훈련된 기술자>

화학공장이 내부 SRV 테스트와 정비 프로그램을 작동하기로 결정한다면 필요한 자원을 지니고 있어야 한다. 핵심적인 자원에는 모사된 공정조건에 대한 충분한 기체부피를 갖는 테스트 장치, 공장에서 훈련된 기술자, 여분 부품들의 공급, 최신의 품질제어 매뉴얼, 그리고 지역이나 주 기관의 승인 등이 포함된다. 어떤 지역에서는 연방 보일러 및 가압용기 조사자 위원회를 통한 인증과 확인을 요구하기도 한다.

우수한 품질제어 매뉴얼은 테스트 장비를 수용하기 위한 특별한 기능을 포함해야 한다. SRV들은 사전에 테스트되어야 하고 초기의 돌출압력과 배출압력에 대한 적절한 데이터가 관찰되고 기록되어야 한다. 이 과정은 공정 운용에서 제거된 모든 밸브들과 새로 도입한 밸브들에 대한 것이다[8].

안전밸브는 해체되어 조사되며 모든 내부 부속들에 유리산탄을 쏘아 분진과 표면 축적물을 제거한다. 다음에 밸브 몸체를 모래분사로 갈고 내부와 외부 모두에 다시 페인트칠을 한다. 이 단계 도중에 모든 잘못된 부분들은 제작자의 사양에 맞게 대체되거나 재처리된다. 금속 좌대는 원하는 평평한 정도로 조정된다. 모든 이동이나 유도 표면들과 모든 압력지지 표면들은 약하게 윤활처리 시킨다[8].

일단 밸브가 재조립되면 SRV가 성능 테스트되며 정확한 설정압력으로 조정된다. 배압에 노출된 모든 벨로우 형 및 스프링 장전 밸브들은 SRV의 배출면에 대한 벨로우와 개스킷의 통합을 확실히 하여주기 위해 배압 테스트된다.

잘못될 수가 없는 봉함부가 추가되어 승인받지 못하거나 감지되지 않은 조정을 방지한다. 테스트가 일단 완료되면 (부드러운 납으로서 각인이 쉬우며 부식에 영향을 받지 않는) 금속 인식표가 SRV에 부착된다. 이 인식표는 위치 번호, 설정압력, 그리고 테스트 날짜에 대한 기록을 지닌다.

안전배기밸브는 이동과 저장 중에 깨끗하게 유지되어야 하므로 밸브 개구부는 테이프와 마분지로 봉함된다. 만일 상승 레버가 있다면 이를 묶어두어서 사용자에게 향하는 중에 SRV의 좌대가 보호되도록 한다. 밸브는 세워진 자세로 운반되고 저장되어야 한다.

기술자들은 SRV 테스트 결과와 조사목록에 대한 관찰들을 기록하여 둔다. 이 정보에는 초기 테스트 압력, 그리고 좌대, 스템, 지침, 스프링, 공장에 도달시의 파이프의 유입 및 유출부의 조건들이 포함된다. 적절한 부감독자가 이 결과들을 접수하고 복사본이 중앙 SRV 기록에 보존된다[8].

- 안전 배기밸브를 종종 테스트하는 경우 어느 정도가 충분한가?

PPG 레이크 찰스는 서로 다른 공정 안전장치에 대한 서로 다른 테스트 주기를 설정하였다. 어떤 장치들은 매 6개월에 한 번 정도로 자주 테스트된다; 어떤 장치들은 매 3년마다 한 번의 빈도로 테스트된다. 지저분하고 축적물이 있거나 고도의 부식조건에서의 SRV 조작에는 신뢰할 만한 운용을 보장하기 위해 보다 빈번한 테스트가 요구된다.

정기적인 테스트 주기를 설정할 때에는 주정부 법, 기업의 정책, 보험 약관, 그리고 임의의 다른 적절한 위임사항들이 고려되어야 한다. 나아가 부식성이 있거나 타르와 유사한 유체를 배출하는 SRV는 배출이 감지되는 되로 제거되어 수리해야 한다.

1990년 PPG 레이크 찰스에서는 약 30%의 과압장치들이 매년 테스트된다; 다른 60%는 매 2년마다 테스트되며 나머지들은 다른 빈도로 테스트된다. 대체적으로 다음과 같은 장치 형태들에 대한 SRV들이 해당되는 주기로 테스트된다[8].

- 양-배출 펌프나 컴프레서 - 매 12개월마다
- 부식성 화학물질을 처리하는 용기 - 매 12개월마다
- 열원, 가열조, 뜨거운 오일 시스템, 그리고 저압처리 용기들과 냉동저장 탱크 - 매 12개월마다
- 공정 수증기 헤더 - 매 24개월마다
- 깨끗한 (막히게 하거나 부식되게 하지 않는) 유체를 함유하는 저장용기 - 매 24개월마다
- 습기가 제거되는 제어실 내의 계장공기 집합관 - 매 36개월마다
- 컴프레서, 터빈, 그리고 발전기와 같은 밀폐된 시스템의 윤활되는 배기밸브 - 매 36개월마다

경우에 따라 몇 면에 걸쳐 기록된 테스트들이 우수한 결과를 보여주면 테스트 사이의 기간은 확장될 수 있다.

- 안전 배기밸브 기록을 정연하게 유지

몇 다스 정도의 SRV들을 지니는 회분식 화학물질 처리설비와 같은 소규모의 공장에서는 SRV를 인식하기 위한 간단하고 순차적인 번호 시스템이 용인될 수 있다. 그러나 PPG의 레이크 찰스 공장의 경우 사용중인 2,000여개의 SRV들과 저장하고 있는 수백 개의 추가적인 SRV들을 유지하기 위해 이중 번호 시스템이 이용되고 있다. 공장에서 저장하고 있는 장치들은 여분용으로 사용하거나 부품 조달을 위해 떼어낼 수 있다. 핵심적 장치를 위한 여분의 안전밸브는 반드시 확보가 가능해야 한다[8].

<그림 10-19 반응기에 다시 설치하기 위해 새로 테스트되고 재생된 안전배기 밸브를 크레인이 들어 올리고 있다.>

이중 번호 시스템에서 하나의 숫자는 밸브 설계 형태를 나타내며 다른 숫자는 그 위치와 운용상태를 나타낸다. 장치를 구별해 주는 첫 번째 숫자는 SRV에 독특한 것으로서 밸브가 사용중지되면 삭제시킨다. 장치 기록에는 오리피스 크기, 설정압력, 제작자, 모델번호, 일련번호, 그리고 유입 및 유출 플랜지 크기와 등급에 대한 정보가 포함된다.

테스트 결과들은 각 장치의 인식번호에 따라 주 컴퓨터에 입력된다. 조업자들은 500개 이상의 터미널과 공장 전체에 걸친 개인용 컴퓨터에서 기록에 대한 "판독" 접근이 가능하다.

<그림 10-20 정비공장에서 테스트된 후 크레인으로 올려진 SRV를 기술자가 다시 설치하고 있다.>

뒤퐁 공장의 보호 공정안전 연동장치

텍사스 주 오렌지에 있는 뒤퐁사 공장의 Sabine River Works는 1988년 그들의 압력 연동 분류와 테스트 프로그램을 공표하였다[26]. 당시에 이 거대한 뒤퐁 화학공장은 약 2,500명의 종업원을 고용하고 있었으며 대규모의 단일 과정 처리장치로 구성되어 있었다. 대부분의 장치들은 올레핀, 폴리올레핀, 그리고 나일론을 위한 화학 중간체들의 제조를 위한 연속공정들이었다.

처리 물질들은 물이나 공기와 같은 순한 물질들로부터 고도로 독성인 화학물질들로 이루어지며 매우 큰 탄화수소 재고량을 유지하고 있었다. 공정온도는 −180°F(−118℃)로부터 1,000°F(540℃)에 이르렀다. 공정 압력은 낮은 진공으로부터 30,000 psig (207 MkPa)에 이르는 범위로 기록되었다[26].

1988년 뒤퐁 Sabine River Works는 35,000 곳과 40,000 곳 사이의 계기설치 장소와 5,000 이상의 안전 연동 및 경보기를 기록하였다. 연동 및 경보기들은 두 그룹으로 구분된다: 조업자 보조는 조업자에게 달리는 감지되지 않을 비위해성 비정상 조건을 경고하여 주는 데에 이용된다; *안전 연동*이나 *경보*는 그의 적절한 기능이 개인이나 장치를 위협할 수 있는 해로운 공정조건을 방지하거나 알려주는 데에 핵심적인 임의의 장치를 일컫는다[26].

뒤퐁의 Sabine River Works 경험은 보다 핵심적인 연동을 다른 것들로부터 떼어놓는 것이 중요하다는 사실을 보여준다. 소수의 잘 이해되고 관심받는 연동들이 다른 연동들 사이에 핵심적인 연동들이 분산되어 있는 지나친 수의 연동들보다 더 낫다고 한다. 뒤퐁의 시스템은 어떤 필요한 승인범위를 가능하게 하여준다. 뒤퐁에서는 감독자는 테스트와 수리를 위하여 윤활 경보와 같은 덜 중요한 연동들을 24시간까지 유예시킬 수 있지만 보다 중요한 경고들의 일부는 어느 누구에 의해서도 건너뛸 수 없다.

- 뒤퐁공장에서의 안전 핵심공정 계기들의 테스트

연동 테스트는 자세히 기록된 테스트 절차에 따라 대개 12개월마다 한 번씩 주기적으로 수행된다. 각 안전연동에 대한 테스트 절차는 신뢰도를 보장해 주는 데에 필요한 기계적 작업과 승인 시스템을 포함하는 일들을 정의하여 준다. 이 절차들은 공정 측정장치로부터 흔히 제어밸브인 최종 요소에 이르기까지의 테스트 활동을 다루고 있다[26].

부분적으로는 계기시스템의 복잡성으로 인하여 두 가지의 시종 테스트 방법들이 있다. 이 방법들은 "실제 테스트"와 "모사 테스트"로 이름이 붙여져 있다.

"실제 테스트"는 공정을 삼중점까지 운전하고 중간 지연과 계기들이 적절히 응답하는 것을 확인하는 것으로 수행된다. "모사 테스트"는 매우 위험한 공정에서 계기들이 강요된 운전정지나 시운전을 가능케 하는 성질을 갖는 상황에서 이용된다. "모사 테스트"는 아울러 계기 기법들이 너무 복잡해서 연동들을 단일 운전정지에서 조사할 수 없을 경우에도 사용된다[26].

그 기술논문은 연동 테스트 프로그램이 단순히 연동장치가 작동하는 것을 검증하는 것 이상으로 구성되어 있다고 언급하였다. 또한 퇴화에 대한 연동 장치의 검사가 있다. 하나, 혹은 그 이상의 안전 시스템 요소들에 대한 기계적 작업에 이어 계기에 대한 "기능 테스트"가 요구된다. 요약하면 정상적인 기능이 영향을 받기에 충분할 정도로 교란된 모든 장치나 시스템들은 사용을 위한 재정비 전에 기능 테스트 되어야 한다[26].

다른 접근방법 - 루이지애나 공장의 확인 테스트

레이크 찰스의 PPG 공장에서는 수 많은 계기루프들이 핵심적인 안전, 경보, 그리고 운전정지 기능들을 제공하여 준다. 이러한 보호적인 계기들은 반응기, 오일 가열기, 소성로, 분해로, 컴프레서, 수증기 가열 증발기, 증류탑, 보일러, 터빈, 그리고 다른 중요한 장치들에 위치하고 있다. 아울러 공정 분석기들과 가연성 증기 감지기들은 총괄적인 공정안전 환경을 향상시켜 준다[8].

위에서 언급한 장치용 계기루프들은 실시간이나 대기 형태로 작용할 수 있는데 두 가지 모두 실패할 수 있다. 액위제어 밸브의 고장과 같은 실시간 루프의 실패는 운전상태가 정상으로부터 점차적으로, 혹은 급격하게 벗어날 경우 보다 신속히 알려지게 된다. 실패의 형태에 따라 대기 루프를 필요로 할 수 있다.

결국 경보나 안전 연동과 같은 대기 계기루프의 실패는 잠재적 위험이 감지되기 전에는 분명해지지 않을 것이다. 이들 루프에서 진전되는 잠재적 오류는 주기적인 확인 테스트에 의하여 발견될 수 있다.

확인 테스트 프로그램은 누군가의 기억에 남겨질 수 없다. 이는 감독자와 기술자의 시간을 모두 빼앗는 경향이 있는 무수한 다른 행동들과 혼란들에도 불구하고 중요한 단계들을 달성하기 위하여 잘 구성된 형식을 따라야 한다.

- 어떤 계기들이 핵심적인 것으로 고려되는가?

레이크 찰스 PPG가 확인 테스트 프로그램을 처음 시작했을 때 어떤 안전장치들이 실제로 "핵심적인" 가를 분류하는 노력은 충분히 구체적으로 정의되지 않았다. 따라서 원래의 프로그램은 너무 많은 계기들을 테스트 시스템에 허용함으로써 극도로 무거운 짐을 생성하였다. **이런 일이 일어나는 것을 막기 위해 중요한 루프들에 대해서 다음과 같은 정보가 얻어져야 한다[8] :**

- 안전한 공장운전에 핵심적인 중요한 경보와 안전 연동들의 목록이 만들어져야 한다.
- 실제로 "핵심적인 계기" 시스템이 특징지어지고 다른 중요한(그러나 핵심적인 것은 아닌) 시스템들로부터 구분될 수 있는 기분이 제시되어야 한다.
- 복잡한 연동에 대한 테스트 절차가 구성되어야 하며 OSHA 1910.119와 일관성을 이루기 위하여 기록으로 남겨져야 한다. 임의의 제안된 추가나 삭제는 제 삼의 그룹이나 위원회에서 검토되어야 한다. 분류된 계기 및 운전정지 설정치를 변경하는 데에 보조가 되는 적절한 승인경로가 마련되어야 한다.
- 테스트 결과들은 조직적으로 기록되어야 하며 분석을 위해 이를 필요로 하는 모두에게 쉽게 공개되어야 한다. 흠이 있거나 마모된 성분들은 구별되고 즉시 수리되어야 한다.

하나의 확인 테스트 프로그램을 개발하고 잘 조정하는 데에는 수년이 걸린다. 포함시킬 필요가 있는 모든 계기루프들을 인식하는 데에 시간이 소요되며 각 장치나 루프에 대한 기본적인 운전정보를 포함하는 데이터를 조직적으로 수집하거나 작성하는 데에는 더 많은 시간이 필요하다. 개발단계 도중에 테스트 방법들이 정의될 필요가 있으며 테스트에 책임을 잘만한 적절한 사람을 찾아내어 훈련시켜야 한다. 마지막으로 테스트 빈도수가 정해져야 한다.

1998년 레이크 찰스 PPG 설비는 그 확인 테스트 프로그램에 약 3,000개의 루프를 지니고 있었다. 과거 20여년에 걸쳐 확인 테스트 프로그램은 수정되고 조정되고 다시 기록되고 다시 개정되어 왔다. 확인 테스트 프로그램에는 여전히 3개의 등급이 있다.

<그림 10-21 탱크에서 가연성 기체 감지기의 확인 테스트>

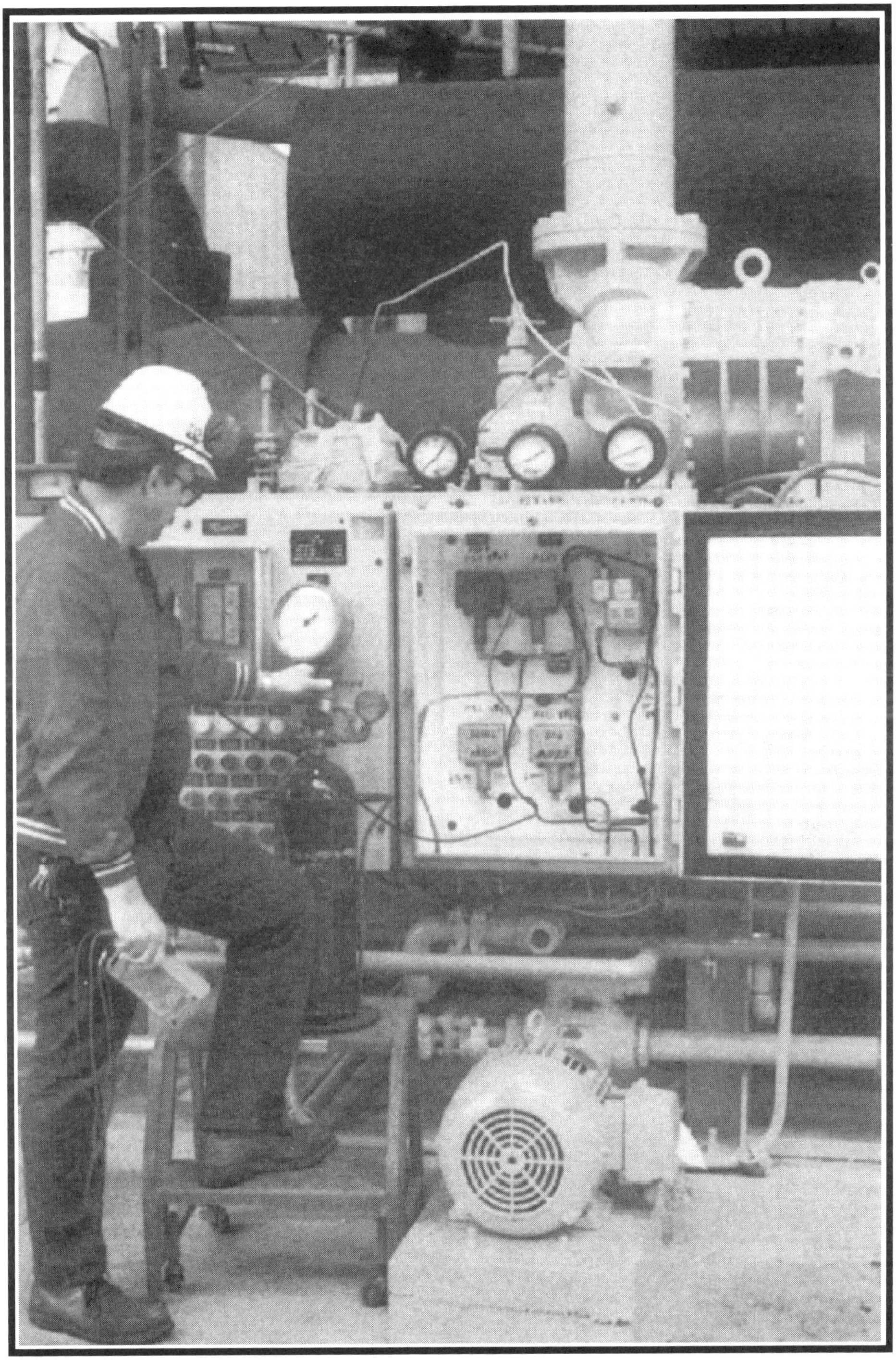

<그림 10-22 냉동장치 고압 스위치의 확인 테스트>

– 핵심적 루프들의 분류

어떤 공정안전 계기루프들은 다른 것들보다 더 핵심적이다. "중요성 등급" 과 테스트 빈도는 처음에는 요구되는 테스트에 대한 근원과 원인에 직접 관련되는 그룹(들)에 의하여 부여된다. 환경, 공정위험분석, 손실방지, 혹은 정비와 같은 다양한 공장 내 부서들로부터 입력이 접수된다. 그러나 자산보험지침, 공장 내 인전위원회, 계기고장비율 데이터, 이전의 운전경험, 제작자 권고사항, 그리고 우수한 공학적 판단들로부터 추가적인 지침들이 유래된다.

➤ *등급 1)* 핵심적으로 중요한 계기 루프

이들은 위험한 상황을 피할 필요가 있는 계기루프들이다. 이들 핵심적인 계기루프들은 그 실패가 우발적인 화재, 폭발, 위험물질의 제어되지 않는 유출, 개인에 대한 상해나 사망을 초래하는 상황을 유발시키거나 알리지 못하게 하는 루프들이다. OSHA 공정안전 운영 루프들은 이 그룹에 속한다.

"등급 1" 이 부여되는 안전계기시스템(SIS) 및 핵심적 경보에는 주나 연방기관, 회사 내 기술적 안전검토 위원회, HAZOP 조사, 그리고 조업 감독자들에 의하여 주로 판단되는 특정 경보들에 의해 위임되는 것들이 포함된다. 이들 안전계기시스템과 경보 모두는 정기적인 확인 테스트 스케쥴에 올려있다.

1998년 레이크 찰수 PPG 설비는 확인 테스트를 요하는 약 1325 개의 "등급 1" 핵심 계기루프들을 지니고 있었다. 이들에는 가연성이나 독성 액체를 포함하는 저장탱크에 대한 경보, 발열반응기의 고온 및 고압조절장치, 그리고 연소 가열기의 저유량 고온유체에 대한 제어구조들이 포함된다. 다른 등급 1 계기들에는 연소 가열기에서의 화염오류, 독성이나 가연성 물질 저장탱크의 고액위나 고온, 그리고 응급 밸브차단과 스프링클러 시스템 작동에 대한 가연성 증기 감지기를 경고하여 주는 경보들이 포함된다. 대규모의 디젤구동 소방수 펌프, 배터리 사고, 저윤활 압력, 그리고 높은 냉각수 온도에 대한 모든 안전지침들 역시 포함된다. 1997년 이 분류에서 모든 계기루프들을 다시 훑어보는 검토가 이루어졌는데 이는 어떤 장치들에서 상당한 수의 계기루프들이 이전에 너무 높게 등급이 전해진 것으로 보였기 때문이다.

PPG에서 등급 1 확인 테스트는 또한 PSM 안전 시스템에서 250여 개의 안전계기시스템 루프들을 다루고 있다. 안전계기시스템(SIS)은 미리 정해진 조건들이 위배되는 경우 공정을 안전한 상태로 유지하기 위해 센서, 논리 풀이기, 그리고 최종제어요소들로 구성된다. SIS는 정상적으로는 조업이 안전한 범위 내로 유지되는 것을 확실히 하기 위해 공정을 감지한다는 유일한 기능만으로 PLC에 의하여 제어된다.

<그림 10-23 가열기 연료차단 시스템에 의존하는 화학공정 조업자>

➤ *등급 2)* 심각하게 중요한 계기 루프

이들 중요한 계기루프들은 그 실패에 의하여 환경적 유출, 주요 자산이나 생산 손실, 혹은 다른 생명을 위협하지는 않는 상황을 포함하는 심각한 조건들이 초래될 수 있거나 알려지지 못하게 되는 계기 시스템들이다. 이 경보들은 우선순위가 약간 떨어지지만 역시 정기적인 스케쥴에 따라 확인 테스트된다. 이 확인 테스트들은 등급 1 확인 테스트에 대해 열거된 많은 요인들에서 요구될 수 있다.

레이크 찰스 PPG에는 약 1500개의 "등급 2" 경보들이 있다. 예로서 냉동 컴프레서(낮은 프레온 압력, 높은 프레온 배출압력, 높은 진동) 정류기, 냉각탑(액위, 혹은 높은 팬 진동), 운전액체, 압력, 혹은 어떤 저장탱크와 증발기의 유량이나 온도준위, 그리고 원료물질의 기상 공급압력에 대한 계기공기 컴프레서들을 들 수 있다.

➤ *등급 3)* 보통 정도로 중요한 계기 루프

이 계기루프들은 그 실패에 의하여 보고할 만한 것이 못되는 환경적 유출, 장치나 생산손실, 혹은 축소된 경제적 수명등이 초래될 수 있는 계기 시스템 루프들과 확인 테스트를 요하는 조업들을 보조하여 주는 모든 다른 시스템과 경보들이다. 이 경보들과 운전정지 시스템들에는 등급 2보다 안전이나 환경에 미치는 영향이 적은 냉동장치, 중요한 펌프 운전전지 경보, 저압 유틸리티 경보(지하수, 냉각탑 용수, 천연가스, 계기공기, 질소), 그리고 수많은 저압윤활 경보들이 포함된다.

- 확인 테스트의 빈도

복잡한 안전 계기루프에 대한 확인 테스트 빈도수의 부여는 간단한 시스템의 경우 "건전한 공학적 판단" 을 필요로 한다. 보다 복잡한 연동 시스템의 경우 빈도수는 허용 가능한 재해비율의 함수이다. 예를 들면 뒤퐁 Sabine River Works(텍사스 주 오렌지)는 35,000개의 계기들이 운용되고 있다고 보고하였다. 모든 안전연동은 자세히 기록된 테스트 절차에 따라 보통 12개월의 주기로 테스트된다. 어느 특정 연동에 대하여 뒤퐁에서 일단 테스트 빈도가 정해지면 연동을 영구적으로 제거하거나 그의 테스트 빈도수를 변경하는 데에는 상당한 검토와 여러 번의 승인이 요구된다[26].

PPG의 많은 고압 및 고온 경보들은 매 6개월마다 테스트된다. 레이크 찰스 PPG 공장의 상당수의 테스트 빈도수들은 "위험비율" (공정사고의 허용 가능한 확률)과 "수요비율" (핵심적 경보나 운전정지 기능의 작동이 요구되는 횟수)을 고려하는 자세한 신뢰도 연구를 이용하여 설정되었다[8].

몇 년 전 PPG의 염화탄화수소 공장 - 레이크 찰스 설비의 주요 부분을 구성하며 8가지의 서로 다른 제품을 생산한다 - 내에서 루프들의 26%는 테스트 빈도가 1년 주기였다; 42%는 빈도가 6개월 이었다; 15%는 매 4개월마다 테스트되었다; 11%는 매 3개월마다 테스트되었다; 그리고 나머지 6%는 주 단위에서 매 2년까지의 다양한 빈도수로 테스트되었다.

PPG에서 테스트 주기를 짧거나 길게 하는 테스트 빈도수 변경은 확인 테스트 결과, 루프의 요소들의 성능, 혹은 장치나 작업의 변경들에 대한 평가에 근거한다. 원하는 테스트 통과비율(등급 1 루프의 경우 100%)이 충족되지 않으면 사고의 원인들을 평가한다. 보증기간중이라면 (설계변경, 테스트 빈도수 변경, 혹은 추가의 연구요청과 같은) 보정 조치를 시작한다.

테스트 빈도수를 길게 하려는 요청은 장기간동안 실패한 테스트 기록이 없으며 우수한 정비기록에 따라 가능하다. 그 요청은 손실방지 엔지니어에 의하여 검토되고 평가된다. 이로부터 얻어지는 변경은 손실방지 "확인 테스트 변경" 파일에 5년 동안 유지된다.

<그림 10-24 가연성 제품저장용기 아래의 "응급고립밸브"에 대한 테스트를 목격하고 있는 화학공정 조업자>

- PPG에서의 확인 테스트 방법

많은 PPG-레이크 찰스 제어루프들과 운전정지 시스템들은 매우 복잡하며 잘 계획된 방법이 개발되지 않는다면 생산중단 없이 그 시스템들을 확인 테스트하는 것이 어렵다. 1990년대 중반에는 중요성 등급과 가용성이 다음과 같은 4가지 확인 테스트 방법들 가운데 하나를 지정하는 것을 도우는 데에 이용되었다.

➤ *방법 1)* 완전한 루프 테스트

이 방법은 이상적인 꿈의 테스트이다. 완전한 루프 확인 테스트를 허용하는 공정의 경우 정비 기술자들은 일차적인 요소나 센서에서 신호를 입력하고 관련 요소의 3점 보정조사를 수행함으로써 루프 내의 모든 요소들을 테스트한다. 보정스팬 동안에 미리 지정된 설정치가 검증된다. 출력은 프로그램 논리 제어기(PLC) (혹은 기록계, 지시계, 제어기, 발성장치, 분산제어시스템, 공정 컴퓨터)를 통하여 공정의 최종 이송부나 제어요소로 감지된다. 관련함수는 테스트에 포함된다. 루프 내의 모든 요소들은 물리적 조건에 대하여 가시적으로 검사된다.

➤ *방법 2)* 분리 테스트

이는 보다 "정상적인" 테스트 상황이다. 최종 이송부나 제어요소의 확인 테스트가 (가열로 운전정지 시스템과 같이) 이루어질 수 없는 공정의 경우 정비 기술자는 최종 이송부나 제어요소를 제외한 나머지에 대하여 위에 언급한 바(완전한 루프 테스트)와 같은 확인 테스트를 수행한다. 최종 요소를 포함하는 루프 내의 모든 요소들은 물리적 조건에 대하여 가시적으로 검사된다. 확인 테스트된 루프부분에 대해서 정비자는 테스트 점수를 부여한다.

최종 요소가 테스트되지 않는 경우 다음번의 일상적인 공정장치의 시운전이나 운전정지 도중에 운전에서 그 루프의 최종 이송부 요소에 대한 기능검사를 수행한다. 다음에 운전자는 최종 요소 확인 테스트에 대한 테스트 점수를 부여하는데 이는 확인 테스트 프로그램상에 그들의 책무로서 별도로 나열된다.

➤ *방법 3)* 이송 테스트

(위의 분리 테스트 이외에도) 운전에는 독립적인 확인 테스트들이 부여되는데 이들은 제어 및 응급 운전정지 시스템의 가시적인 검사나 기능적 이송들이다.

➤ *방법 4:* 일상적으로 검지되는 테스트

일상적으로 감지되고 보조 지시기를 갖는 중요도 등급 2와 3의 루프들은 다음과 같은 기준들의 주기적인 검증만을 필요로 한다 :

- 루프는 안전 운전정지 시스템에 PLC를 지니고 있지 않다.
- 루프는 일상적으로 감지되며(적어도 24시간 동안에 한 번) 운전에서 기록된다.
- 루프의 성능과 정확도는 정비와 운전 사이에 언어로 인식된다.
- 루프의 주요한 장치는 별도의 임펄스 원을 갖는 보조 지시기를 지닌다.
- 보조 지시기나 기록계 출력물에 대한 만족할 만한 가시적 교차 검증이 이루어졌다.
- 루프의 각 요소는 물리적으로 검사되고 우수한 조건으로 남아있다.

<그림 10-25 핵심계기판을 확인 테스트하는 계기 기술자>

PPG 핵심계기 확인 테스트 프로그램의 등록

6개의 서로 다른 기술자 그룹이 확인 테스트 업무를 제공한다. 확인 테스트는 전기 기술자, 측정 기술자, 냉동 기술자, 분석정비 기술자, 계기정비 기술자, 그리고 화학공정 운전자들에 의하여 수행된다.

일단 하나의 루프가 확인 테스트되면 그 결과들은 테스트된 데이터 및 발견된 조건과 함께 주 컴퓨터에 입력된다. 많은 조업자들은 공장 전체에 걸친 수많은 터미널들로부터 이 데이터를 읽을 수 있지만 권한이 부여된 자만이 실제 데이터베이스에 접근할 수 있다. 시스템의 다른 측면들을 추적하는 것 역시 컴퓨터 상에서 이루어진다. 예를 들면 특정 계기의 설정치를 바꿀 필요가 있을 경우 그에 대한 요구와 승인은 컴퓨터 터미널 상에서 이루어진다. 더 이상 운용되지 않는 루프들은 권한을 가진 자에 의하여 제거될 수 있다. 새로운 루프들은 기술안전 위원회에서 지명한 자에 의하여 추가될 수 있는데 그는 모든 새롭고 수정된 설치들을 검토한다. 마지막으로 월별 승인 보고서가 공장의 최고 경영진에게 제시된다. 프로그램의 성공에 특히 중요한 것은 경영진의 충분한 지원과 공정안전 등록의 승인에 대한 책임이다.

<참고문헌>

1. OSHA, U.S. Department of Labor, Process Safety Managements of Highly Hazardous Chemicals: Explosives and Blasting Agents; Final Rule, 29 C.F.R. Part 1910.119, Feb. 24, 1992.
2. Grossel, Stanley S. and Daniel A. Crowl, eds., Handbook of Highly Toxic Materials Handling and Management, New York: Marcel Dekker, Inc., 1995.
3. OSHA, U.S. Department of Labor, Process Safety Management of Highly Hazardous Chemicals—Compliance Guidelines and Enforcement Procedures, 29 C.F.R. Part 1910.119, OSHA Instruction CPL 2-2.45A, Sept. 28, 1992, pp. A-33—A-38.
4. Sutton, Ian, Process Safety Management, Houston: Southwestern Books, 1997, pp. 243-65.
5. LeVine, Richard, Ph.D., and Arthur D. Little, Inc. Safe Storage and Handling of High Toxic Hazard Materials, New York: Center for Chemical Process Safety, AIChE, 1998, ch. 4.
6. Chemical Process Safety Report 7 no. 7, May 1997, Washington, D.C.
7. Chemical Manufacturers Association, "Responsible Care Is Template for Taking Effective Action," CMA News 18 no. 9, Nov. 1990: pp. 11-12.
8. Sanders, R. E. and J. H. Wood, "Don't Leave Plant Safety to Chance," McGraw-Hills Chemical Engineering, Feb. 1991: pp. 110-18.
9. John A. Hawkins, "Improving Equipment Reliability through Vibration Analysis," Vibrations 8, no. 2, June 1992.
10. Ronnie W. LeBlanc, "Loss Prevention through Machinery Vibration Surveillance and Analysis," Plant/Operation Progress 5 no. 3, July 1985: pp. 179-82.
11. Gulam Samdani, G. Ondrey, and S. Moore, "Predictive Maintenance," Chemical Engineering 99 no. 11, Nov. 1992: pp 30-33.
12. Charles M. Boyles, "The Plant Services Survey: What Does It Say," Plant Services 13 no. 10, Oct. 1992: pp. 139-40.
13. "Improving Maintenance with Infrared," Maintenance Technology, Nov. 1989.
14. Snell, John R., Jr., "The Power of Infrared Thermography: Seeing New Solutions to Old Problems," Plant Services 16 no. 4, April 1995: pp. 79-82.
15. NACE Publication 6H189, "A State-of-the-Art Report of Protective Coatings for Carbon Steel and Autenitic Stainless Steel Surfaces under Thermal and Cementitious Fire Proofing"—A Technical Report by the National Association of Corrosion Engineers Task Groups 7-H-31*, 1989.
16. American Petroleum Institute, Piping Inspection Code: Inspection, Repair, Alteration and Rerating of In-Service Piping Systems, API 570, 1st ed., Washington, D.C., June 1993.
17. American Petroleum Institute, Pressure Vessel Inspection Code: Maintenance Inspection,

Rating, Repair, and Alteration, API 510, 6th ed., Washington, D.C., June 1989.
18. American Petroleum Institute, Tank Inspection, Repair, Alteration, and Reconstruction, API 653, 1st ed., Washington, D.C., Jan. 1991.
19. Mueller, W. H., C. G. Arnold, and B. W. Ross, "Reducing Risks through a Pressure Vessel Management Program," a presentation for the AIChE Loss Prevention Symposium, New Orleans, La., April 1986.
20. American Petroleum Institute, Inspection of Piping, Tubing, Valves, and Fittings API 574, 1st ed., Washington, D.C., June 1990.
21. Safer Piping: Awareness Training for the Process Industries, Hazard Workshop Modules, Module 12 (available as a training kit with a video, slides, a teaching guide, etc.), AIChE, Warwickshire, England, 1987.
22. Braun, Neil, "Silent Sentinels: Lessons on Pressure Relief Valve Performance," Valve Magazine, spring 1989: p. 28.
23. Van Boskirt, B. A., "Don't Let Your Plant Blow Up-An Overview of the Elements of Overpressure Protection." Presented at the joint meeting of the Southeast Texas Section of the AIChE and the Sabine-Neches Section of the ACS, April 1986.
24. Sanders, R. E. and Woolfolk, W. H., "Process Safety Relief Valve Testing," Chemical Engineering Progress, Mar. 1984, pp. 60-64.
25. Sanders, R. E. and Woolfolk, W. H., "Dynamic Testing and Maintenance of Safety Relief Valves," Chemical Engineering, Oct. 26. 1987, pp. 119-24.
26. Barclay, D. A., "Protecting Process Safety Interlocks," Chemical Engineering Progress, Feb. 1988, pp. 20-24.
27. McMillan, G. K., "Can you Say 'Process Interlocks'?," Tech Journal, May 1987, pp. 35-44.
28. Center for Chemical Process Safety of the AIChE, Plant Guidelines for Technical Management of Chemical Process Safety, New York: AIChE, 1992, ch. 8.

색인

D

ㄱ

ㄴ

ㄷ

ㅂ

ㅅ

ㅇ

ㅈ

ㅊ

ㅋ

ㅌ

ㅍ

ㅎ

역자약력

여 영 구

1972년: 서울대학교 화학공학과(공학사)
1982년: 서울대학교 화학공학과(공학석사)
1986년: AUBURN대학교 화학공학과(공학박사)
1993년: KIST 책임연구원
현 재: 한양대학교 화학공학과 교수

이 수 경

1977년: 경희대학교 화학공학 학사
1980년: 서울대학교 화학공학 석사
1988년: 서울대학교 화학공학 박사

연구분야: 소방안전, 화공안전, 가스안전

화학에너지 안전공학 실무

A-JIN

지은이와 협의 인지 생략

인 쇄 : 2007년 7월 20일
발 행 : 2007년 7월 25일
역 자 : 여 영 구 · 이 수 경
발 행 처 : 도서출판 아진
110-091
서울특별시 강남구 논현동 148-19
한미빌딩 201호
TEL:02-737-0663 FAX:02-737-0664
Homepage:ajin.to
E-mail:kgb@ajin.to
발 행 인 : 김 근 배
등록번호 : 제300-1995-56호
ISBN : 978-89-5761-225-5 93570

– 본 도서는 산업자원부 지정 서울산업대학교
에너지기술인력양성센터에 의해 편찬되었습니다. –

가격 30,000원